Carl von Linne, Philipp Ludwig Statius Müller

Des Ritters Carl von Linne vollständiges Natursystem

Carl von Linne, Philipp Ludwig Statius Müller

Des Ritters Carl von Linne vollständiges Natursystem

ISBN/EAN: 9783743603912

Hergestellt in Europa, USA, Kanada, Australien, Japan

Cover: Foto ©berggeist007 / pixelio.de

Weitere Bücher finden Sie auf **www.hansebooks.com**

Des

Ritters Carl von Linne'

Königlich Schwedischen Leibarztes ꝛc. ꝛc.

vollständiges

Natursystem

nach der zwölften lateinischen Ausgabe

mit einer

ausführlichen Erklärung

ausgefertiget

von

Philipp Ludwig Statius Müller,

Prof. der Naturgeschichte zu Erlang, Mitglied der Röm. Kaiserl. Akademie, wie auch der Berlinischen Gesellschaft der Naturforscher ꝛc.

Sechster Theil.

Von den Corallen.

Zweyter Band.

Nebst achtzehn Kupfertafeln.

Mit Churfürstl. Sächsischer Freyheit.

Nürnberg,

Vorbericht.

Es geschiehet mit ganz besonderem Vergnügen, daß wir hiemit dem geehrten Leser den zweyten Band der letzten Classe des Thierreichs übergeben, und damit dieses Reich in so weit beschließen, in so ferne es nach dem System des Ritters von Linne beschlossen wird. Den versprochenen Supplementsband, worinne wir alle von dem Ritter selbst in seinen Zusätzen nachgeholten Geschlechter und Arten aus allen Ordnungen anzeigen, und so viel möglich aus andern Schriftstellern ergänzen, auch mit einem Universalregister über alle sechs Theile begleiten wollen, soll mit möglichstem Fleiße bearbeitet werden, und wenigstens in einem Jahre, diesem Theile folgen.

Neben einigen Zusätzen und Verbesserungen in den Allegaten zum vorigen Bande, liefern wir auch am Ende dieses Bandes eine kurze Anweisung auf illuminirte Figuren, über alle vorige fünf Classen des Thierreichs; in so weit es nämlich der Kürze und dem vorgesetzten Zwecke gemäß war. Wir hoffen, daß sie den deutschen Lesern zur Belehrung hinlänglich seyn werden, und verweisen denjenigen, der die lateinischen oder ausländischen Schriftsteller in fremden Sprachen zu Rathe ziehen will, auf des Ritters lateinisches Original-Natursystem, wo man die verlangten Allegata finden wird.

Die Quellen von unsern Nachrichten über verschiedene Gegenstände anzuzeigen, haben wir um deswillen für unnöthig geachtet, weil wir aus vielen Schriftstellern erst ein ganzes gemacht haben, und durch jedesmalige Anführung nur weitläuftig würden geworden seyn. Jedoch sind wir allezeit im Stande, unsere Gewährsmänner zu leisten. Ausserdem aber sind viele Cabinette, die wir ehedem in Holland, Deutschland und Rußland aufmerksam betrachteten, und die in einer ungestöhrten Ordnung immer zu jedermanns Betrachtung vorhanden bleiben, nebst allem, was wir in unserer eigenen Sammlung besitzen, die Originalzeugen, für die Richtigkeit unsrer Beschreibungen, auch da, wo wir zuweilen von andern Schriftstellern abweichen; wiewohl wir uns keinesweges für unfehlbar, am allerwenigsten aber für eigensinnig, um begangene Fehler einzusehen und zu verbessern, wollen angesehen wissen.

Uebrigens wird man es uns hoffentlich verzeihen, daß wir in diesem Bande von der herrschenden Meynung der jetzigen berühmtesten Naturforscher, in Absicht auf die Coralle und Thierpflanzen, ganz abweichen, und alle diese Geschöpfe, samt und sonders, nicht für Thiere ansehen. Wir haben keinen einzigen Beweiß der Neuern, für die thierische Natur dieser Geschöpfe, veruntreuet, sondern alles richtig angegeben, und nach wesentlichem Befinden beschrieben, auch uns mit keinen Widerlegungen eingelassen, um die Ordnung der Beschreibung nicht zu unterbrechen, sondern nur hin und wieder ganz kurze Anmerkungen eingeschoben; denn wir wollten bey den Lesern keine Vorurtheile zu unserm

unserm Vortheil erregen. Aus diesem Grunde haben wir auch in der Einleitung in die Geschichte der Corallen nur mit kurzem unsere abweichende Meynung angezeigt, und uns zur Nothdurft gegen uusere hochgeschätzte Herren Gegner, die Herren Boddaert und Houttuin, geschützet, übrigens aber die ganze Ordnung der Lithophyten und Zoovhyten, wie sichs gebühret, neutral abgehandelt, und erst zum Beschluß den Grund unserer abweichenden Meynung, in den allgemeinen Anmerkungen, vor Augen gelegt.

Wir haben keinesweges die Erwartung, daß die berühmten Männer, mit welchen wir es zu thun haben, sogleich unserer Meynung beytreten werden; aber dieses erwarten wir wenigstens, daß, wenn anders unsere Gedanken von den so genannten Thierpflanzen einigen Werth haben, und Aufmerksamkeit verdienen, diejenigen, die besser urtheilen können als wir, ihre neue Lehre von den Thierpflanzen mit statthafteren Gründen versehen, und uns dadurch in den Stand stellen mögen, ihrer Meynung beytreten zu können.

Erlang, den 18. Sept.
1775.

Ph. Ludw. Stat. Müller.

Ver-

Verzeichniß
der Kupfertafeln,
in diesem zweyten Bande
von den Würmern.

)(5 fig. 4.

fig. 4.

fig. 2.

Tab. XXXIII.

Tab. XXXVI.

fig 3.

Verzeichniß der Kupfertafeln.

NB. Die Kupfer werden alle hinten an-
gebunden.

IV. Ordnung.

Von den Corallen.

Vermes Lythophyta.

Die Linneische Benennung Lythophyta ist schon vormals von den älteren und nachhero auch von den neueren Naturforschern gebraucht worden, um dadurch dasjenige anzudeuten, was wir sonst gemeiniglich Coralle nennen. Sie ist aus zwenen griechischen Wörtern zusammen gesetzt, davon das erste einen Stein, und das andere eine Pflanze bedeutet, welches also durch Steinpflanze müßte übersetzet werden. Es wurden aber diese Geschöpfe Pflanzen genennet, theils weil sie das Ansehen einer Pflanze haben, theils aber, weil man sie von jeher für würkliche Pflanzen hielte; daher man auch diese Benennung mit einer andern verwechselte, und sie Lithodendron, das ist, Steinbäume, oder auch in Absicht auf den Ort ihres Aufenthalts, Meergewächse, oder Seegewächse nannte. Allein die Härte ihres Bestandwesens und ihre steinige und kalchartige Beschaffenheit machte, daß man sie von andern Gewächsen durch die Benennung Steinpflanze unterscheidete. Weil sich aber unter den Meergewächsen, ausser den Steinpflanzen, auch solche zeigen, die nicht steinig sind, und doch auch unter dem Namen Coralle mit begriffen wurden, so entstund dadurch ein Un-

Benennung der Ordnung.

terschied in den Benennungen, indem man erstere in ächte und unächte Corallen eintheilete, je nachdem sie dicht und feste waren, letztere aber mit dem Namen Keratophyta, oder Horncoralle belegte; da inzwischen die übrigen pflanzenartigen Meergewächse Corallenmoose, Corallenschwämme, Seegräser, und dergleichen hiessen, wie solches bey jedem Geschlecht weitläuftiger soll angezeiget werden.

Alle diese verschiedene Meergewächse bringet der Ritter nun in zwey Ordnungen, davon die erste unter dem Namen Lithophyta diejenigen enthält, die würklich steinig sind; die folgende aber solche, welche mehrentheils ein hornartiges Bestandwesen, oder doch wenigstens ein weicheres Gewebe haben, und Zoophyta, oder Thierpflanzen heissen, welchen endlich noch eine Abtheilung, unter dem Namen Phytozoa, oder Pflanzenthiere beygefüget wird.

Kennzeichen der Ordnung.

So fremd es nun den Naturforschern älterer Zeiten vorkommen würde, diese sogenannten Meergewächse oder Corallen samt und sonders hier im Thierreiche, unter die Classe der Würmer geordnet zu sehen, (den Imperatus allein ausgenommen, der schon etwas Thierisches in etlichen Seegewächsen vermuthete,) eben so wunderbar würde es ihnen scheinen, daß man sie alle für Wurmgehäuse ansiehet, indem der Ritter folgende Kennzeichen dieser Ordnung angiebet: Die Corallen nämlich sind Gehäuse welche von Thierchen gebauet und bewohnet werden. Diese Thierchen sind darinne angewachsen, bestehen aus einem weichen Bestandwesen, und haben ihre Gliedmassen, so wie die Thiere der zweyten Ordnung dieser Classe, welche Mollusca genennet werden, (wovon oben pag. 57. zu sehen ist.) Diese Thierchen sind übrigens zusammengesetzt,

setzt, und geben die feste kalchartige corallinische Materie zu ihrem Gehäuse her. Dieses sind die von dem Ritter angegebenen Kennzeichen dieser Ordnung.

Nichts wird indessen gewisser seyn, als daß diejenigen, die von der neueren Meynung der Naturforscher in Absicht auf den Ursprung der Coralle keinen Unterricht haben, auch von den jetzt angegebenen Kennzeichen nichts verstehen werden; und aus diesem Grunde ist es schlechterdings nothwendig, daß wir eine nähere Nachricht von den alten und neuen Meinungen der berühmtesten Männer, desgleichen von den wunderbaren Entdeckungen, die in diesem Fach seit einigen Jahren gemacht sind, voran schicken, und solche mit einigen Anmerkungen begleiten; damit alle folgende Beschreibungen der Geschlechter und Arten desto besser können verstanden werden.

Einleitung
in die
Geschichte der Corallen.

So wie sich die Kräuterlehrer bemüheten, die verschiedenen Gewächse des Erdreichs zu sammlen, zu beschreiben, und wenigstens einigermassen zu ordnen, so war ihr Auge allerdings auf alles aufmerksam, was nur einigermassen eine kräuterartige Gestalt, und ihrer Meinung nach ein vegetabilisches Leben hatte. Es konnte daher unmöglich fehlen, daß sie nicht auch die aus dem Meer hergebrachten Gewächse in Betrachtung zogen, und sie dem botanischen Fache zugeselleten. Einleitung.

Einleitung. Meinung des Dioscorides Tournefort.

Dioscorides wenigstens hielte die eigentliche Coralle für Seepflanzen, jedoch war Dodonäus geneigt, die Schwämme und Alcyonien nebst den Steinschwämmen von den eigentlichen Kräutern zu trennen, hingegen verband der berühmte Tournefort, noch zu Ende des siebzehnten Jahrhunderts, alle Meergewächse mit dem Kräuterreiche, und bemühete sich, die Art ihrer Vegetation zu erklären. Alles was er von dieser Sache weitläuftig sagt, läuft darauf hinaus, daß die Seegewächse ihre Nahrung nicht, wie andere Pflanzen, durch die Wurzel aus den Boden des Meeres, sondern aus einem salzigen und fetten Schlamm des Meeres empfangen, welcher sich durch auswendige Luftlöcher in die Seepflanze einsauge, und bey den Steinpflanzen ordentlich versteinere. Er macht zu dem Ende vier Classen. Erstlich weiche Seepflanzen, zweytens harte, drittens holzartige, mit weicher Rinde, und viertens weiche, mit harter Rinde; an keiner dieser Arten aber wurde von ihm einiger Beweis von Blüthen, Saamen oder dergleichen entdeckt, welche man doch bey einer Pflanze vermuthen sollte. Dieses war alles, was man von den Corallen bis zu Ausgang des vorigen Jahrhunderts wußte: denn wir haben die nähere Erkenntnis, von dem Bau und der Beschaffenheit dieser Geschöpfe, lediglich dem jetzigen Jahrhundert zu danken, und werden vielleicht, noch ehe fünf und zwanzig Jahre vergehen, selbige zu einer weit größern Vollkommenheit hinansteigen sehen; indem sich der Eifer der gelehrtesten Naturforscher, in Untersuchung dieser wunderbaren Seeprodukte, gleichsam um die Wette verdoppelt hat, und auch noch täglich Entdeckungen gemacht werden, die der ganzen Sache ein neues Licht aufstecken.

Marsigli.

Gleich zu Anfang dieses Jahrhunderts stellte der Graf Marsigli in dem mittelländischen

Meere seine Untersuchungen über die Corallen an, und fand sowohl an den eigentlichen Corallen, als andern Seegewächsen in ihrer äussern Rinde gewisse kleine Theilchen, die sich unterhalb dem Wasser ausbreiteten, oberhalb demselben aber sich wieder zusammen zogen. Diese Theilchen nahmen an dem rothen Corall die Gestalt gelber Kügelchen an, welche auf den Boden des Gefäßes heruntertrieselten. Er hielt sie vor Corallenblüthen, und fand ihren Bau folgender Gestalt: Ihre Länge erstreckte sich auf ohngefehr einen Achtelszoll, und wurde vermittelst eines weissen Kelchs unterstützt, aus welchem acht weisse, gleich lange und gleichweitige Strahlen in einer sternförmigen Figur hervortraten. Nun hatte Tournefort diese gelblichen Kügelchen vor den Samen angesehen; allein Marsigli verwarf diese Meinung: weil sie durch ihre Schwere auf den Boden heunter sinken; es wäre denn daß sie einen feineren und leichteren Samen von sich liessen, welcher vermögend wäre, sich von unten wiederum in die Höhe und an die herabhangenden Felsen zu begeben, um so, nach Art der Corallen, an den Felsen herunterwerts hangend zu wachsen. Uebrigens fand der Graf Marsigli ähnliche vermeinte Blüthen, in einem andern stachlichen Seegewächse, welche sich ausserhalb dem Wasser wie Kügelchen zeigten, unterhalb demselben aber die Gestalt ausgebreiteter Blumen annahmen, ohne jedoch einige Spuhren von einem Samen zu zeigen.

Einleitung.

Wir übergehen das übrige, was der Graf Marsigli in dieser Absicht an andern Seegewächsen entdeckte, um zu sagen, daß zur nämlichen Zeit auch der Herr Peysonel, nachmaliger französischer Consul in Smirna, mit Untersuchung der Coralle beschäftiget war, welcher die Seegewächse vor

Peysonel.

Behälter von gewissen kleinen Würmern oder Seeinsecten ansahe. Sein Bruder, der Doctor Peysonel, trat dieser Meinung anfänglich bey, nachdem er ähnliche Theile aus den feinen Poris hatte heraustreten sehen; wurde aber bald wieder auf andere Gedanken gebracht: denn als er bemerkte, daß diese Theilchen sich, auf die mindeste Berührung, wieder in besagte Luftlöcher zurücke zogen, vermuthete er, statt der vermeinten Blüthen, etwas Thierisches, und wurde darinnen bestättiget, als er im Jahr 1725. an der barbarischen Küste entdeckte, daß sich diese mehrgedachte Theilchen wie Füße oder Arme bewegten, und im heissen Wasser erstarreten, ohne sich ausser demselben wieder einzuziehen. Er erkannte also, daß es schlammige Thierchen wären, die sich auf der Oberfläche, bevor sie sich strahlenweise ausbreiten, nur als einen weissen Punct zeigen, sonst aber in gewissen Zellen wohnen, die sich halb in der Rinde und halb in dem Bestandwesen des Seegewächses befinden. Die milchige Feuchtigkeit, die man aus diesem Körper druckt, sey ihr Blut, und gienge bey Ersterbung in eine stinkende Fäulnis über. Es fand auch dieser Naturforscher, daß die Sternchen an den Madreporen viel stärker wären, und nennete selbige Thierchen Seenessel, welche sich nach und nach in die Höhe heben, einen Saft, der sich sodann verhärtet, von sich lassen, und also die Madrepore selbsten bauen. Von den übrigen Corallen und Seegewächsen aber glaubte er, daß die Thierchen in ihrer Oberfläche wohneten, und einen nach und nach sich verhärtenden Saft von sich gäben, der an dem Gewächse herunter liefe, und also eine steinige Rinde verursache, aus welchem Grunde er sie denn auch Zoophyta, oder Thierpflanzen nennete.

An dieser neuen Meinung zweifelte nun anfänglich der Herr von **Reaumur**, trat aber derselbigen gleichfalls bey, sobald er selbst Versuche an der Seeküste angestellet hatte. Doch der Herr **Bernh.** von Jussieu gieng nach seinen an der Küste der **Normandie** gemachten Entdeckungen noch weiter, und entschied die Sache dahin, daß einige Meergewächse, die man bisher für Pflanzen angesehen hatte, nichts anders, als Producte kleiner Thierchen wären. Denn er fand daß etliche Seegewächse aus lauter Cellen oder Gehäusen gewisser Thierchen bestunden, und daß diese Thierchen Polypen wären. Welche Benennung vom **Trembly** den weichen Thierchen der süssen Wasser gegeben war. Die Gegenstände aber, an welchen er das thierische Wesen entdeckte, waren die Art Alcyonien, die man Main de Mer, oder Seehand nennet; ferner die Schwammgewächse; verschiedene biegsame Blasencorallynen; dann Punctcoralle oder Milleporen und dergleichen, welche Meinung denn auch hernach durch die Entdeckungen des **Donati** im mittelländischen Meer, und des Herrn **Ellis** an den englischen Küsten bestättiget, erweitert, und auf eine grössere Anzahl Meergewächse ausgedehnt wurde. Einleitung. Reaumur. Jussieu.

Donati nämlich entdeckte, daß diese Thierchen in den Corallen an ihren Cellen fest sassen, und hielte sogar die ganze Coralle vor das Thier selbst, davon die aus den Poris hervortretende Polypen nur die Köpfchen, das übrige aber gleichsam als ihr Fleisch oder verhärteter Saft anzusehen wäre. In dem rothen Corall fand er lauter achtstrahlige weisse Thierchen, die sich auf die mindeste Berührung zusammenzogen, und sich in ihre Celle verbargen, welche nur durch einen weissen Punct sichtbar blieben. Andere Coralle, als die Madreporen, hatten wiederum andere Polypen von Donati.

Einleitung. durchsichtigem Bau mit haarigen Strahlen, die eine schnelle und schwankende Bewegung führen, und so weiter. Er machte einen Unterschied zwischen Thierpflanzen und Pflanzenthieren, und zog zu letzteren die Schwämme und Alcyonien.

Ellis. Der Herr Ellis hingegen, der in Absicht auf das vorhergehende mit dem Donati einstimmig ist, hält die Schwämme nur für Nester, worinne sich gewisse Thierchen aufhielten, spricht ihnen jedoch ein mit dem thierischen Leben verbundenes vegetabilisches Wesen nicht ab, und stellet die Geschichte und Haushaltung aller dieser wunderbaren corallinischen Seeproducte in ein schönes Licht; davon wir nicht weitläuftig zu reden nöthig haben, weil sein eigenes Werk durch Herrn Doct. Joh. Georg Krünitz mit großem Beyfall übersetzt, und mit vielen gelehrten Anmerkungen bereichert, in jedermanns Händen ist.

Zweifel des Hn. Parson. Man wird sich nicht wundern, daß diese neue Lehre von den Corallen ihren scharfen Widerspruch fand. Doctor Parson bestritte zuerst den Satz, daß die Polypen die Materie zu den Corallen hergeben, und solche bauen sollten; er berief sich unter andern auf die Ungewöhnlichkeit der Erscheinung, daß ein Thier so viele Zellen und Höhlen in der Aufführung der Coralle bauen sollte, ohne daß selbige irgend einen weiteren Nutzen hätten, als Denkmäler eines ehemaligen Aufenthalts zu seyn: da doch zum Exempel die Fliegen, Bienen, Wespen und dergleichen Insecten ihre Zellen machen, um ihre Eyer, Futter, oder andere Materialien hineinzulegen. Um so mehr aber ließ sich dazumahl der Herr Ellis angelegen seyn, zu zeigen, daß jede Coralline ein ganzes Thier sey, dessen thierisches Bestandwesen durch den ganzen Stamm und alle Aeste durchsetze, und dessen Köpfchen, oder

Spitz-

Spitzchen die aussen an der Oberfläche hervorragen, vielstrahlig sind, und sich wie Arme oder Hände bewegen, gleichsam für soviel Mäuler zu halten wären, welche die von allen Seiten im Meere herumschwimmende Nahrungstheile einnähmen, und also den ganzen Stamm mit allen Aesten fütterten. Einleitung.

Auf diese Ellisische Entdeckungen folgten die gelehrten Einwendungen des berühmten Herrn D. Basters, der ebenfalls läugnete, daß die Corallen von den Polypen gebauet würden, wohl aber das Daseyn dieser Thierchen auf den Corallen annahm. Und als Herr Baster zeigte, daß er Corallinen ohne alle Polypen gefunden hätte, so wurde von dem Herrn Ellis bewiesen, daß selbige Exemplare keine Corallinen, sondern bloß Confervae oder Seemoose, mithin blosse Pflanzen gewesen wären, dahero auch seinen Satz nicht über den Haufen werfen könnten, und daß ferner einzelne Polypen, welche Herr Baster an andern Cörpern angetroffen hatte, in der That Corallinen seyen. Baster.

Unter diesem gelehrten Streite zweyer verehrungswürdigen Naturforscher, trat der berühmte Herr Pallas auf, welcher zwar die Sertularia und verschiedene Corallinen für Thiere hielt, aber die officinelle Coralline aus der Reihe der Thierpflanzen ausmusterte, und sie lediglich unter die Pflanzen verwieß, weil sie keinen thierischen Bau noch Geruch hätten. Hierauf wurde der Herr Ellis aufs neue rege, und suchte seinen Satz von der officinellen Coralline wider Herrn Pallas zu behaupten, indem er sowohl die thierische Structur und Uebereinstimmung mit andern Thierpflanzen, als auch den thierischen Geruch dieses Seeproducts, den eine ganze Versammlung bey einer chymischen Pallas.

Einleitung.

Untersuchung wahrgenommen hatte, darthat. Es schien also Herr Ellis den Satz zu gewinnen, wenigstens siegete er in der allgemeinen Entdeckung der Thierpflanzen, indem ihm die meisten Englische, Französische, Italienische und viele Deutsche, ja auch der Ritter Linne selbst allen Beyfall gaben, und darauf ihre Corallenbeschreibungen gründeten. Die Liebhaber in ganz Holland nahmen auch diese Meinung durchgängig an, daß die Corallen keine blossen Wohnungen der Polypen wären, sondern wirklich von ihnen selbst gebauet und gemacht würden, und man gab nun nicht mehr auf die Zweifel acht, die ehedem von dem Herrn Jacob Theodor Klein, und nachhero von andern gemacht worden, sondern fuhr, ohne sie umzustoßen, lediglich mit der Behauptung, daß die Polypen die Coralle baueten, und also selbst Thiere wären, fort. Das ganze System, das man sich bisher von diesen wunderbaren Geschöpfen gemacht hat, läuft nun endlich darauf hinaus:

Bestimmte Meynung der Neuern von Lithophyten.

Es giebt zweyerley Hauptordnungen der Meergewächse, die Steincoralle nämlich, und die Horncoralle. Erstere sind Lithophyta, und entstehen in der Hauptsache folgender Gestalt: Der Anfang ist ein Ey, das sich in Gestalt eines milchigen oder gelblichen Tropfens auf einen Felsen ansetzt. Aus demselben brüthet ein kleines fast unsichtbares Thierchen in Polypengestalt hervor. Es lebt, nährt sich, schwitzet einen kalchigen Saft aus, und dieser Saft erhärtet. Es legt seine Eyerchen in seinem Lager von sich, und stirbt. Diese Eyerchen brüthen auf dem alten Lager aus. Die herauskommende Thierchen machen es, wie die Mutter, nähren sich aus dem Seewasser, schwitzen einen kalchigen Saft aus, welcher nach Art der Conchyliengehäuse, über und um ihren Körper hart wird,

wird, und natürlicherweise eben die strahlige Gestalt bekommt, als die ausgebrüthete Polypen haben. Sie legen ferner auf diesem Neste wieder ihre Eyer und sterben ab. Nunmehro ist der erste Corallenpunct durch die erste Generation schon vergrößert, und die Sache gehet in der nämlichen Ordnung weiter von statten. Die abermahls auf der alten Masse gelegte Bruth kriecht hervor, erhöhet ihr Haus, und legt wegen ihrer Vermehrung mehr Materie an, wodurch das angefangene Corallengewächs in der Dicke und in der Höhe gewinnet. In dem weitern Fortgange dieser Generation wird die Familie dieser Polypen so stark, daß sie unmöglich mehr beysammen Platz haben, sie fangen dahero an, sich abzutheilen, und durch diese Abtheilung entstehen die Aeste, oder die gabelförmige Abtheilung des ersten Stammes, oder die blätterförmige Ausdehnung derselben, nach Beschaffenheit der vielen Corallenarten. Bey so bewandten Umständen steigen die Höhen der Coralle, es vermehren sich die Aeste, es nehmen die Breiten und Dicken zu, es überziehen sich alte Flächen. Eine Lage der Bruth übertüncht die andere. Es geben alte Stämme neue Seitenäste aus, je nachdem es ein Röhren- Stern- Punct- oder Cellcorall ist. Kurz, die ganze Coralle ist Thier, ja Millionen Thierchen! Man siehet unter den Vergrößerungsgläsern ihre Arme, man findet sie essen, ihren Raub haschen, sich verstecken, einkriechen und ausdehnen, Eyerchen oder Saamen von sich geben, und thierlische Haushaltung treiben. Sie geben in der Verbrennung einen alkalischen Geist, alkalisch Salz, stängerliches Oehl, und einen thierischen Geruch! Sie haben gar nichts pflanzenartiges an sich, als nur die äusserliche Gestalt, oder vielmehr

Einleitung.

Nach-

Einleitung. Nachahmung einer Pflanze. So, sagen wir, ist die Meinung der neueren Naturforscher.

Von den Zoophyten. Die andere Ordnung der Meergewächse sind die hornartige Coralle, oder Zoophyta, das ist, Thierpflanzen. Der Anfang ist abermahls ein Ey, ein kleiner Punct, welcher sich durch Wachsthum in die Länge dehnet, eine vegetativische Rinde, aber ein animalisches Mark hat. Es ist also ein bekleidetes Thier, dessen Fortpflanzung, nach Art der Vegetation, durch Abgebung neuer Aeste und Sprößlinge, welche als junge Thierchen an den Alten festsitzen, und mit ihm leben, vor sich gehet. Aus den Poris der Bekleidung kommen die vielen Köpfchen hervor, zeigen sich vielstrahlig, und nehmen eine Blumen- oder Blüthengestalt an, die aber belebet ist. Diese Köpfchen liegen in der egalen Rinde, oder in blasenartigen Behälterchen, und wenn ihnen hungert, kommen sie hervor um Speise zu haschen, erschüttert man das pflanzenartige Thier, oder ziehet es aus dem Wasser, so geräth es in eine Furcht, und ziehet alle Köpfchen ein, wenn nicht zufällig ein Kopf abstirbt und draussen hängen bleibt. Von den Köpfchen dieses zusammengesetzten Thieres dringet ein schleimiges Wesen hervor, und dieses macht an den Horncorallen die äussere, rauhe, durchlöcherte Rinde, welche man auch die Polypenrinde zu nennen pfleget. Uebrigens zeiget sich noch einige Verschiedenheit des halbanimalischen Wuchses, je nachdem man in dieser Thierpflanzenordnung würkliche Horncoralle, Kork, Schwamm, Seerinde, Seeköcher, Corallenmooß, Coralline oder Seegallert vor sich hat; wie denn solches alles aus der näheren Beschreibung der Geschlechter und Arten deutlicher erhellen wird.

So

So sind denn nun, nach der Neueren Meynung, die Coralle und übrigen Seegewächse entweder selbst Thiere, ganze oder zusammengesetzte, oder von Thieren allein ohne Vegetation gebauet. Einleitung.

Uns ist es recht, wenn es wahr ist. Wir lassen uns alle Wahrheiten gerne gefallen. Wir freuen uns über diese große und in der That schöne Entdeckung, wir haben nicht den geringsten Trieb, einer klaren und deutlichen Wahrheit auch nur mit einem Jota zu widersprechen. Wir besitzen keinen Eigensinn, eine widrige Meinung hartnäckig oder ohne Gründe zu behaupten, und der Ehrgeitz dehnet sich bey uns so weit nicht aus, um gegen große Männer, die man ihres Fleißes und Gelehrsamkeit halber lieben und ehren muß, Recht haben zu wollen. Nur aber können wir es von uns nicht erhalten, uns so weit herunter zu setzen, daß wir großen Männern zu gefallen ja sprechen sollten, ohne von der Sache recht überzeugt zu seyn. Mit einem Worte, wir haben noch Zweifel wider dieses Lehrgebäude.

Wer in dem Felde der Gelehrten arbeitet, hat die Freyheit seine Meinung zu sagen, und dieser Freyheit bedienen wir uns, und zwar von Rechtswegen, ohne eben einen Hercules vorstellen zu wollen.

Aus dieser Ursache theilten wir oben schon im Jahr 1770. unsere Zweifel wider den thierischen Ursprung der Coralle in einem Program, unter dem Titel: Dubia Coralliorum origini animali opposita, dem Publico mit, davon im Jahr 1771. eine holländische Uebersetzung zum Vorschein kam.

Diese Zweifel, um sie auch unsern deutschen Lesern summarisch bekannt zu machen, waren, Des Verfassers Zweifel.

nach

Einleitung. nach vorhergegangener Widerlegung etlicher Hauptsätze, worauf die neuern ihr System bauen, erst wider die Lehre von dem thierischen Bau der Steincoralle gerichtet, und bestunden hauptsächlich in folgenden:

Warum haben die Coralle seit der Schöpfung der Welt keinen höheren Bau? Warum haben sie untereinander jede nach ihrer Art ihre besondern eigenthümlichen Größen? Gewiß! legte sich lediglich Bruth über Bruth, so müßten die Coralle, die seit der Schöpfung, oder auch nur seit der Veränderung des Erdbodens und der Sündfluth entstanden sind, Thurms länge haben, da die mehresten nicht drey Schuh in der Höhe überschreiten, viele aber merklich kleiner sind, ja viele nach ihrer Art durchaus klein blein bleiben, sie mögen so alt seyn, als sie wollen.

2) Warum sind die verschiedenen Aeste der Coralle eines Stammes, oder ihre verschiedenen Breiten in einem vegetabilischen Verhältnis erhöhet, so daß der mittlere oder Hauptast, wie bey den Bäumen, allezeit der längste, und die Nebenäste um etwas kürzer sind? Gewiß! man müßte nach dem neuen System viel mehr unregelmäßige Coralle finden, die an einem Stamme viel höher als an dem andern aufgebauet wären.

3) Warum steigen die Coralle nicht gleich von dem Boden an vielästig in die Höhe, und warum fangen sich die Aeste erst in einer gewissen Erhöhung des Stammes an? Es könnten sich ja die Polypen schon bey der ersten zweyten oder dritten Bruth in viele Aeste abtheilen, und dürften nicht bis zur zwanzigsten oder funfzigsten Bruth warten.

4) Warum bleiben die Aeste wie auch der Stamm der Polypen nicht allenthalben gleich dicke,

dicke, sondern endigen sich spitzig, und wie entstehet die Dicke der Aeste, da sie doch übereinander in die Höhe bauen? Gewiß! man würde weit weniger baumartige oder pflanzenartige Gestalt an ihnen finden, wenn es mit dem Aufbauen der Coralle durch Polypen diejenige Beschaffenheit hätte, die von den neuern Naturforschern angegeben wird. Einleitung.

5) Warum findet man oft an einerley Stamm Sternarten, die voneinander abweichen, wo ein Stern größer ist, und mehrere Strahlen hat, als ein anderer? Gewiß! eine Polypenbruth muß sich selbst allezeit gleich seyn und bleiben.

6) Warum bauet sich eine und die nämliche Polypenart bald als ein Baum mit Aesten, bald als ein breitlappiges Blat, bald als ein Schwamm, bald als ein Pfiffer, bald aber nur als eine überdeckte Rinde auf einer Fläche? Gewiß! Einerley Polype müßte auch, nach Art aller Thiere, beständig einerley Nest oder einerley Gehäuse allein hervorbringen. Nun aber haben wir Madreporen, deren Sterne einander in Größe und Gestalt vollkommen gleich sind, und doch hat die Colonie der Polypen die eine wie einen schönen Baum, die andere aber wie breitblätterige Lappen gebauet.

7) Woher kommt der ganzen Polypencolonie an einer einzigen Steincoralle die Uebeinstimmung, ihr Gehäuse nicht wie einen Schwamm, sondern wie einen Baum aufzurichten, da die andere Colonie hingegen einstimmig einen schwammartigen Steincorall und keinen Baum verfertiget? Gewiß! die Uebereinstimmung so vieler aufeinander folgender Geschlechter kommt uns unbegreiflich vor, und da man doch bey so viel tausend

Einleitung. ja oft Millionen Polypen, die sich an einer Corallenmasse als Arbeiter befinden mögen, nichts weniger als eine Uebereinstimmung zu einem gemeinschaftlichen Riß der aufzubauenden Corallengestalt vermuthen kann, woher kommt denn ein so richtiger und accurater Entwurf eines Baums, eines Schwammgewächses, einer Rinde, oder dergleichen?

8) Woher kommt von den Polypen, wenn ihrer auch viele tausende an einer Coralle arbeiten, so viele kalchartige Feuchtigkeit, daß sie eine finger- oder handdicke, und zwey bis drey Schuh hohe Steincoralle aus ihren verhärteten Schleim hersetzen können, da eine dieser Polypen so klein und zart ist, daß man schon die besten Vergrösserungsgläser haben muß, um sie nur zu Gesichte zu bekommen? Gewiß! wenn man hier anfienge bey dieser Wirthschaft einen Calculum zu ziehen, so würde man sehen, wie weit man zu kurz käme.

9) Was ist endlich von den ungeheuren Corallinischen Massen zu schliessen, die, gleichsam als ein Vorgebürge, die meisten indianischen Küsten umgeben, und zum Kalchbrennen verbraucht werden, ohne daß man darinnen einen ordentlichen Bau, oder lebendige Polypen antrift? Gewiß! wenn diese auch von Polypen ehedem gemacht worden, so ist die Welt wohl schon etliche Millionen Jahre alt.

Dieses waren dazumal unsere Zweifel wider den thierischen Bau der Steincoralle. Was aber nun die andern Seegewächse oder sogenannten Thierpflanzen betrift, die ein animalisches Mark und vegetabilische Rinde haben, und wo das vegetabilische in ein animalisches Wesen übergehen soll, dawider erregten wir nur folgende Zweifel.

1) Wie

1) Wie kommen hier ein animalisches Mark und eine vegetabilische Rinde zusammen, und gerade so, daß eine erforderliche Art zur andern trift? Gewiß! das animalische Mark einer Horncoralle würde sich nicht zur vegetabilischen Rinde der Blasencoralline schicken? Wächst denn ein animalisches Mark aus einer vegetabilischen Rinde, oder dieses aus jenem? oder sind beyde zwey verschiedene Sachen? Einleitung.

2) Wie soll man die Verwandlung des vegetabilischen in ein thierisches Wesen verstehen? Gewiß! ein vegetabilischer Same, und ein thierisches Ey bleiben zwey von einander sehr verschiedene Dinge, und wir wissen nicht, wie ein Thier aus einer Pflanze könne gebohren werden, so wenig als wie eine Pflanze aus einem Ey wachsen könne.

3) Wie kann man diese Geschöpfe Thierpflanzen nennen, wenn man zum Exempel einen Armpolypen, als in einen vegetabilischen Corallenwuchs gleichsam eingekerkert annimmt? Gewiß! man könnte sodann auch den Galläpfelwurm mit seinem Apfel einen Thierapfel nennen, da doch beydes zwey verschiedene Dinge sind.

4) Wie stimmen die unterschiedlichen Polypenarten mit ihren verschiedenen Gehäusen so wunderbar überein, daß gerade die beyderseitigen Verästungen miteinander überein kommen, da sie doch nicht auseinander entstehen können? Gewiß! ein tägliches Wunder müßte den eigenartigen Arm= oder Gliederpolypen als ein lebendiges Mark in seine eigene Seepflanze führen.

5) Warum findet man nicht die übergebliebene Polype in dem zerbrochenen Seegewächse stecken? und woher kann eine so zarte Polype eine

Einleitung. so dicke Rinde bekommen? Gewiß! hier entstehen die nämlichen Schwierigkeiten als bey den Steincorallen.

6) Wie setzt das lebendige Mark sein Bestandwesen von einer Zelle in die andere fort, da doch die Zellen abgesondert oder unterbauet sind? Gewiß! von der Gestalt solcher Polypen kann man sich gar keinen Begrif machen, man kennet nur das Maul oder die Köpfchen mit den Aermchen, das übrige bleibt ein Räthsel.

7) Wie kommts, daß diese Horncoralle so oft mitten in einer Steincoralle stecken, und gleichsam die Basis von einer ganzen Madrepore oder Millepore ausmachen? um welche sich das Steincorall als eine dicke Rinde setzt, ohne daß man etwas von den Poris, oder Sternen, noch weniger von der ehemaligen Eschara des hornartigen Coralles darinn antrift? Gewiß! diese und dergleichen Betrachtungen und Vergleichungen einer Coralle mit der andern, machen einem so viele Zweifel und so viele Verwirrungen, daß man es kaum für bloß thierisch ansehen, und das Vegetabilische so schlechterdings verwerfen kann. Wenigstens waren solches dazumal unsere Zweifel; und diese haben sich verstärkt und vermehret, nachdem wir unsere Corallensammlung mit vielen andern corallinischen Massen bereichert fanden, die dem thierischen Bau noch deutlicher zu widersprechen scheinen.

Inzwischen wurden vorgedachte Zweifel von zweyen in der Naturgeschichte berühmten Männern in Erwegung gezogen, und einer Widerlegung gewürdiget. Zuerst nämlich suchte der Herr Doct. Boddaert in Utrecht die thierische Beschaffenheit der Coralle wider unsere neuerlich auf-

Einleitung.

Gegenantwort der Herren Boddaert und Houttuin.

aufgebrachte Zweifel zu behaupten, welches unter folgenden Titel geschahe: Brief van P. Boddaert, Med. Doct. etc. aan den Schryver der Bedenkingen over den dierlyken Oorsprong der Koraalgewassen etc. Utrecht 1771. 8vo. Darauf folgete der Herr D. Houttuin in Amsterdam, welcher unsere Zweifel in seiner Naturgeschichte über dieses Fach, (dessen gelehrte Ausarbeitung wir in diesem unsern Commentar so weit sie uns dienen können, zu einem Leitfaden gebrauchen,) anführet, und seiner Meinung nach mit einem Schlage ganz aus dem Wege räumt. Beyde diese Herren aber scheinen das Wesentliche unserer Zweifel nicht eingesehen, oder wenigstens unrecht verstanden zu haben. Denn was den Herrn Houttuin betrift, so lässet derselbe unsere Zweifel alle auf sich beruhen, und ficht nur den Ausdruck an, dessen wir uns bedienet haben: „daß „die neuern Thierbeschreiber zwar alle behaupte„ten, wie die an den Corallen hervortretende „Körperchen Polypen wären, solches aber nir„gends bewiesen.„ Er beruft sich nämlich auf die Erfahrungen aller mehrerwehnter Naturforscher, und verwundert sich, daß wir, seiner Meinung nach, ihre Glaubwürdigkeit in Zweifel ziehen, und nicht glauben wollen, daß sie würklich Polypen gefunden hätten. Er behauptet ferner, daß alle die großen Naturforscher keine mehrere Beweise zu geben nöthig hätten, weil man zum Exempel die Rundung des Erdballes, das Daseyn einer Stadt Lima in Peru, und die Nothwendigkeit der Befruchtung zur Fortpflanzung, auf keine stärkern Beweise für wahr annehme, als diejenigen sind, welche durch das einstimmige Zeugnis so vieler geschickter Beobachter in der Natur, die thierische Beschaffenheit der Coralle darthun; allein wir haben oben gesagt, daß unsere Herren

Einleitung. Gegner das Wesentliche unsrer Zweifel nicht eingesehen, oder wenigstens unrecht verstanden haben, und dieses wollen wir jetzo nur in ganz kurzen Sätzen darthun.

Keineswegs ziehen wir die Glaubwürdigkeit so vieler großer Männer in Zweifel! Wir halten alles, was sie mit den Microscopiis entdeckt haben, für wahr, wir geben zu, daß die Körperchen, die sie an den Corallen haben hervortreten sehen, also beschaffen sind, eben so aussehen, so viele Strahlen haben, und solche Bewegungen machen, so wie sie, wie **Donati**, wie **Ellis**, und wie andere solche abgebildet haben, und freuen uns über diese Entdeckungen, welche man in unsern Tagen den verbesserten Vergrößerungsgläsern, der guten Geschicklichkeit, die Vergrößerungsgläser wohl zu gebrauchen, sodann der großen Gedult und Unpartheiligkeit vorerwähnter Männer zu danken haben; allein wir zweifelten an dem Schluße: daß nun diese entdeckte Sachen eben Polypen seyn müßten, ja wir zweifelten an dem, schon gleichsam als ausgemacht angenommenen Satze, daß die Polypen Thiere wären, oder in der Reihe der Thiere stehen müßten, und wenn es den Polypen, und die Polypen ja Thiere seyn sollten, so zweifelten wir, daß diese undenklich kleine Thierchen im Stande wären, alle die kalchartige Corallenmasse abzulegen; daß sie miteinander ohne alle Vegetation, so einstimmig einen pflanzenartigen Bau aufführen, und solche beständige Corallenarten im Meer herstellen können. Ja wir zweifelten: ob ein vegetativischer Bau ohne Gründe der Vegetation in der Welt wohl anzunehmen wäre, und an allen diesen Stücken zweifeln wir noch. Alles was bisher für die thierische Aufbauung der Coralle ist entdeckt und beschrieben worden, welches wir alles gelesen, angenommen und erwogen haben, kann

uns

uns noch nicht überführen, daß die Schlüsse, welche die berühmten Naturforscher auf den thierischen Bau der Coralle gemacht haben, ganz richtig und ohne allen Widerspruch seyn sollten. Einleitung.

Es darf sich der Herr Houttuin nicht wundern, wenn wir bey diesem Unglauben noch eine Weile stehen bleiben. Zweifelt dieser gelehrte Mann doch, ob die Infusionsthierchen wohl für Thierchen können gehalten werden; ohnerachtet er ihre schnelle Bewegung, willkührliche Wendung, und dergleichen vor sich siehet. Warum sollten wir nicht auch an der thierischen Beschaffenheit der Polypen zweifeln können, ohne eben diesfalls lächerlich zu werden, oder uns einen Mangel an Einsicht aufrücken zu lassen.

In unsern Augen sind alle entdeckte Theilchen an den Corallen nichts als organisirte Körperchen der Vegetation, welche in allen Kräutern und Gewächsen vorhanden seyn müssen. Es sind die sogenannten und nunmehro vergrößerten, angewachsenen oder vereinigten und entwickelten Infusionsthierchen, ohne welche gar keine Vegetation statt haben kann. Es sind die Triebfedern des organischen Lebens, welche alle Pflanzen beleben und wachsend machen, und die nur im salzigen Meerwasser in einer bessern Consistenz und in einer verbundenen Gestalt deutlicher zu sehen sind, als in den Pflanzen der Erde.

Eine jede Pflanze blutet, wenn sie abgeschnitten oder verletzt wird. Dieser Saft tritt durch Haarröhrchen heraus, fließt aber alsdenn zusammen, und verstattet uns nichts anders zu sehen, als einen Tropfen Feuchtigkeit. Wäre nun dieser Saft durch ein salziges Wesen zu einer Consistenz gediehen, so würde derselbe durch soviel Po-

Einleitung. res in Gestalt der vielarmigen Polypen hervortreten, und sich in dieser überaus zarten Gestalt auf vielerley Art bewegen, oder wären die sogenannten Polypen der Coralle minder consistent, so würden wir statt der Arme auch nichts anders als einen zusammengeflossenen schleimigen Tropfen sehen.

Wir geben allen Pflanzen ein vegetativisches Leben zu. Die bloße mechanische Bewegung der an sich todten oder ruhenden Theile macht noch keinen pflanzenartigen Wachsthum. Es müssen folglich organisirte Körperchen vorhanden seyn, die den mechanischbewegten Theilchen einer todten oder leblosen Erde die Bildung einer Pflanze und den Wachsthum derselben, (welcher ja mehr als Mechanismus ist,) befördert. Diese organisirte Körperchen sind die sogenannte Infusionsthierchen im kleinen, es sind die sogenannten Polypen im größern: denn wir halten davor, daß diese beyden miteinander verwand sind, und das zum Exempel acht Infusionsthierchen mit ihren Schwänzchen aneinander vereinigt, und etwas herangewachsen, einen achtstrahligen Polypen abgeben können. Sie sind einfach, sie sind zusammengesetzt, sie sind in mannichfaltige Gestalten gebildet, und durch sie, als durch organische Theilchen, wächst, lebt und bildet sich eine Pflanze im Meer, und alles was wir Coralle nennen, ein jedes nach seiner Art. Einen Mechanismum zu haben ist noch keine Pflanze, es muß eine Organisation dazu kommen, und wenn nun diese beyden Stücke zusammen kommen, ist es denn schon ein Thier? Keinesweges! Um ein Thier zu seyn, ist es billig, noch ausser dem Mechanismo und Organismo eine Seele zu haben. Dieses sprechen wir den Infusionsthierchen, den Polypen und mehrern wurmartigen Körpern so lange ab, bis wir weit mehrere Beweise haben, als bisher von allen Naturforschern für ihre thierische

Beschaffenheit gegeben sind. Wir kehren uns nicht an den animalischen Geruch, denn wenn der Mensch keine Seele hätte, so hielten wir ihn für eine herumlaufende Pflanze, seine Bestandtheile möchten in der Verbrennung so animalisch riechen als sie wollen, sind doch unsere Haare nichts anders als Pflanzen. Einleitung.

Daß wir bisher eben keine ganz ungereimten Sachen gesaget haben, das meynen wir, müsse aus denjenigen Gründen erhellen, welche in der allgemeinen Einleitung von dem vielfachen Leben der Creaturen von uns angegeben sind. Siehe den dritten Theil pag. 15. bis 64. desgleichen den ersten Theil pag. 28. und gegenwärtigen sechsten Theil pag. 4.

Es ist damit noch gar nicht ausgemacht, daß man unsere Zweifel in Absicht auf die übrigen Umstände vorbeygehet, in der Meinung, die Zweifel verfielen alle von selbst, wenn man nur bewiese, daß man wirkliche Polypen an den Corallen gefunden habe: denn an dem, was man an den Corallen gefunden hat, zweifeln wir im geringsten nicht, wir fragen nur ob es Thiere sind? Wir halten alle diese Körper, samt den Infusionsthierchen, für die organisirten Körper aller Vegetation, durch welche sich nur ein vegetativisches Leben denken lässet, welches man bey einer bloß mechanischen Bewegung nicht denken kann.

Wohlan aber, wir wollen uns bequemen, wir wollen den Naturforschern zu gefallen alle diese Körperchen, sowohl in der Infusion, als an den Corallen Thiere nennen, nur bitten wir uns dann aus, daß wir hinführo alle Bäume und Schwämme in den Wäldern, alle Blumen und Kräuter in den Gärten, ja alles Graß auf dem Felde, auch

Einleitung. Thiere nennen dürfen, den Seegewächse und Landgewächse vegetiren, unter bestimmten Veränderungen, nach einerley Hauptgrundgesetzen.

Nehmen wir diesen Satz an, so fallen durchaus alle übrigen Zweifel von selbst weg. Wir dürfen dann nicht fragen: Woher die Polypen ihre Masse in so großer Menge nehmen; der Mechanismus schlept sie in dem Wasser herbey, und der Organismus ziehet sie an sich, und deponiret sie durch diese organische Theile, und eben so gehet es mit einiger Veränderung auch mit einer Eiche, oder mit einem Schwamm im Walde zu.

Wir dürfen nicht fragen: Wo die pflanzenartige Structur der Coralle herkomme, und wie die Polypen so einstimmig bauen können? Denn die organisirten Körperchen, die wir Polypen nennen, beleben und bestimmen das Meergewächse nach seiner Gestalt, und eben so gehet es auch im vegetabilischen Reiche vor sich, die belebenden Theile der Pflanze sind auch organisch, die Polypen der Bäume sind nur flüßiger, und lassen sich nicht so in Consistenz sehen. Auch die Bäume und Pflanzen essen und trinken, und nähren sich begierig durch ihre Oefnungen, die keine leere, sondern mit Saft angefüllte Köcher sind.

Wollte man aber bey dem Satze der neuern stehen bleiben, und das Leben der Polypen, als ein thierisches Leben, von der Vegetation unterscheiden: so deuchtet uns, daß es billig wäre, alle vorher angeführte Zweifel erst zu heben, ehe man jemanden zumuthen wollte, den neuern Schlüssen Beyfall zu geben. Wir halten das Leben der sogenannten Polypen für nichts anders als eigentliche Vegetation, die mit dem Mechanismo verknüpft, in den Gärten Blumen, und in der See

Coralle

Coralle macht, weil vermuthlich in der See eine mehr mineralische Vegetation obwaltet, die jedoch reichlich mit einem flüßigen Organismo versehen ist. Einleitung.

Der gelehrte Herr Boddaert hat zwar, wir gestehen es, auf unsere Zweifel, einen nach dem andern schön und sinnreich geantwortet, und der Herr Houttuin läßt darum, kürze halber, unsere meisten Zweifel unbeantwortet, weil er sich auf den Herrn Boddaert beruft, und ihm beypflichtet; allein aus obigem wird nun diesen beyden Herren Gegnern schon einleuchten, daß sie unsere Zweifel von der unrechten Seite angesehen, und dasjenige vertheidiget haben, was wir gar nicht in Zweifel gezogen hatten.

Es bleibt indessen ferne von uns, daß wir in der Naturgeschichte eine Ketzerey anspinnen, oder dem Ruhm der großen Naturforscher, insonderheit der Herren Boddaert und Houttuin, etwas entziehen wollten, nein, wir lieben und ehren diese Männer, und bedienen uns ihrer Schriften zu unserer Belehrung, so wie wir auch zur Ausarbeitung dieses Commentars alles aus des Herrn Houttuins Werke nutzen, was zu unsrer eingeschränkten Absicht dienlich ist.

Inzwischen macht unsere Meynung von dem pflanzenartigen Wuchs der Coralle, in der Beschreibung gar nicht die geringste Veränderung. Wir lassen sie hier im Thierreiche stehen, ob wir sie gleich für Pflanzen halten, wir nennen die an ihnen hervortretenden Körperchen Polypen, obgleich wir sie für organische Vegetationstheilchen ansehen, und alles bleibt übrigens in der Linneischen Terminologie eingeschränkt.

Unsere Meinung aber, die wir gar nicht vor unfehlbar ansehen, und sie gerne dem Urtheil derer,

Einleitung. die richtiger denken, überlassen, allhier weitläuftiger auszuführen, lässet unsere Absicht und der eingeschränkte Raum unsrer Blätter nicht zu; sondern wir behalten uns solches, wenn es nöthig wäre, bis zu einer andern Gelegenheit vor. Soviel aber müssen wir doch sagen, daß wir in der neuen Entdeckung von den Corallen einen Weg gebahnet finden, näher zum Geheimnis der Bildung und des Wachsthums der Creatur zu kommen, und vielleicht schließt uns die künftige Zeit das ganze Räthsel vollkommen auf.

Nachdem wir also dieses vorausgesetzt haben, so schreiten wir, nach der Linneischen Ordnung, zuförderst zu der Betrachtung der eigentlichen Corallen, welche den Namen Lithophyta oder Steinpflanzen führen. Sie bestehen samt und sonders aus einem kalchartigen, festangewachsenen, einer Pflanze ähnlichen, steinigen Wesen, in welchem weiche Thierchen wohnen, die zusammengesetzt und angewachsen sind, und die Coralle aufbauen. Der Ritter bringt die 93 Arten derselben in vier Geschlechter, als Röhrencorall, Sterncorall, Punctcorall und Cellencorall, wie folget.

---

336. Geschlecht. Röhrencoralle.
Lithophyta: Tubipora.

Die Benennung Tubipora deutet ordentlich eine Oefnung an, darinnen eine Röhre ausgehet, daher wir dieses Geschlecht auch Röhrencorall nennen, die Farbe aber scheinet diesen Massen den Zunamen Corall zu geben: denn in dem Wachsthum haben sie mit den Corallen gar keine Gemeinschaft, indem sie auf eine ganz andere Art gebildet werden. Die Holländer nennen es Pypkoraal oder Pfeifencorall. Geschl. Benennung.

Die Kennzeichen dieses Geschlechts sind, nach dem Linne, daß der Bewohner dieser Röhren eine Art Nereis oder Seetausendbeine sey, (siehe im vorigen Bande pag. 75.) die Röhren selbst aber, darinne diese Thierchen stecken, sind cylindrisch, hohl, gerade in die Höhe gerichtet, und stehen gleichweitig von einander. Man hat folgende vier Arten. Geschl. Kennzeichen.

1. Die Seeorgel. Tubipora musica.

Dieses unvergleichlich schöne und niedliche Seeproduct des mittelländischen und indianischen Meeres bestehet in einem Klumpen zusammengehäufter hochrother oder dunkel corallenfärbiger zarter Röhrchen, welche durch von einander stehende Mittelwände laufen, inwendig hohl, und mit einem wurmartigen Insect bewohnet sind. Man trift in besagten Meeren von diesen Seeorgelmassen 1. Seeorgel. Musica.

gelmassen zu ein bis zwey Faust groß an, und obgleich Herr Pallas die americanischen Gewässer und die Kroossee zum Vaterlande angiebt, so wissen wir uns doch nicht zu erinnern, jemals von daher einige Exemplare gesehen zu haben. Auch trift man diese Massen eben nicht allzuüberflüßig in den Cabinetten an. Nach dem Rumpf findet man sie in Indien stärker wie eines Menschen Kopf, und im rothen Meer sollen davon noch größere gefunden werden. Die Indianer tragen allezeit ein Stückchen davon bey sich, und schreiben diesen Orgelcorall eine Zauberkraft, und eine harntreibende Eigenschaft zu.

Die schöne rothe Farbe scheinet zu der Benennung, Corall, Anlaß gegeben zu haben, daher auch Herr Pallas, dessen 199. Species sie ausmacht, ihr den Namen Tubipora purpurea giebt. Französisch Tuyaux d' Orgue.

T. XX. fig. 1. 2. und 3. Um aber einen Begrif von der Art zu bekommen, so haben wir Tab. XX. fig. 1. 2. 3. davon einige Abbildungen mitgetheilet. Nämlich fig. 1. stellet eine dergleichen mit gebogenen Röhrchen dar, deren Röhrchen nicht nur in einem Winkel gebogen, sondern auch mehr kegelartig gebauet, und durch wenigere Zwischenwände aneinander befestiget sind.

Fig. 2. ist eine größere Masse, wo sich die Röhrchen aus einem schmalen Anfange, im Steigen vermannichfaltigen, und oben gleich einem Blumenkohl erweitern. In selbiger zeigen sich noch die getrockneten Häute der alten Würmer, welche diese Seeorgel bewohneten, und hangen noch aus etlichen zur Länge eines halben Zolls und darüber hervor. Es ist dieses eine Anzeige, daß die Röhren eben nicht allezeit eine Vergliederung an den Scheidewänden haben, sondern daß manche tiefer durchlaufen.

Endlich zeiget sich auch fig. 3. noch ein schief, und gleichsam stufenweise gewachsenes Stück, so daß man verschiedene abweichende Gestalten und Figuren antrift. Auch zeiget sich im Meer einiger Unterschied, in Absicht auf die Dicke der Röhren, denn die größten sind so dicke, wie ein Rohr oder Schilf, die dünnsten aber auch nur wie ein grober Zwirnsfaden. In einigen Arten stehen die Röhrchen etwas weiter von einander, als in andern, und sind auch etwas länger, oder weniger durch Querwände abgetheilet. Mehrentheils wachsen sie an den Ecken der Felsen, und an andern Corallen. Der Herr Pallas aber berichtet noch, daß die Querwände durch die Gelenke und Vergliederungen gehen, und daß durch alle Röhrchen ein Köcher streiche, der am obern Theile eines jeden Gelenkes strahlig oder gestirnt sey, und am innern Theile der Röhrchen festsitze. Jedoch diesen Umstand haben wir niemals wahrgenommen, wohl aber, daß eine Art blaßfärbiger als die andere ist.

Knorr. Delic. Tab. A. fig. 3.

2. Die Kettenkoralle. Tubipora catenularia.

2. Kettenкoralle. Catenularia.

Diese Massen, welche häufig von der Ostsee ausgeworfen werden, führen beym Bromel den Namen gothländische Röhrencoralle. Sie bestehen aus feinen gleichweitigen ineinander geschlungenen und aneinander schliessenden Röhrchen, deren Enden in feine Oefnungen ausgehen, und die ganze Masse als gestickt oder mit Schnürchen oder kleinen Ketten belegt, darstellen. Daher sie holländisch gekettingd Pypkoraal heissen.

Es

Es sind nämlich die Röhrchen, welche aneinander liegen, in einander laufen, und miteinander geschlungen sind, cylindrisch rund, und nur etwas zusammen gedruckt. Ihre Oberfläche, wo die Enden zusammen stehen, zeiget aneinanderstehende Cellen, die miteinander Ketten vorstellen, und da man sie meistens als verwittert oder versteinert antrift, so findet man die Poren mit einer thonartigen Erde angefüllet, oder auch wohl hohl. Der Farbe nach sind sie mehrentheils weiß, doch trift man auch röthliche, gelbe, und auch fast durchsichtigweisse an, die Erdmasse die sie anfüllet oder umgiebet, sie incrustiret oder versteinert hat, ist aschgrau.

Bromel Lithogr. Spec. 2. tab. 23. 24. 25. 26. 27.

3. Die Kriechröhre. Tubipora serpens.

3. Kriechröhre. Serpens. Noch trift man am Ufer des balthischen Meeres, desgleichen im mittelländischen Meer, eine Art an, welche sehr kurze, an den Ecken in die Höhe gerichtete Röhrchen hat, die auf einem kriechenden und gabelförmig voneinander weichenden Fuße stehen. Denn man siehet sie, gleich einem dicken Faden, an Steinen oder Corallmassen anliegen, wo sie sich in wurmartige, runde, voneinander weichende Aeste zertheilen, sich an den Vertheilungen schmälern, und übrigens, gleich einem netzartigen Gewebe, über die Oberfläche des Steins fortlaufen. Bey jeder Vergliederung, oder netzartig und gabelförmigen Abweichung der Aeste, erhebet sich ein cylindrisch Röhrchen. Zwischen den Vergliederungen aber siehet man auf der Oberfläche des Gesteins nichts anders, als einige erhabene oder ausgehöhlte Puncte.

Linn. Amoen. acad. 1. p. 105. t. 4. f. 26.

4. Das

4. Das Bündelröhrchen. Tubipora fascicularis.

Endlich findet man noch an dem nämlichen Ufer der Ostsee, und hin und wieder auf den Kalchgebürgen ein fadenförmig dünnes, aber in Bündel zusammengewundenes Röhrencorall, davon sich die Röhrchen hin und wieder miteinander vergliedern. Die Dicke ist wie ein Federkiel, nicht ganz gerade, und durch dünnere Röhrchen an manchen Orten miteinander verbunden. 4. Bündelröhrchen. Fascicularis.

* * *

Ausser diesen von dem Ritter Linne angegebenen Arten, erwehnet der Herr Pallas noch einer schönen Nebenart der Seeorgel, welche er Tubipora Flexuosa oder gebogene Orgelcorall nennet. Der Bau der Masse ist spindelförmig rund, und wird oben nach und nach breiter, so jedoch, daß da die untern Röhrchen senkrecht stehen, die obern hingegen horizontal liegen, mithin die Röhrchen des untern einen scharfen Winkel machen. Ihre Mündungen sind mehrentheils schief, und am Grundstück befinden sich acht Strahlen, wie an den Sternsteinen. Nebenart.

Pallas Lyst der Plantdieren, Tab. 10. fig. 2.

337. Geschlecht. Sterncoralle.

Lithophyta: Madrepora.

Geschl. Benennung.

Die Benennung Madrepora stammt vom Imperatus her, welcher sie einer gewissen Art mit ansehnlichen Sternen gab, und soll soviel als **Mutter der Sternen**, oder **sternförmigen Poren** bedeuten, wofür auch die Benennung Porus Matronalis gebraucht wurde. Der Graf **Marsigli** aber wandte obige Benennung fast auf alle Steingewächse des Meeres an, und machte noch einen Unterschied zwischen Retepora und Millepora. Der Ritter Linneus hingegen, gebraucht diese Benennung nur von solchen Steincorallen, welche sternförmige Poren haben, sie mögen übrigens ästig, blätterig, schwammig oder röhrenförmig gestaltet seyn, und aus der Ursache nennen wir sie samt und sonders **Sterncoralle**. Im **Holländischen** und **Französischen** aber behalten sie die Benennung **Madreporen**.

In selbigen Sternchen nun fand der Graf **Marsigli** strahlige weiche Körper, und nannte selbige die **Corallenblüthen**, der Herr **Peysonell** nannte sie **Polypen**, mithin seenesselartige Thierchen. Ihm ist nun das ganze Heer der neuern Naturforscher gefolget. Wir halten aber dieselbe vor organische Vegetationskörperchen, die mit den sogenannten Infusionsthierchen in einer Verwandschaft stehen, oder wohl davon herstammen. Es sey nun aber so oder anders, solches thut zur Sache, und zur Beschreibung des äusserlichen Baues nichts.

Diese

Diese Thierchen liegen mit dem Körper oder Kopfe in der Mitte eines solchen Sternchens. Um den Kopf herum treten acht Arme hervor, die in den Blättern des Sterns liegen, das Bestandwesen ist eine gelbliche oder weißdurchsichtige Gallert. Die Thierchen geben zur neuen Bruth Saamen von sich, die alte Gallert gerinnet und wird Stein oder Corall, oder legt ein solches Wesen ab, der Saame giebt eine ähnliche Bruth, und so wächst die Coralle, wie wir oben in der Einleitung angeführet haben. Ein nämliches geschiehet auch und muß geschehen, wenn wir diese Körperchen nicht vor Thiere, sondern für Vegetationsorgana halten, denn in der Hauptsache ist alles einerley.

Aehnliche größere Körperchen machen größere Sternchen. Einige derselben befinden sich allein, und machen einfache, andere leben in großer Gesellschaft und Verbindung, und machen zusammengesetzte Sternchen. Von ihrer Art übrigens hänget die Art des Sterncoralles ab, und zwar unsers Bedünkens eben so, wie die Structur einer Pflanze von dem Saamenkern, und den darinnen befindlichen Vegetationsorganis abhängt, die wir nicht anders als durch Infusion gewahr werden.

Um also nach dem Geschmack des Herrn Donati zu reden, so ist das Thier einer Aster, oder strahligen Sonnenblume zu vergleichen, und nach dem Linne ist es eine Medusa oder strahlige Qualle (siehe den ersten Band pag. 297.) so wie sie der Herr Ellis in seinem Werke von den Corallinen Tab. XXXII. fig. A. recht schön abgebildet hat. Das Corall selbst aber ist mit Höhlungen versehen, die in geblätterten Sternen bestehen.

Da nun aber diese Kennzeichen etwas weitläuftig genommen sind, so lassen sich hier drey Abtheilungen machen.

A. Coralle mit einem einfachen Stern. 8 Arten.

B. Mit zusammengesetzten Sternen. 10 Arten.

C. Mit zusammengesetzten ganzen Stücken oder Körpern. 17 Arten.

So daß wir in allem 35 Arten zu betrachten finden. Die wir nun in fortlaufenden Numern beschreiben wollen.

A. Einfache

A. Mit einem einfachen Stern.

5. Das Warzencorall. Madrepora verrucaria.

5. Warzencorall. Verrucaria.

Es bestehet in einem platten runden festsitzenden Stern, dessen Scheibe aus feinen cylindrischen Strahlen bestehet, die am äusseren Umfange strahlich sind, oder nach dem Pallas Sp. 164. ist es ein dünnes, etwas wellenförmig gebogenes und geränd deltes Scheibchen, in der Größe eines Nagels am kleinen Finger, weiß, steinig, und nach dem Rande zu geblättert. Der Rand ist dünn, der Mittelpunct platt und glatt, die Blätterchen, die als Strahlen nach dem Umfange zu laufen, sind fein gezähnelt, und verlaufen sich am Rande, welcher ebenfalls mit feinen Haarzähnchen besetzt ist. Der Aufenthalt ist im mittelländischen Meer und an der englischen Küste.

6. Das

6. Die Kräuselcoralle. Madrepora turbinata.

A. Einfache

Sie heißt beym Pallas Sp. 176. Madrepora Trochiformis, und kann diesen Namen mit Recht führen, da der Stern eine kelchartige tief eingedruckte halbkugelförmige Vertiefung macht. Es ist kein Stiel daran befindlich, und die Blätter, welche den Stern vom Mittelpunct bis zum Umfang ausmachen, sind nicht gezackt, sondern haben eine glatte Schneide. Die Farbe ist weiß oder hornartig. Man findet sie in der Ostsee und am gothländischen Strande, sowohl in Natur als versteinert. Einige sind fast cylindrisch, und oft so groß wie ein kurzes dickes Ochsenhorn. Inwendig sehen sie einem mit Blättern gestrahlten Kelche ähnlich, und umgestürzt vergleicht man ihre Erhöhung mit einem Kräusel, der mit der Spitze in die Höhe stehet.

6. Kräuselcoralle. Turbinata.

7. Die Pfenningcoralle. Madrepora porpita.

Eine ganz kleine Art, die häufig unter den europäischen Versteinerungen vorkommt, führet einen erhabenrunden Stern, davon der Mittelpunct eingedruckt und rund ist, untenher ist das Exemplar platt, gerandet und glatt. Es hat keinen Stiel, und in den Versteinerungen sind die Blätterchen mehrentheils abgenutzt, daher denn auch der Mittelpunct nicht allezeit vertieft erscheinet. Inzwischen ist die kleine und platte Gestalt dieser Versteinerung Ursache an der Benennung Pfenningstein. Das Original wird auf der Insel Gothland ausgeworfen, und die Benennung Porpita ist von der Gestalt einer gewissen Qualle genommen, welche man für das Original dieser

7. Pfennigcoralle. Porpita

 Stein-

A. Einfache Steinchen hielt. (Siehe den vorigen Band pag. 123.) Die Größe ist wie eine Lupinenbohne.

8. Die Schwammcoralle. Madrepora fungites.

8. Schwammcoralle. Fungites. Unter diesem Namen verstehet der Ritter sowohl, als der Herr Pallas Sp. 165. einen ziemlich ansehnlichen und bekannten Corallenschwamm, den man in Frankreich Champignon de Mer; in Holland Zeekampernoelje; und lateinisch Fungus lapideus oder saxeus nennet. Die blättrigen Schwämme im Walde drucken fast accurat ihre Gestalt aus, nur haben diese Seeschwämme keinen Stiel, und sind auch darinne von den Landschwämmen unterschieden, daß die dünnen Blätterchen, welche den strahligen Stern ausmachen, nach oben zu gekehret sind, und eine erhabene Rundung bilden.

Sie sind grauweiß, und werden von einem bis acht Zoll im Durchschnitt groß, bald flach gewölbet, bald erhaben und gebogen gefunden. An den jüngern siehet man unten im Mittelpunct eine Stelle, womit sie an den Felsen gesessen haben. Die Blätter sind auf der Schneide etwas bogig ungleich, fein gesäget, und scheinen an den Seiten nur gegeneinander gekittet zu seyn, so daß sich hin und wieder eine Oefnung zeiget, welche den Schwamm von untenher etwas durchsichtig macht. Der untere Boden ist körnig, und eine Nebenart, die unten etwas scharfstachelich ist, wird vom Pallas Sp. 165. unter dem Namen Madrepora echinata zu einer besondern Art gemacht, zumahlen sie mehrentheils nicht recht rund, sondern etwas länglich ist. Die Farbe ist gemeiniglich weißlichaschgrau, und der Aufenthalt ist im rothen und indianischen Meere.

Was

Was den Polypen betrift, der diesen Steinschwamm machen soll, so sagt Rumpf, daß diese Steinschwämme mit einem dicken Schleim, als mit Stärke besetzt sind, welcher sich in Falten legt, und unzählige Bläschen hat, die einiges Leben zeigen. So bald man sie aus dem Wasser ziehet, setzet sich dieser Schleim mit den Bläschen in den steinigen Falten nieder, und schmelzet, gleich den Quallen, (siehe den vorigen Band pag. 120.) weg. Wenn man sie abgewaschen hat, werden sie hart und weiß. (Woraus sich denn vermuthen lässet, daß sie unter dem Wasser weich oder knörpelig sind.) Ferner behauptet Rumpf, daß diese Geschöpfe etwa ein Mittelding zwischen den Stein- und Pflanzenthieren seyn möchten, da sie nach Art der Quallen zu leben scheinen, und der Ritter meynet, daß das Thier diese Schaale unter sich auf die nämliche Art bilde, wie die Schnecke ihr Gehäuse. A. Einfache

Knorr. Delic. Tab. A. III. fig. 4.

Olear. Mus. Tab. 34. fig 2.

* Der Seemaulwurf. Madrepora Talpa.

Unter dieser Benennung kommt bey den Liebhabern eine Nebenart der vorigen vor, welche von jener nur darinnen unterschieden ist, daß sie länglich ist, und eine lange Grube statt einer Rundung zum Mittelpunct haben. Dergleichen werden zu anderthalb Schuh lang, und einen halben Schuh breit gefunden, und einige sind sogar dreylappig. Die Blätter sind sehr dünne, und fast durchsichtig, aber sehr hart, obenher fein gezackt, und an der untern Seite ist das ganze Gewächse etwas bäuchig gewölbet, und heißt holländisch Zeemol. Seemaulwurf. Talpa.

Pallas Lyst der Plantdieren, Tab. 14.

A. Einfache

9. Die Neptunusmütze. Madrepora Pileus.

9. Neptunusmütze. Pileus. Es wurde dieses Meergewächse vom Rumpf die polnische Mütze genannt, und der Ritter beschreibet es als einen einfachen, länglichen, erhabenen Stern, der gleichsam aus kurzen zusammengehäuften Blätterchen bestehet, und an der untern Seite hohlrund ist, aber ebenfalls keinen Stiel hat. Sie sind nach Pallas Beschreibung von unten wie eine Glocke, rund, oder länglichrund, oft einen Schuh im Durchmesser groß. Die Blätterchen, welche die Strahlen machen, sind eins ums andere groß und klein, und unterbrochen, um in den Gruben neue Strahlen zu fortgesetzten Sternen abzugeben, desgleichen sind die Blätterchen stark gezackt. Inwendig haben sie Gruben und Körner mit einigen stumpfen Spitzen. Die grossen werden in Indien, die kleinern aber, nach Tourneforts Nachricht, in dem rothen Meere und persianischen Meerbusen gefunden.

* Die Steinschnecke. Madrepora Limax.

Steinschnecke. Limax. Als eine Nebenart der vorerwehnten, muß auch ein gewisses Seeproduct gerechnet werden, welches den Namen Steinschnecke; holländisch Steen-Slak führet. Dieser sternförmige Seeschwamm ist sehr lang und schmal, übrigens aber fast wie der Seemaulwurf beschaffen, und wird in den Indien am Strande der Insel Amboina gefunden.

T. XX. fig. 4. Von einer Gattung, welche der Breite nach dem Seemaulwurf, der Länge nach aber der Steinschnecke nahe kommt, erscheinet Tab. XX. fig. 4. eine Abbildung, die den Bau von oben anzeiget. Der untere innere Theil aber ist ausgehöhlet, wie ein

ein Schiff, und rauh. Die Richtung gehet etwas krumm. A. Einfache

Die Indianer gebrauchen diese und ähnliche rauh- und feingeblätterte Meerschwämme statt eines Reibeisens, um Ruben darauf klein zu reiben, und die Chineser putzen ihre Götzentempel mit den Neptunusmützen auf. Inzwischen verletzen diese Corallenarten manchen Fischern die Füße, wenn sie unerwartet darauf treten. Zuweilen fallen diese Massen etwas ins Bläuliche, doch bleichen sie an der Sonne weiß. Pallas nennet diese Nebenart Sp. 171. Madrepora areolata.

Olearius Tab. 34. fig. 4.

10. Die Gehirncoralle. Matrepora labyrinthiformis.

10. Gehirncoralle. Labyrinthiformis.

Unter obiger Benennung, die beym Pallas Maeandrites heißt, verstehet man ein Corallengewächse, dessen sternförmige Figur wie ein krummlaufendes Gehirn anzusehen ist. Es giebt davon ungeheure große Massen, etliche Schuh lang und breit, und verhältnismäßig hoch. Wir besitzen, nebst verschiedenen andern Größen, sowohl von weisser als gelber Farbe, ein weisses Stück aus America, welches drey Schuh lang, zwey Schuh breit, und auf der höchsten Rundung fast einen Schuh hoch ist. Die Blätterchen sind alle dünn, kurz, breit, und sehr fein gezackt. Allenthalben sind die Gänge, die einem Irrgarten gleich kommen, schmal gefurcht, und ihre Benennung ist gemeiniglich Cerebrites, wenn sie versteinert erscheinen, französisch Meandrite; holländisch Hersensteen; deutsch Gehirnstein; englisch Breinstone. Ehe sie sich noch zu obiger Größe gebildet haben, erscheinen sie allerdings in allerhand Gestalten, welche Anlaß zur Vermehrung der Arten

 gegeben

A. Einfache gegeben hat, und der Umlauf ihrer Gänge ist wunderbar verschieden aber prächtig anzusehen. Das Merkmahl der jetzigen Art soll vorzüglich dieses seyn, daß die Nath stumpf ist. Aber dieser Ausdruck des Ritters ist höchst undeutlich, daher auch zwischen dieser und der folgenden Art bey den Schriftstellern eine große Verwirrung entstanden, wozu die Linneische Anführung der verschiedenen Figuren geholfen; denn hier werden diejenigen Gehirnsteine angeführt, die doch dem Pallas zufolge zu der folgenden Art gehören sollten, und in der folgenden Art siehet man bey den Schriftstellern Exemplare angeführt, die nach dem Linne hieher gehören müßten. Sollten wir uns aber irren, so gehöret diese Beschreibung zu der folgenden Art, und die folgende zu der jetzigen. Wir verstehen aber hier die großblätterige zarte Art, welche viel seltener ist, als die folgende. Mehrentheils sind sie, wie eine Halbkugel gebildet, und werden in beyden Indien gefunden.

Knorr. Delic. Tab. A. III. fig. 2.
A. XI. fig. 1. 2.

11. Der Irrgarten. Madrepora maeandrites.

11. Irrgarten. Maeandrites. Diese Art die beym Pallas Labyrinthica heißt, zeiget ordentliche breite Gänge, ist fast kugelrund, von gelber und weisser Farbe, hat zwischen den Blättern eine scharfe Nath, und man findet Kugeln von ein bis zwey Schuh und mehr im Durchschnitt. Etliche haben oben auf den Näthen eine breite Furche, andere nicht. Die Blätter sind kurz und dicke, etwas rauh gesäget, aber übrigens feste und steif, und nicht so brüchig als die vorige Art. Das innere Bestandwesen ist blätterig cellulös, und aus dem Mittelpunct nach der

der äussern Fläche zu allenthalben cellulös gestrahlt. Zwar findet man sie mehrentheils ohne Stiel, jedoch scheinen sie mit der vorigen Art aus einem Stiel ihren Anfang zu nehmen; denn wir haben beyde Arten mit einem, zwey bis drey Zoll langen Stiel gesehen, und die Oberfläche mannichmal ganz neu und frisch überzogen gefunden. Sie sind in beyden Indien, und an manchen Gegenden so häufig, daß man Kalch daraus brennet. Die Holländer nennen diese Art Doolhofsteen, daher wir den Namen Irrgarten gewählet haben, wiewohl uns nicht unbekannt ist, daß man diese Art Cerebrit oder Gehirnstein zu nennen pflegt. Man vergleiche aber hiebey dasjenige, welches wir zu Ende der vorigen Art gesagt haben. A. Einfache

Knorr. Delic. Tab. A. IV. fig. 1.
Wagner Mus. Baruth. Tab. XIII.
Olear. Tab. XXXIV. fig. 1. 3.

* Der Schwimmstein. Madrepora natans.

Wenn obige zwey Cerebritenarten von den Felsen losrucken, verwittern und austrocknen, alsdann aber durch die Meereswellen herumgekugelt werden, so daß sich die Blätter abschaben, und nur die innere Masse übrig bleibt, alsdann sind sie oft so leicht, daß sie schwimmen, und diese Brocken werden hernach Schwimmsteine genennet, und zum Kalchbrennen verbraucht. Ohne aber daß sie vorher ausgetrocknet, und in ihrem innern Gewebe mit Luft angefüllet sind, schwimmen sie nicht. Der Ursprung derselben aber ist kein anderer, als wir jetzt erwehnet haben. Schwimmstein. Natans.

A. Einfache

12. Der Krösestein. Madrepora areola.

12. Krösestein. Areola. Der Herr Houttuin nennet diese Art Pernsteen, Herr Boddaert giebt ihr den Namen Steenamaranth, der aber nicht so gut als der Houttuinische ist. Wir wissen nichts bessers als Krösestein. Es ist ein breites, längliches und durch Bogen, nach Art der Größe abgetheiltes Sterncorall, welches der Ritter mit ausgeschweiften Beeten vergleicht. Untenher sind diese Stücken zuweilen flach, zuweilen hohl, aber dabey allezeit glatt, obenher zeigen sich die Strahlen, welche sich in lappige Bogen ungleich zertheilen, und viele Aehnlichkeit mit den oben beschriebenen Seeschwämmen haben, nur daß sie vielfache Lappen führen, die ihre eigenen Strahlen haben. Da sich aber durch die Beschreibung kein rechter Begrif von ihrer Bauart machen lässet, so zeiget sich Tab. XX. fig. 5. eine dergleichen gebogene Art, diejenigen aber die flach sind, und ihre Bogen auf einer regelmäßigen Fläche ausbreiten, sind niedlicher. Der Ritter spricht ihnen einen Stiel ab, und doch scheinen sie einen solchen zu haben, da sie mit den folgenden Nebenarten verwandt sind.

T. XX. fig. 5.

* Der Seeamaranth. Madrepora Amaranthus.

Seeamaranth. Amaranthus. Diese Nebenart steiget auf einem Stiel hinan, zertheilet sich in Aeste welche oben ihre hohlen krösenartigen Flächen, und fast gehirnsteinartige Gänge mit vielen Blättern haben, wie aus der Tab. XXI. fig. 1. zu ersehen ist. Der Stiel an dieser Art ist größer als an der vorigen: die Bauart aber hat mit den Labyrinthsteinen viele Aehnlichkeit, doch sind die Blätterchen nicht stark gezackt.

T. XXI. fig. 1.

* See-

* Der Seeblumenkohl. Madrepora florida. A. Einfache Seeblumenkohl Florida

Diese letztere Nebenart endlich ist die schönste unter allen. Sie hat einen längeren Stiel, macht kurze breite Aeste, deren gekräuselter Rand mit feinen Blättern, die etwas vertieft hinunter laufen, besetzt ist. Da sich nun auf zwey bis drey und mehr Aesten solche tief eingedruckte gestrahlte Krausen befinden, die mit ihren bogigen Gängen ineinander laufen, und also die Oberfläche schliessen, so ist die Vergleichung mit einem Blumenkohl nicht uneben. Wir inzwischen halten diese und die vorige Nebenart für junge und unausgewachsene Blätterhirnsteine, davon wir die Beschreibung oben unter No. 10. gegeben haben.

Olear. Tab. 34. fig. 4.

B. Mit zusammengesetzten Sternen.

B. Zusammengesetzte.

13. Der Steinschwamm. Madrepora Agaricites.

13. Steinschwamm. Agaricites.

Die Benennung ist von dem Lerchenschwamm genommen. Die Stücken dieser Art sitzen ohne Stiel auf, sind gerunzelt und gefurcht. Die Furchen theilen sich durch hohe Rippen, die auf allerhand Art bogig laufen, und in den Furchen stehen die vielen Sternchen reihenweise dicht aneinander. Mit dieser Art findet man ganze Flächen, auch Holz und Ziegelsteine überzogen, ja sie überziehen sich selbst, so daß sie wie der Lerchen- und Holzschwamm schichtweise übereinander liegen, oder sich runzelig übereinander erhöhen, wie aus der Figur Tab. XXI. fig. 2. zu ersehen ist. Ihre Farbe ist entweder schneeweiß oder gelb. Sie werden häufig in den Westindien und besonders in den Antillen gefunden, wo man Schaalen von zwey bis drey T. XXI. fig. 2.

Schuh

B. Zusammengesetzte. Schuh breit findet, die auf mancherley Art gebogen, erhaben, vertieft, oder auch übereinander geschoben sind.

Zu dieser Art gesellen sich ausserordentlich gerne die Alcyonien und Schwammgewächse, die gleichfalls daran festgewachsen sind, und ihre Höhlungen zwischen den Bogen sind oft Behälter von Seesternen und allerhand Insecten.

Knorr. Delic. Tab. A. X. fig. 1.

14. Der Seehonigkuchen. Madrepora Favosa.

14. Seehonigkuchen. Favosa. Man verstehet unter dieser Benennung gewisse große und mit sehr vielen großen Sternen besetzte Massen, deren Sterne eckig und tief eingedruckt erscheinen. Wenn man diese Massen in die Quere durchsägt, so zeigen die Sterne nichts anders als große strahlige eckige Flecken, als ob es netzartig durchbohrte Löcher wären. Die Corallenmasse ist weiß, und in den Seiten ist weiter nichts zu sehen, als eine cellulöse strahlige Composition. Die Größe der fast sechseckigen Sterne und ihre Verbindung, lässet sich am besten aus der Abbildung Tab. XXI. fig. 3. schliessen. Das Vater-
T. XXI. fig. 3. land ist in beyden Indien, besonders aber sind sie in dem mexicanischen Meerbusen. Die Holländer nennen sie Zeehonigraat, denn es hat viele Aehnlichkeit mit dem Bau der Bienen in ihren Körben, ja es giebt sogar solche Meeresproducte unter den Madreporen, die man Waffelsteine nennet, da der Sternbau ein ordentliches viereckiges Gitterwerk vorstellet, welches eine noch größere Aehnlichkeit mit den Hohnigkuchen hat. Alle diese Massen sind unter Wasser mit einem schleimigen gallertartigen Wesen überzogen, worinn man einige Bewegung bemerket. Ausserhalb dem Wasser siehet man nichts

nichts von irgend einiger Bewegung, und der Schleim, welcher um das Thier seyn soll, wird stinkend und zerfließt. B. Zusammengesetzte.

Amoen. Acad. 1. p. 96. tab. 4. fig. XVI.

15. Die Seeananas. Madrepora ananas.

Es sind dieses mehrentheils kleine halbkugelförmige Corallenmassen, die man in der Größe der Nüsse bis zu einer Faust theils von gelber theils weisser Farbe auf Klippen, und an den Fuß anderer Corallen angewachsen findet, aber auf ihrem Umfange eine Menge rauher Sterne haben, die nur etwas kleiner als an der vorigen Art sind, und nicht gar zu regelmäßig stehen, auch selbst untereinander (wie wir mit Exemplaren darthun können,) nicht recht übereinstimmen. Inzwischen entstehen diese Sterne aus soviel nebeneinander liegenden Aesten, die wie umgekehrte Kegel gegeneinander liegen, und an ihrer Verbindung eine Nath auf der Oberfläche machen. Die Sterne sind erhaben, und führen einen eingedruckten Mittelpunct. Schneidet man diese Masse in die Quere durch, so ist sie weiß und mit sechseckigen Flecken bezeichnet, in deren Mitte ein weisser Ring stehet, welcher ringsherum Strahlen abgiebet. An einem Exemplar stehen sie viel dichter aneinander, als am andern, je nachdem die Aeste, oder Kegel, die aus dem Mittelpunct steigen, dick sind. Der Aufenthalt ist im mexicanischen Meerbusen, und diejenigen, die am gothländischen Strande ausgeworfen werden, gehören auch hieher, wiewohl ihre Sterne durch die Wellen fast verloschen sind. 15. Seeananas. Ananas.

Knorr. Delic. Tab. A. IV. fig. 2.
A. VI. fig. 1. auf den Boden.

Amoen. acad. 1. p. 92. t. 4. f. VIII. 2, IX.

16. Das

B. Zusammengesetzte.

16. Das Doppelcorall. Maerepora polygama.

16. Doppelcorall. Polygama.

Es hatte der Ritter eine Perlenmuttermuschel aus den Indien erhalten, welche er mit einer Corallenrinde überzogen fand, die weiß, und zwey Zoll dick war. Die Oberfläche dieser Rinde war dicht mit zwölfstrahligen kleinen Sternchen besetzt, zwischen welchen aber hin und wieder große strahlige Sterne saßen, die wohl einen kleinen Finger dick waren und hervorragten. Der Mittelpunct war durchbohret, und hatte eine daumenbreite ovale Oefnung, unter welcher sich eine glatte Röhre etwa wie ein Federkiel hineinsenkte, ohne daß irgend ein Beweiß oder Schaale von einer Lepade anzutreffen wäre, die auch durch die kleine Oefnung nicht hätte heraus kommen können. Hieraus schließt nun der Ritter, daß es eine Vereinigung zweyer Corallarten sey; allein wir haben verschiedene Sterncoralle in großen Massen, worinne wir das nämliche finden. Wir halten es für eine Durchbohrung eines gewissen weissen Seeinsects, da hernach die gemachte weiche Oefnung wieder durch den Polypenschlamm zum Theil überzogen wird. Indem sich nun dieser Schleim oder Saft in und über die weite Oefnung ergießt, und nach Art der vergetirenden Kraft in viel längere Strahlen dehnet, und nothwendig dehnen muß, so müssen natürlicher Weise solche grosse Sterne hin und wieder zwischen den kleinen entstehen. Offenbar wenigstens kommen an unsern Exemplaren die Strahlen dieser großen Sterne aus den Strahlen der kleinern, und machen aus den vielen im Umfange der Oefnung stehenden kleinen Sternchen, eine weit größere Menge Strahlen für die großen Sterne. Wenn nun der Fabricant dieser Strahlen ein Polypus oder Thier seyn soll, so muß dasselbe

selbe auch die Geschicklichkeit haben, sich nach Befinden der Umstände zu metamorphosiren. Nehmen wir aber diesen Polypum für einen organisirten vegetirenden Saft an, so gehet diese Ergiessung der ausgeflossenen Sterne nach den Grundsätzen einer mineralischen sowohl, als pflanzenartigen Vegetation von statten. B. Zusammengesetzte.

17. Die Sandcoralle. Madrepora arenaria.

Der Herr Brander fand an der algierischen Küste eine ocherfärbige Corallenmasse, ohne inwendige Figuren, die aber auf der Oberfläche mit grossen, kaum erhabenen und fast nicht zu erkennenden Sternen besetzt war, deren Strahlen durch das Vergrößerungsglas betrachtet, aus lauter Sandkörnern zu bestehen schienen. Diese Sterne waren zuweilen warzenartig etwas erhaben. 17. Sandcoralle. Arenaria.

18. Der Weitstern. Madrepora interstincta.

Diese Art ist ein runder, fester, höckeriger Stein, auf dessen Oberfläche weit von einander kleine runde Sternchen, wie Löcher eingedruckt stehen, deren Boden strahlig ist. Die Oberfläche zwischen den Stern zeiget nichts als Puncte, die unter dem Vergrößerungsglase ausgehöhlt erscheinen. 18. Weitstern. Interstincta.

19. Der Sternstein. Madrepora astroites.

Man findet in den americanischen Gewässern auf den Klippen große Klumpen von dieser Art, mehrentheils rund oder länglichrund, und wie eine halbe Kugel gewölbet, auf der Oberfläche sowohl schneeweiß als gelb. Diese Massen sind schwer, 19. Sternstein. Astroides.

B. Zusammengesetzte.

schwer, und bestehen aus nichts als Röhrchen, die inwendig geblättert, und gleichsam mit Kammern versehen sind, auswendig aber einen vielstrahligen Stern auf der Spitze bilden, der einen vertieften Mittelpunct hat, aus welchem sich die Sternstrahlen in die Höhe begeben, und über den Rand hinüber werfen. Diese Röhrchen stammen aus den ersten und mittlern her, vermehren sich nach und nach, und breiten sich allenthalben zur Oberfläche aus, so daß die ganze halbkugelrunde Oberfläche nichts als Ausgänge solcher Röhrchen, mithin auch nichts anders als Sternchen sind, die so dicht beysammen stehen, daß sie ineinander fliessen, und eine durch die andere verdrenget, oft eine längliche und mehrstrahlige Figur annehmen, wo sie aber Platz haben, desto geräumlicher und größer ausfallen. Dem Anfühlen nach ist die Oberfläche eben, unter dem Vergrößerungsglase aber sind alle Blätter zackig. Wenn man diese Massen von oben bis unten spaltet, zeiget sich, daß die Röhrchen eben sowohl mit Blätterchen untereinander verbunden sind, als es blätterige Kammern innerhalb denselben giebet. Steckt nun in jedem Röhrchen ein Corallenpolype, der Lage auf Lage bauet, wer macht alsdenn die Ringe und Blätterchen die auswendig an jeder Röhre sitzen, und die eine an die andere bindet? Wer sich einen Begriff von dieser innern Gestalt machen will, der spalte ein Stück Eichen- oder Buchenholz. Die der Länge nach streichende Fasern sind die Röhrchen, und die zur Seite laufende aderige Quersubstanz sind die Blätterchen. Eben diese Art Corall überziehet auch Felsen, Muscheln, ja Ziegel und Holz, und die Sternart ist die nämliche als am Steinschwamm No. 13. Wie können doch diese Thierchen so artig eins werden, ob sie eine Fläche, oder eine Halbkugel, oder einen Schwamm bauen wollen?

Wir

Wir besitzen etliche dieser Massen von einer Faust groß, bis zu einem Schuh im Durchmesser, etliche sind ganz flach und machen Schaale über Schaale, andere sind sehr erhaben gewölbet, und acht Zoll hoch. Einige haben größere andere kleinere Sternchen. Bey einigen stehen die Sterne etwas von einander, bey andern hat fast ein Stern vor den andern keinen Platz; denn diese Verschiedenheiten gehören doch wohl alle hieher, und wer diese Massen versteinert findet, der hat den Sternstein. Wenn nun die Sterne etwas entfernt stehen, und jeder Stern ein eigener Polype ist. Wer gießt alsdann den Zwischenraum voller Corallenmasse? B. Zusammengesetzte.

Knorr. Delic. Tab A. X. fig. 4.

20. Der Hochstern. Madrepora acropora.

Die Sterne ragen hervor und sind gekerbet. Die Masse bildet sich wie eine Halbkugel, deren Oberfläche mit erhabenen Ringen dicht aneinander besetzet ist, in welchen hernach die Sterne oder Blätterstrahlen etwas niedriger fallen. Vielleicht gehöret folgende Figur hieher. 20. Hochstern. Acropora.

Knorr. Delic. Tab. A. IV. fig. 4.

21. Der Hohlstern. Madrepora cavernosa.

Aehnliche Massen, die aus Westindien kommen, haben tief eingesenkte zwölfblätterige Sterne, welche kelchmäßige Höhlungen machen, am Rande aber strahlig bleiben, und sich durch eine erhabene Nath von einander unterscheiden. Die Sterne haben die Größe oder Dicke eines Federkiels, und kommen auch versteinert vor. Sie ist des Pallas 188ste Art. 21. Hohlstern. Cavernosa.

Knorr. Delic. Tab. A. IV. fig. 3.

22. Punctstern. Puncta-ta.

22. Der Punctstern. Madrepora punctata.

In dem europäischen Ocean zeigen sich auch runde, mürbe und weisse Massen, welche dichte mit Sternchen besetzt sind, deren jeder aus zehn Puncten zusammen gesetzt ist.

C. Vereinigte.

C. Coralle mit zusammen gesetzten ganzen Körpern, die sich miteinander vereiniget haben.

23. Die Kelchcoralle. Madrepora calycularis.

23. Kelchcoralle. Calycularis.

Bisher sahen wir die Coralle, die sich aus einem Stern zu vielen fortpflanzten; hier scheinen nun solche zu folgen, welche zwar nicht auseinander entstehen, aber sich doch miteinander zu einer Masse vereinigen. Wir zweifeln aber an der Richtigkeit dieser Eintheilung, und auch der Ritter hat sie in seinem Text nicht bemerket.

Der Herr Boddaert nennet diese Art gestempeld Sterrekoraal. Es kann aber dieses nicht mehr bedeuten als eingedruckt Sterncorall. Da nun aber Herr Pallas solches als eine Masse beschreibet, dessen Röhrchen kegelartig sind, und becherförmige Sterne haben, so wollen wir es Kelchcorall nennen. Die Strahlen sind deutliche Blätter, die Röhren so dick wie ein Federkiel, die Zwischenräume bestehen aus einem schwammigen Gewebe. Die Farbe ist braun, oder aschgrau. Der Mittelpunct der Sterne ist gleichsam wurmstichig ausgefressen. Der Aufenthalt ist im mittelländischen Meere.

T. XXI. fig. 4. Hieher wird nun vom Herrn Houttuin auch diejenige Masse gerechnet, die wir Tab. XXI. fig. 4. abge-

abgebildet finden, und die bey den Holländern den Namen Sonnenstein führet, weil die Sternchen sich gleichsam wie Sonnen zeigen, und einen mürben löcherigen Mittelpunct haben. Doch wie Herr Houttuin auch selber zweifelt, ob sie wohl hieher gehöre, so halten wir es für eine Art von der Madrepora cavernosa No. 21. C. Vereinigte.

24. Die Knotencoralle. Madrepora truncata.

Gegenwärtige Art macht einen Bündel kräuselartiger Gelenke aus, die mehr Junge als Strahlen hervorbringen, welche am Rande vereinigt sind. Die Sterne aber sind abgestutzt, und haben eine cylindrische Höhlung. Die besagten kräusel- oder kegelartigen Gelenke sind etwas runzelig, übereinander geschlichtet, und so breit als hoch, so daß die Höhlung einen schönen Stern macht, der aus dem Rande wieder junge Kegel abgiebet, die sodann desgleichen thun, wodurch die Massen ansehnlich groß werden. Diese Art wird am Gothländischen Strand ausgeworfen, und Herr Pallas rechnet sie zur obigen Madrepora Turbinata No. 6. wohin er auch des Rumpfs Anthophyllum Saxeum will gezählet wissen. 24. Knotencoralle. Truncata.

Linn. Amoen. acad. 1. p. 93. t. 4. f. X. 3.

25. Die Stielcoralle. Madrepora stellaris.

Eine andere Art, die gleichfalls am gothländischen Strande gefunden wird, bestehet aus lauter Stielen, die Fingers dick, und eine Handfläche lang sind. Sie stehen wie ein Bündel beysammen, und sind nur mit dem Rande aneinander befestiget, da inzwischen die Jungen aus ihrem Mittelpuncte hervor wachsen. Die Gelenke sind 25. Stielcoralle. Stellaris.

C Vereinigte. einen Zoll lang. Die Sterne machen einen Becher, sind oben breit, unten dünn, und haben einen etwas breitern Fuß, der den untern Becher wieder deckt.

Linn. Amon. acad. 1. p. 94. t. 4. fig. XI. 4.

26. Die Cylindercoralle. Madrepora organum.

26. Cylindercoralle. Organum. Diese Coralle bestehet aus lauter gleichweitigen, von einander abgesondert stehenden glatten Röhren, die so dick sind wie Rockenstroh. Diese werden durch gleichweitige Mittelwände aneinander gehalten, durch welche diese Röhrchen gleichsam hingesteckt sind, so jedoch, daß die Mittelwände sich etwas herabbiegen, und mit Sternstrichen gestrahlt sind. Die Röhren hingegen haben oben keine Sternchen, sind aber am Rande eingekerbet. Man findet diese Art auch am Ufer des balthischen Meeres ausgeworfen.

Linn. Amoen. 1. p. 96. t. 4. f. VI. 1.

27. Der Orgelstein. Madrepora musicalis.

27. Orgelstein. Musicalis. Der Herr Boddaert nennet diese Coralle Pans-Fluit, oder die Flöthe des Pan. Wir bleiben mit Herrn Houttuin bey dem Namen Orgelsteine. Es ist ein zusammengesetztes Sterncorall, wo sich viel einzelne eckige Röhrchen zu einem Bündel vereinigen, und oben auf der gemeinschaftlichen Rinde mit ihren Sternen hervorstechen. Diese Röhren haben die Dicke eines Schilfrohrs, oder eines dünnen Fingers. Die Sterne bestehen aus sechs, selten aber mehrern Blättern, zwischen selbigen liegen aber jedesmahl noch drey kleinere niedrigere Blätter inne, davon das mittlere das größte und erhabenste ist, jedoch dieser Umstand

trift

trift nicht in allen Exemplaren ein. Wir haben solche Orgelsteine die vier und zwanzig vollkommene Blätter haben, und im Umfange auch vier und zwanzigeckig sind. Sie wachsen in sehr großen Klumpen. Herr Pallas schreibet ihnen die indianische See zum Vaterlande zu. Die unsrige ist aus Curacao, und nach des Ritters Berichte trift man sie auch an der irrländischen Küste an. C. Vereinigte.

Hieher rechnet der Herr Houttuin auch das Exemplar, welches Tab. XXI. fig. 5. abgebildet, und aus den spanischen Westindien gebürtig ist. Die Röhrchen sind an selbigen mit Querblätterchen aneinander befestiget. Kaum aber würden wir das Stück hieher ordnen, wenn nicht die hin und wieder zusammengehäuften Querblätterchen der Linneischen Beschreibung ein Genüge leisteten, und der Ritter oft verschiedene abweichende Exemplare unter eine Art zusammen faßte. Wir haben weiter nichts zu erinnern, als daß die milchigweissen festen Röhren in unserm zwey Fäuste großen Exemplar fingersdick sind. T. XXI. fig. 5.

28. Der Binsencorall. Madrepora caespitosa.

Es ist nicht zu läugnen, daß die Herren Naturforscher die Naturgeschichte selber erschweren, da sie nicht bey einerley Benennung bleiben, und nicht nur andere Namen nehmen, sondern sie auch sogar auf die Gegenstände vertauschen. So nennet nun der Ritter diese Art Caespitosa, welche von dem Pallas Flexuosa genennet war, und den Namen Flexuosa gibt nun der Ritter der folgenden Art. Eben so gieng es oben mit Madrepora labyrinthiformis und maeandrites No. 10. und 11. welches beym Pallas just umgekehrt ist. Kommen nun unrichtige, oder zweydeutige, oder wohl 28. Binsencorall. Caespitosa.

C. Vereinigte. wohl gar zweyerley Figuren hinzu, so weiß man gar nicht mehr, was die Schriftsteller wollen.

Daß diese vom Ritter Caespitosa genennet wird, kommt daher, weil die Röhren binsenartig stark, und wegen der innern Sternfigur hohl sind; und daß sie beym Pallas Flexuosa heißt, geschiehet wegen ihrer gebogenen Gestalt. Es ist nämlich gegenwärtiges Binsencorall ein Bündel von runden, etwas ästigen, gestreiften, oben gestirnten, und dicht beysammenstehenden Röhren, deren Sternchen sich mit dem Mittelpunct etwas senken. Die Masse der Röhrchen ist steinig weiß, und wächst oft zu sehr großen Klumpen, deren Herkunft aus dem mittelländischen Meere ist, und vom Imperati Porus matronalis genennet wurde. Warum aber diese Art bey den Holländern, oder wenigstens beym Houttuin Turfsteen, das ist, Torfstein, heißt, sehen wir gar nicht ein.

Pallas Lyst der Plantdieren, Tab. 9. fig. 5.

Knorr. Delic. Tab. VII. fig. 2.

29. Der Bogencorall. Madrepora flexuosa.

29. Bogencorall. Flexuosa. Diese Art wird am Strande des balthischen Meeres ausgeworfen. Sie bestehet abermahls in einem Bündel dicht aneinander stehender aber ganz gebogener Röhrchen, die cylinderförmig, rauh, und mit erhabenen Sternen an ihren Enden besetzet sind. Der Herr Boddaert verweiset diese Art in seinem Anhange zum übersetzten Pallas, zu des Pallas Madrepora flexuosa. (Siehe seine pag. 617.) Allein er irret sich, wie aus obiger Anmerkung No. 28. erhellet, und diese Irrungen gehen beym Herrn Boddaert fast eben so oft vor, als Pallas nnd Linneus ihre Benennungen gegen einander verwechseln und austauschen. Denn wer einen

einen gewissen Namen, den andere Schriftsteller für irgend einen Gegenstand in der Naturgeschichte gebraucht haben, beym Linneus findet, der kann mehrentheils glauben, daß der Ritter alsdann ganz was anderes darunter verstehet, als die Schriftsteller gemeinet haben. Dieses ist des Ritters Gewohnheit fast in allen Fächern, und giebt allenthalben bey denen, die diesen Umstand nicht beobachten, zur größten Verwirrung Anlaß, wenn man sich nicht bey jedem Gegenstand eine halbe Stunde hinsetzen will, den Unterschied durch Vergleichung aller Schriftsteller und aller Figuren zu finden, und wie glücklich wäre man, wenn man ihn alsdann nur noch allezeit finden könnte. C. Vereinigte.

Linn. Amoen. acad. 1. p. 96. t. 4. f. XXIII. 5.

30. Die Gewürznägelcoralle. Madrepora fascicularis.

Diese Corallenmassen bestehen aus einer Menge einfachstehenden glatten Röhren, in der Dicke eines Federkiels, einen halben, und längstens einen ganzen Zoll hoch, die alle oben einen schönen deutlichen Stern haben, durchgängig gleich hoch stehen, und oft eine ganze kugelige oder sonst andere Corallenmasse ganz dichte besetzen, eben als ob sie als Seulchen darauf geküttet wären, wie solches aus der Abbildung Tab. XXII. fig. 1. ganz deutlich erhellet. Zuweilen findet man Massen, worauf sich nur die ersten Ansätze dieser Sternröhrchen zeigen, die kaum etliche Linien hoch sind. Rumpf aber will sie fingerslang, und auch Massen mit dicht aneinander geschlichteten, aber nur einen Zoll langen Röhrchen gesehen haben, so doch, daß selten mehr als sechs solcher Röhrchen dicht aneinander stünden. Der Herr Pallas nennet diese Art Madrepora Caryophyllites No. 183.

30. Gewürznägelcoralle. Fascicularis.

Tab. XXII. fig. 1.

C. Vereinigte. Welche Benennungen ursprünglich vom Rumpf herstammen, der das ästige sogenannte Cadixcorall (siehe unten No. 35.) also nannte. Es ist aber nicht bekannt, ob sich diese Art, die wir hier beschreiben, auch in Aeste bilde. Der Boden ist eine steinige weisse höckerige Rinde, die sich über allerhand andere Körper hinziehet, aus dieser Rinde erheben sich diese Gewürznägeleincoralle haufenweise. Sie sind unten etwas schmäler als oben, öfters auch etwas in den Seiten gedruckt, auswendig mit schwachen Furchen besetzt, oben mit einem ein wenig eingedruckten Stern versehen, dessen Blätterchen eins ums andere grösser und höher sind. So wie nun die Massen, worauf diese Röhrchen sitzen, weiß sind, so sind auch die Röhrchen schön weiß, doch findet man auch braunrothe, denn das in obiger Figur abgebildete Stück hat bräunlich rostfärbige Köcherchen auf einem gelblichweissen Grunde. Von dem Thiere meldet Rumpf nichts anders, als daß diese Massen mit einem Schleim umgeben sind, wie die andern See- oder Corallenschwämme. Der Aufenthalt ist in dem ostindianischen Meer. Der Herr Pallas rechnet aus dem Knorrischen Deliciis Tab. A. IV. fig. 4. hieher, allein so viel wir selbiges Stück kennen, so ist es des Ritters Madrep. acropora. Siehe oben No. 20.

31. Der Höckercorall. Madrepora porites.

31. Höckercorall. Porites. Es bestehet diese Art in fingersdicken etwas gebogenen und oben in zwey Stumpfen abgetheilten, zusammenstehenden Massen, welche über und über mit einer weissen, aber mehrentheils rostfärbigen Rinde überzogen sind, in welcher ein Sternchen dichte an dem andern stehet. Diese Aeste werden ungefehr mit ein Paar Nebenzweigen eins

eine Hand lang, und da die Stumpfen oben etwas getheilet sind, so zeigen sich von oben nichts als Knoten oder Höcker. Die Sternchen sind nur mit geschärftem Gesichte zu sehen, und machen durch ihre feine etwas zackige Blätterchen, die Aeste bey dem Anfühlen rauh. C. Vereinigte.

Da es nun aber Verschiedenheiten giebt, so ist erst zu merken, eine zarte weisse Art, mit eingedruckten niedlichen Sternchen, und freyen knotigen Aesten. Diese siehet aus, als ob sie mit durchbrochenen Spitzen überzogen wäre. Die innere Masse ist hart. Sie kommt aus Ostindien. Nebenarten.

Knorr Delic. Tab. A I. fig. 3.

Eine dickere mit wollenartiger rauhen Oberfläche, weiß, stumpfästig, mit schwammiger Steinmasse, und überall mit Sternchen besetzt, kommt aus beyden Indien.

Seba III. Tab 109. f. 11.

Endlich eine daumensdicke, langästige, mit gespaltenen knotigen Enden, und einer braunen Sternrinde, die rauh ist, überzogen. Sie kommt aus den Antillen.

Wenn nun diese letztere Art noch kurz und klein ist, so entstehet folgende Nebenart bey den Holländern.

* Der Ingwercorall, oder des Pallas Madrepora digitata.

Denn die Stücken, die oft auf großen Flächen hundertweise an- und ineinander stehen, sehen wie abgestumpfte krumme Finger oder Ingwerwurzeln aus, sind auswendig gelblich rostfärbig, voller Sternchen, und auf dem Bruche mürbe, wie schlechter weisser Brodzucker. Das Vaterland ist America. Ingwercorall. Digitata.

C. Vereinigte.

32. Die Hirschgeweihcoralle. Madrepora damicornis.

32. Hirschgeweihcoralle. Damicornis. Sie ist der vorigen Art ziemlich nahe verwandt, und wird vom Herrn Boddaert Elandshoorn, vom Herrn Houttuin aber Herts-Hoorn-koraal genennet. Man findet sie auf vielfache Art ästig, deren Aestchen wieder gezackt oder mit verdünnten Aesten versehen ist. Oefters sind sie einen Schuh hoch, und einem Hirschgeweihe sehr ähnlich. Die Masse ist fest, an den Spitzen öfters etwas zuckerartig mürbe, weiß, und über und über mit Sternchen besetzt. Der Herr Pallas giebt dreyerley Verschiedenheiten an, als Fingerdickes mit warzigen Aestchen; Gesträuchähnliches und niedriges mit warzigen Aestchen; Gabelförmiges dünnes mit spitzigen Zacken. Die Sternchen sind längliche Pori, die einigermassen ausgehöhlet sind, und feine Sternblätter haben. Zwischen den Löchern stehen feine scharfe Spitzchen auf der Oberfläche.

Da nun diese Art mehr durch die Gestalt, als durch den eigentlichen Bau, von der vorigen Art verschieden ist, so wird sie durch obige Benennung abgesondert. Allein man irret sich, wenn man glauben wollte, daß dieser Hirschgeweihe ähnliche, oder gesträuchartige Bau nichts als ein steincorallischer Bau wäre. Denn wir können mit verschiedenen Exemplaren darthun, daß eine Gorgonia, oder Horncoralle, in den mehresten zum Grunde liegt, welche oft von der Steincoralle fingersdick überzogen wird, und so eine frey hirschgeweihähnliche Gestalt im Ganzen bekommt; ja wir besitzen dicke zerbrochene Steincoralle, wo die Horncoralle aus dem Mittelpuncte hervorraget. Wenn nun der Ueberzug und deren Pori und Sternchen, mit andern Massen übereinkommt, so darf man

eben

eben deswegen keine neue Art von der äusserlichen Gestalt herleiten, denn sonst könnte man von einer wohl zwanzig Arten machen. Einen Beweiß von dergleichen Horncorall, so mit einer Millepore überzogen ist, davon sich aber das mehreste herunter gebröckelt hat, ist in Knorr. Delic. Tab. A. VI. fig. 3. zu sehen, woselbst ein dicker steiniger Ueberzug die Horncoralle deckt; und eben so setzen sich auch Madreporen, Schwammgewächse und Alcyonien oft an Hornpflänzchen an, und gewinnen also eine baum- und staudenförmige Gestalt. C. Vereinigte.

33. Der Dorncorall. Madrepora muricata.

Unter dieser Art verstehet man schöne Corallenmassen, deren unzählige Sternchen in verlängerten feinen runden Köcherchen die Oberfläche decken. Diese Köcherchen werden von ein zu vier Linien lang, und setzen sich zuweilen aneinander, oder wachsen auseinander, wie ein Traubenbusch, welches alsdenn Kornährencorall; holländisch Koorn-Air-Koraal genennet wird. Zuweilen nimmt die ganze Masse die Gestalt eines zierlichen Baums mit geraden weiten fingerdicken Aesten, oder eines zierlichen Strauchs mit feineren Aesten in der Dicke der Schwanenkiele, oder auch die Gestalt großer breiter, mehrentheils, von der Wurzel an gerechnet, horizontal liegender Lappen und Blätter an. In dem vorigen Falle können sie nur zuweilen den Boddaertischen Namen Hartshoornkoraal führen, aber im letzten Falle gar nicht, daher wir die Köcherchen mit Dornen vergleichen, und es überhaupt Dorncorall nennen. Diejenigen, die ästig wachsen, haben die Eigenschaft, daß wenn die Aeste einander zu nahe kommen, solche aneinander gekittet werden, und sich vielfältig miteinander verbinden. Man hat davon 33. Dorncorall. Muricata.

Massen

C. Vereinigte. Massen von zwey bis drey Schuh hoch. Einen anderthalbschuhigen, vielästigen, unvergleichlich schönen Baum, daran die untern Aeste einen Finger dick, die obern aber wie ein Federkiel sind, desgleichen eine dreyschuhige Masse von übereinander gekitteten Aesten, und endlich große Lappen wie ein Frauenzimmerfecher auf einer Wurzel, und fast halb trichterförmig, oder wie ein Ausschnitt eines Trichters gebogen, und kleinere voller Kornähren, die wieder aus der Fläche herausgewachsen sind, besitzen wir in unserer Sammlung; und sie belehren uns je länger je mehr, daß die äusserliche Gestalt ein anderes Seegewächse zum Grunde haben müsse, widrigen Falls sie alle entweder baumförmig oder lapenförmig seyn würden.

In dem Meere sind diese Gewächse mit einer Gallert umgeben, daher die gelbliche Farbe an den mehresten Corallengewächsen zu entstehen scheinet, doch gebleicht, werden sie auch schneeweiß, oder bleyfärbigblau. Wenn nun besagte Gallert die zusammen geflossenen hundert tausend Polypen seyn soll, wie kommen denn diese Thierchen auseinander, wie bauen sie jedes Köcherchen in ihrer Ruhe, und wer macht den äussern Theil der Köcherchen so zart und fast unsichtbar fein gestreift und stachelich? Wir wissen zwar wie solches die Naturforscher auslegen, aber wir sind auch mit ihrer Auslegung nichts weniger als zufrieden.

Knorr. Delic. Tab. A. II. fig. 1. 2.

34. Der Kohlstrunk. Madrepora fastigiata.

34. Kohlstrunk. Fastigiata. Herr Boddaert nennet des Herrn Pallas Madrepora fastigiata Seerose. Wir behalten die Houttuinische Benennung Koolstruik. Es ist nämlich eine in die Höhe fast zu einem Schuh

hoch

C. Vereinigte.

hoch hinaufsteigende Coralle, die mit einem dicken Stamme anfängt, auswendig nur stachelich rauh, oder auch blätterig gestreift ist, und sich weiter in die Höhe in zwey, drey, oder auch wohl mehr Aeste zertheilet. Dieser Stamm und Aeste haben auswendig keinen Stern, sondern bestehen selbst aus einem einzigen Stern, der den ganzen Stamm macht; da aber, wo sich der inwendige Stern in zweye theilet, steigen zwey Aeste in die Höhe, und oben auf der Spitze eines jeden Astes zeiget sich dann ein einfacher blätteriger großer Stern, der mit dem Aste gleichen Umfang hat. Hievon nun giebt es Verschiedenheiten; etliche haben an ihren Sternblättern keine Zacken, der Stern senkt sich hohl hinein, und ist nebst den Aesten rund, diese sind die Kohlstrünke. Andere haben breitere Aeste, deren Stern sich oben etwas eckig ergießt, und diese heissen Seerosen; wiederum andere sind oben an den Aesten sehr breit, und machen einen sehr tiefen becherförmigen gebogenen Stern mit starkgezackten Blättern, diese heissen Endiviencorall, und endlich giebt es noch eine Art, die einen sehr kurzen nur einen Zoll hohen, aber zuweilen vier Finger dicken Stiel hat, auf dessen Oberfläche ein einziger sehr großer Stern, mit sehr vielen starken hochgezackten Blättern stehet, zwischen welchen wieder niedrige und kürzere Blätter stehen, die den Mittelpunct nicht erreichen. Diese wird Sternmütze genennet. Sie kommen aus beyden Indien, doch am meisten aus den großen und kleinen Antillen. Also wären dann erst vorzüglich zu merken

C. Vereinigte. Endiviencorall. Angulosa. Tab. XXII. fig. 3.

a) Das Endiviencorall. Madrepora angulosa. (Pallas.)

Es kommt der Fastigiata am nächsten. (Siehe Tab. XXII. fig. 3.) hat aber gezackte Blätter, und ist aschgrau weiß.

b) Die Seenelke. Madrepora lacera. (Pallas.)

Seenelke. Lacera. Tab. XXII. fig. 2.

Sie macht nur einen schönen schwammartigen großen Stern mit gezackten sägeförmigen Blättern, davon sich Tab. XXII. fig. 2. eine schöne Abbildung zeiget.

Knorr. Delic. Tab. A. VIII. fig. 5.

Diese Art steiget vermuthlich höher, theilet sich in zwey oder drey Aeste, und giebt alsdann den Seeamaranth ab, der bey den Alten Amaranthus saxeus hieß.

Knorr. Delic. Tab. A. III. fig. 1.

35. Die Cadixcoralle. Madrepora ramea.

35. Cadixcoralle. Ramea.

Man hat sie, da sie in der Meerenge von Gibraltar und an der klippigen spanischen Küste wächst, von Cadix nach Holland gebracht, daher ist ihr diese Benennung geblieben, ob sie gleich auch im mittelländischen Meere und in der Ostsee gefunden wird.

Inzwischen führet sie auch den Namen Gewürznägelcorall, weil die Sterne sich an den kurzen Aestchen, die zur Seite an den Hauptästen stehen, eben so bilden wie jenes Gewürznägelcorall, das wir No. 30. schon beschrieben, und mit einer Abbildung begleitet haben.

Man

Man findet hievon große Stücke wohl drey Schuh lang und unten Arms dicke, der Hauptstamm zertheilet sich in einer Höhe von drey Zoll, in zwey auch drey Aeste, und diese geben in der Länge von sechs Zoll wohl wieder einen oder zwey Seitenäste ab, die etliche Zoll hinauf laufen, bis endlich die Spitzen ungefehr einen daumendick bleiben. Die Stämme sind rund, auf der ganzen Oberfläche mit zarten Strichen, die zuweilen Bogen und Wirbel machen, gefurcht, auswendig rostfärbig braun, (es sey denn daß sie verwittert, gebleicht oder abgescheuert wären,) auf dem Bruch aber grau weiß, etwas porös, aber unvergleichlich hart, fest und schwer. Was die Sterne betrift, so liegen dieselben mit ungezackten Blättern, in zwey bis drey Linien hohe Köcher einigermassen eingedruckt. Diese Köcher haben oben einen gleichsam abgenagten Rand, und stehen willkührlich einen Zoll, auch nur einen halben Zoll, mehrentheils aber nur an einer oder höchstens zwey Seiten der Aeste sparsam voneinander, so daß sich an einem sehr großen drey Schuh langen Stück kaum hundert gestirnte Köcher zeigen. Die Dicke der Köcher ist wie ein Gänse oder Schwanenkiel. Im Meer haben sie eine schleimige Rinde und in den Sternen liegt ein gallertartiges Wesen. Kleinere werden in der Nordsee gefunden, und Herr Pallas fand an den Steinchen bey Jersey dergleichen Köcher sitzen. Wir zweifeln aber gar sehr, ob aus dergleichen je eine solche ästige Cadircoralle entstehen würde. Die Abbildung dieser schönen Corallenart ist Tab. XXIII. fig. 1. zu sehen. Auf dieser Corrlle setzen sich gerne Sertularien und Corallinen an.

C. Vereinigte.

Tab. XXIII. fig. 1.

C.
Vereinigte.

36. Die Achtaugencoralle. Madrepora oculata.

36. Achtaugencorall. Oculata.

Diese Madrepore wächst auf einem Stiele, ist röhrenartig, glatt, verschieden, wie ein Wurzelstück knotig und gebogen, etwas schief gestreift, in und aneinander verwachsen, und mit zweyfachen eingedruckten Sternen versehen. Sie ist eigentlich das officinelle weisse ächte Corall, welches zu verschiedenen zusammengesetzten Arzeneyen als ein Ingrediens gebraucht wird, und ehedem nur allein aus Ostindien gebracht wurde, wiewohl man auch ähnliche im mittelländischen Meere, in der Nordsee, und in etlichen americanischen Gewässern findet. Das Bestandwesen ist wie der härteste weisse Marmor, auswendig, gleich einem Wurzelstück, knotig oder warzig verwachsen und glatt, nur bricht in den höckerigen oder warzigen Erhöhungen eine runde vertiefte Oefnung, etwas dicker als eine Stricknadel oder wie ein Rabenfederkiel, in welchem man einen blätterigen Stern erblickt, der die Masse inwendig durchbohrt, und zum Theil hohl macht. Um Amboina herum wächst es dicke, und etwa nur eine Hand hoch, an den bandaischen Inseln aber bildet es sich zu einem Bäumchen, das etwas platt, aber wie Rumpf angiebt, wohl zwey bis drey Schuh hoch werden soll. Wenn es aus der See kommt, ist es schön glänzend und glatt, jedoch an den obern Spitzen mit einem Schleim umgeben, wächst nicht häufig, und nur auf den härtesten Felsen.

Knorr. Delic. Tab. A. I. fig. 2.

37. Die

C. Vereinigte.

37. Die Jungferncoralle. Madrepora virginea.

37. Jungferncoralle. Virginea.

Diese Art gränzet in Gestalt und Beschaffenheit nahe an der vorigen, nur ist es schöner, weisser, dünner, und macht niedliche Bäumchen, wie aus der Abbildung Tab. XXIII. fig. 2. zu ersehen ist; daher es denn auch obige schöne Namen erhalten hat, und im holländischen Maagdekoraal genennet wird. Es kommt aus dem mittelländischen Meere, und von der americanischen Küste. Der wesentliche Unterschied aber von der vorigen Art bestehet darinne, daß es mit geraden gabelförmigen Zweigen wächst, inwendig nicht hohl ist, und hervorragende Sternchen von nämlicher Größe hat, die gleichsam eins ums andere an den Aesten hervorbrechen. Jedoch findet man auch Massen, die der vorigen fast gleich, und eben so durcheinander verwachsen sind; und auf solche Exemplare zielet vermuthlich die Beschreibung des Herrn Pallas. Daß es aber selten so dick als ein Finger, und nicht über eine Spanne lang werde, solches bestätigen unsere Exemplare nicht. Daß auch an den größern Exemplaren die Sterne größer seyn sollten, haben wir gleichfalls nicht wahrgenommen, sondern fanden sie da nicht größer als in den kleinsten. Dieses erwehnen wir eben nicht, um den Herrn Pallas zu widersprechen, sondern deuten nur damit soviel an, daß wir solche Exemplare, von welchen dieser gelehrte Schriftsteller solches behauptet, nie gesehen haben.

Tab. XXIII. fig. 2.

Knospencorall.

Bey dieser Gelegenheit erwehnet der Herr Houttuin auch eines sehr schönen weissen Coralls, welches aus Ostindien kommt, und Tab. XXIII. fig. 3. abgebildet ist. Er nennet dasselbe Dopjeskoraal. Es hat eine regelmäßige Baumgestalt, und siehet von weiten wie ein blühender Ast aus,

Tab. XXIII. fig. 3.

C. Vereinigte. denn die Sternchen ragen in umgekehrten Becherchen weit aus dem Aste hervor, daher die holländische Benennung ihren Ursprung hat, und durch **Knospencorall** übersetzt werden müßte.

Rosencorall. Tab. XXIII. fig. 4. Auch giebt es noch ein vor nicht langer Zeit aus **St. Domingo** nach **Frankreich**, und von da nach **Holland** überbrachtes niedliches Corall dieser Art, welches von Herrn **Pallas** Rosencorall (Madrepora rosea, No. 165. oder 181.) genennet wird, und davon eine Abbildung Tab. XXIII. fig. 4. zu sehen ist. Man hat sie bis dahin nur noch in kleinen Stauden, etwa einer Handbreit hoch von schöner gelblicher Farbe gesehen, deren Sprossen eine niedliche Rosenfarbe haben, davon diejenigen, die an der Spitze offen sind, eine geblätterte Sternfigur zeigen, und eben solche Sternchen nimmt man auch an den Aesten, ohne hervorragenden Knospen gewahr.

38. Die Blumencoralle. Madrepora prolifera.

38. Blumencoralle. Prolifera. In dem **norwegischen** Ocean findet man eine weisse harte und dem ächten Augencorall nicht unähnliche Corallenmasse, welche wie ein dickes Strickgewebe durcheinander gezogen, und mit den Aesten wunderbar verwachsen ist, aber dieses voraus hat, daß an den Enden große Sterne befindlich sind, die am Rande wieder junge Sterne machen. Die Gestalt kommt sehr viel mit Knorr. Delic. Tab. A. VII. fig. 2. überein, doch ist selbige ein Madrepora cespitosa No. 28.

Die Sterne sind an der gegenwärtigen Corallenart so groß wie ein Groschen, senken sich trichterförmig in die Spitze des Stammes hinein, bestehen etwa in acht großen Blättern, zwischen welchen

chen sich jedesmahl drey kleinere befinden, deren mittleres wiederum am größten ist. Diese Blätter biegen sich über den Rand herum, und machen eine niedliche offene Blume, dadurch aber entstehen am Rande oft wiederum kleine Sterne, aus welchen nach und nach wieder Aeste hervor kommen: so daß man in der Zergliederung der Aeste noch Spuren des überwachsenen Sterns findet. Die Aeste wachsen sonst gabelförmig, weil aber der breite Rand der Sterne oft aneinander stößt, so veranlasset dieses wieder ein ineinanderwachsen der Aeste. Es kommt in großen Klumpen vor, und befindet sich zuweilen bey den Materialisten unter dem officinellen Corall. C. Vereinigte.

39. Der Seetrichter. Madrepora infundibuliformis.

Dieses rare Seegewächse steigt aus einem kurzen dicken Stamm, als ein sehr weiter Trichter in die Höhe, der auswendig etwas gestreift, am Rande gefalten, und inwendig eins ums andere mit sternförmigen hervorragenden Oefnungen besetzt ist, so wie etwa die lappigen Blätter der Dorncoralle. Siehe oben No. 33. Das Seltsamste aber ist, daß zuweilen in diesem Trichter ein anderer kleiner steckt, als ob es ein Junges in der Mutter wäre. Es kommt diese Coralle aus Ostindien, und hat unserer Vermuthung nach einen Trichterschwamm zum Grunde, der mit der steinigen Corallenmasse überzogen ist. Sie werden über einen Schuh weit und hoch. 39. Seetrichter. Infundibuliformis.

Hieher könnte nun auch wohl des Herrn Pallas *Elephantenohr, oder Madrepora foliosa. gerechnet werden, welches sich als ein Haufen et- Elephantenohr. Foliosa.

C. Vereinigte. was zusammengerollter Blätter zeiget, die in einer Bechergestalt beysammen stehen, und entweder auf einem Fuße ruhen, oder flach über einem Felsen ausgebreitet liegen, da man sie denn Elephantenohr nennet. Die Oberfläche ist rauh, und mit kleinen, zuweilen auf scharfen warzigen Erhöhungen gesetzten Sternchen gezieret, alle aber scheinen sie uns von der No. 33. beschriebenen Dorncoralle die blätterigen Unterarten zu seyn.

---

338. Geschlecht. Punctcoralle.

Lithophyta: Millepora.

Imperatus gab die Benennung Millepora dem Gewürznägelcorall, (No. 30. des vorigen Geschlechts,) weil daselbst sehr viele Sterncoralle beysammen sitzen. Der Ritter hingegen eignet diesen Namen auf eine schickliche Art demjenigen Corall zu, welches zwar unzählig viel kleine Poren oder Löcher hat, aber keine Sternchen, so viel man wenigstens sehen kann, führet, und dieses veranlasset uns denn, solche mit dem Namen Punctcoralle zu belegen, da sie das Ansehen haben, als ob sie mit einer Stecknadelspitze über und über gestochen, getupft, oder punctirt wären. Geschl. Benennung.

Das Thier, welches nach der Meinung der neuern Naturforscher diese Coralle bauet, und bewohnet, ist eine Hydra oder Polypenart, davon hernach im 349. Geschlecht soll gehandelt werden. Die Corallenmasse ist auf der Oberfläche mit einer Menge runder trichterförmiger Puncte besetzt, die oft so klein sind, daß man sie kaum mit einem Vergrößerungsglase sehen kann. Man kann daraus einen Schluß auf die Kleinheit der Polypen machen, und um so größer wird die Verwunderung steigen, wenn man sowohl die Masse als den Bau dieser Coralle einer thierischen Handlung, und keiner Vegetation zuschreibet. Doch wir wollen nur die Arten, deren der Ritter in diesem Geschlecht vierzehn zählet, beschreiben; sie laufen von den Ma- Geschl. Kennzeichen.

Madreporen mit ihren Nummern in einer Folge durch.

40. Der Zuckercorall. Millepora alcicornis.

40. Zucker-corall. Alcicornis.

Mit diesem Namen belegt man ein Punct-corall, das einer mit Zucker überstreuten Masse ähnlich siehet, der Ritter giebt es als ästig, platt und gerade an, mit dem Zusatz, daß die Oberfläche mit zerstreuten verloschenen Löcherchen durchbohret sey. Es soll über einen Schuh hoch wachsen, weiß, platt, gedruckt, in der Breite gedehnet seyn, und eben so stumpf ausgehen. Das Bestandwesen ist bruchig, als ob die Masse von Gyps gemacht wäre, und die Pori sind kaum zu erkennen. Da inzwischen diese Pori gleichsam als Röhrchen in die Masse hinein gehen, so hat es Herr Boddaert, jedoch unsers Dünkens sehr uneigen, Pfeiffencorall genennet, weil wenigstens Her Pallas eine nahe Verwandschaft dieser Coralle mit dem Röhrencorall zu finden glaubet, auch überhaupt die Eintheilung zwischen Stein- und Thierpflanzen nicht leiden kann, sondern alles samt und sonders Thierpflanzen nennet.

Wenn also die Frage ist, wie dieses Corall entstehe? so scheinet in der That nichts anders, als Lage um Lage sich zu überdecken, welches auf dem Bruche an verschiedenen übereinander liegenden Ringen wahrzunehmen ist, und dadurch bekommt es die Dicke, die, nach Beschaffenheit der Umstände wohl Massen, welche sehr dichte, und bis zu einen Schuh dick sind, hervorbringt. Es ist dann zweytens auch die Masse nicht allenthalben gleich dicke, oder gleich flach, sondern setzet sich oft warzig- und knoten- oder ästweise an, als ob bey verdickter Masse einiger Trieb zur Vegetation vorhanden wäre. Ferner ist diese Masse in dem Wasser gleich-

sam

sam schwammig, mit Feuchtigkeit durchdrungen, und bekommt erst ausser demselben die rechte Härte in der Luft; und endlich scheinet das Anhangen dieser Masse an andern Körpern vieles zur Bildung der verschiedenen Gestalten, worinne sie zu erscheinen pfleget, mit beyzutragen.

So ereignet es sich dann mannichmal, daß rothe Brocken Felsen klumpenweise damit überzogen sind. Andere Körper, als Ziegel, Pfähle, Flaschen, ja auch Conchylien sind oft dicke damit besetzt, wie solches letztere unter andern aus der Abbildung Tab. XXIV. fig. 1. erhellet, da sich diese Masse an eine Kräuselschnecke knotig angesetzt, und sie ganz umzogen hat. Eben so erhielten wir einmahl eine dergleichen große mit Punctcorall bewachsene Lappenschnecke aus Curacao, welche mitten auf ihrem Gewinde einen wilden zackigen, oder baumförmigen Ast stehen hatte. Ja es giebt eine Menge (*) Wurmröhren, (**) Horncoralle, Seefächer und andere größere und feinere Meergewächse, die mit dieser Punctcoralle gänzlich überdeckt sind, und die Grundlage der besondern Gewächse dieser Coralle zu seyn scheinen, wie solches an allen solchen Exemplaren erweißlich ist, in welchen man auf dem Bruch noch das andere Seegewächse stecken siehet. Hieher gehöret Tab. XXIV. fig. 1.

Knorr. Delic. Tab. A. X. fig. 2. (*)
A. VI. fig. 3. (**)

Nach diesen verschiedenen Anlagen, unterstützt durch gewisse Vegetationstriebe, und bestimmt durch die einwohnenden sogenannten Polypen, erhalten dann diese Massen mehrbestimmte Gestalten, und sind sowohl von blaßgelber als weisser Farbe, die nach Beschaffenheit ihrer Veränderung auch verschiedene Namen bekommen. Zum Exempel:

 a) Ein

Neben-arten. a) Ein Elendshornartiges Punctcorallengewächse, als die von dem Ritter hieher gerechnete Hauptart. Diese Coralle steiget auf einer gemachten Fläche mit etlichen daumensdicken Stielen zuerst etwa einen Zoll hoch, verbreitet sich sodann je mehr und mehr, und steiget in etwas gebogenen oft vier bis fünf Zoll breiten Blättern, gegen anderthalbe Schuh hoch, so daß es ein lauter Gebüsche von gefaltenen Blättern zu seyn scheinet, die alle senkrecht nebeneinander und hintereinander stehen, und wenn man mit dem Finger dagegen schnellet, einen Klang von sich geben. Von dieser Art besitzen wir vielblätterige Massen, die über einen Schuh hoch, breit, und tief sind, deren Blätter oben alle einen verdünnten, und niedlich ausgeschweiften Rand haben. Von Curacao.

Knorr. Delic. Tab. A. XI. fig. 4.

b) **Rennthiercorall.** Man kann diese Benennung füglich aus zweyerley Ursachen gebrauchen: denn diese Millepore erscheinet in einer dünnästigen weitauseinander stehenden wilden und unbestimmten Gestalt der Zinken, wie etwa die Hörner oder Geweihe der Rennthiere, oder auch in Gestalt des Rennthiermooß. Davon besitzen wir ein vier Zoll breites und sechs Zoll hohes Stück mit zwey bis drey federkielsdicken, gebogenen und mit Nebenzweigen versehenen Aesten. Von Curacao.

c) **Durchbrochenes Blatcorall.** Dieses sind Blätter, etwa einen kleinen Bogen Papier breit und hoch, zwey Messerrücken dick, flach, mit ineinander verwachsenen plattgedruckten Aesten, so daß die ganze Fläche mit großen Löchern von allerhand Figuren zierlich durchbrochen zu seyn scheinet. Dergleichen besitzen wir ein schönes Stück, das ein Quartblatt von einem Imperialbogen allenthalben in Größe übertrift, und dergleichen zwey hinter-

hintereinander gewachsene durchbrochene Blätter zeiget. Von Curacao. Neben-arten.

Knorr. Delic. Tab. A. II fig. 3.

d) Fingerförmiges Blatcorall. Diese Gattung kommt in der ersten Anlage der obigen Lit. a) gleich, indem es sich von unten auf mit breiten Blättern bildet, die aber keinen schmalen, sondern breiten Fuß haben. Der vornehmste Unterschied aber bestehet darinne, daß, da an jener Art der obere Rand scharf wie eine Schneide, und gebogen ist, hier an dieser der obere Rand aller Blätter in sehr vielen gerade, und senkrecht neben einander in einer Reihe stehenden fingerförmigen Zinken zur Länge von einen halben- bis drey Zoll, ausgehet, welches dann das Ansehen vieler nebeneinander ausgestreckten Finger hat. Hievon besitzen wir eine Masse, die gegen acht Zoll breit und vier Zoll tief ist, und aus verschiedenen solchen hintereinander stehenden gefingerten Blättern bestehet. Aus Curacao.

e) Baumförmiges Punctcorall. Es steigt aus einer dünnen Wurzel in die Höhe, bekommt viele Aeste, die sich untereinander verwachsen, ringsherum Nebenzweige abgeben, die wiederum mit krummen fingerförmigen Hacken besetzt sind. Hievon besitzen wir ein Stück das einen Schuh hoch ist, und davon die Krone acht bis zehen Zoll in der Breite hält. Aus Curacao.

f) Die Zucker- oder candirte Millepore. Dieses sind endlich die Ueberzüge, über andere Flächen, davon wir oben schon gesagt haben.

g) Das blaue Punctcorall. Millepora coerulea. Es hat im Bau einige Aehnlichkeit mit obiger ersten Art, ist aber auf dem Bruche ganz blau, dergleichen wir auch in kleinen Stücken

 von

von Curacao bekamen. Dieser Umstand aber der blauen Farbe schien uns nur zufällig zu seyn, denn wir fanden auch Stücke dabey, die nur zum Theil blau, zum Theil aber gelblichweiß waren. Inzwischen macht Herr Pallas No. 158. eine besondere Art daraus, weil die Pori inwendig gestreift seyn sollen.

Alle diese Verschiedenheiten haben nun noch so viele Abweichungen, und mancherley Gestalten unter sich, daß man sich verwundern muß; indem sich hier das Willkührliche mit dem Regelmäßigen zu verbinden scheinet. Inzwischen sind sie alle auf der Oberfläche fein punctiret, und zwar auf folgende Art: Zuerst stehen auf unbestimmten Entfernungen allenthalben größere Puncte, die man mit blossen Augen gut sehen kann; um jeden solchen Punct gesellen sich vier, fünf bis sechs Puncte im Kreiß, die kleiner sind, und wo man schon scharf sehen muß, um sie auseinander zu erkennen; der übrige Zwischenraum aber stehet voll mit unzähligen viel kleineren Puncten, wozu man ein gutes Vergrößerungsglas braucht, um sie zu erblicken. Endlich aber haben wir auch genug Massen gesehen, wo gar nichts regelmäßiges, auch gar keine Puncte, als etliche wenige hin und wieder, zu sehen waren, wo hingegen sich auch andere Massen zeigten, die gleich einem Schwamm mannichfaltig durchlöchert, und überhaupt porös erschienen. Wer nun alles dieses der Wirkung undenklich feiner Polypen zuschreibet, der behauptet einen viel unwahrscheinlichern Satz, als der eine theils pflanzenartige, theils mineralische Vegetation, nebst einer Art der Incrustation annimmt.

41. Die

41. Die rauhe Punctcoralle. Madrepora aspera.

Diese Millepore des Gualthieri bestehet aus dicht beysammenstehenden fingerförmigen Aesten, die aber warzig rauh sind, indem die hervortretenden Pori an der untern Seite gespalten sind. Man findet diese Art in dem mittelländischen und im nordischen Meere. 41. Rauhe Punctcoralle. Aspera.

42. Die punctirte Kräuselcoralle. Millepora solida.

An dem gothländischen Strande wird eine Art Millepore ausgeworfen, deren Pori inwendig in ihrer Höhlung ein Zwergfell haben, auch unterscheiden sie sich von den Poris anderer Punctcoralle darinne, daß dieselben gleichsam eckig sind, und dicht aneinander stehen. Die ganze Masse hat eine kräuselartig in die Höhe steigende Gestalt. 42. Punctirte Kräuselcoralle. Solida.

43. Die Cellenmillepore. Millepora truncata.

Diese Corallenart, die man in den Tiefen des mittelländischen Meeres antrift, ist gabelförmig ästig, mit eckig gebogenen, gerade abgestutzten und weitschichtig voneinander stehenden Zweigen von grauweisser Farbe, ob es sich gleich, frisch aufgefischet, röthlich zeiget; hat ohngefehr die Höhe von acht Zoll, und zeiget sich auch wohl in verwirrten Klumpen vieler durcheinander steckenden Aeste. Es siehet auswendig glatt, marmorartig und hart aus, ob es gleich wegen des porösen Wesens sehr mürbe ist, man muß aber die Puncte mit einem Vergrößerungsglase suchen, und da zeiget sich denn, daß es lauter urnenmäßige Cellen 43. Cellenmillepore. Truncata.

sind

sind, in deren jeder, nach Donati Bericht, ein Thierchen oder Polypus befindlich ist. Die Pori selbst sind mit einem Deckel zugedeckt. Der darinnen wohnende Polypus hebt den Deckel mit zwey Armen auf, und streckt ein becherförmiges Maul hervor, ziehet solches wieder in die Röhre hinein, und verschließt den Deckel wieder. Die Aeste werden höchstens so dick als ein Federkiel, sind aber mehrentheils nur halb so dick, und steigen auf Steinen oder Conchylien etwa acht Zoll hoch. In des Pallas seiner Beschreibung No. 153. finden wir, daß man auch Trümmer von solchem Corall in der Nordsee gefunden habe.

44. Die gedruckte Millepore. Millepora compressa.

44. Gedruckte Millepore. Compressa.

Hieran gränzet zunächst diejenige Art, welche wir Tab. XXIV. fig. 2. abgebildet finden. Sie ist ästig, gabelförmig, platt gedruckt, mit hervorragenden Poris, welche die Oberfläche rauh machen, besetzt, von braungelber Farbe, und wird in dem mittelländischen Meere gefunden.

45. Die Moosmillepore. Millepora lichenoides.

45. Moosmillepore. Lichenoides.

Das sogenannte Lichen Coralloides, oder Corallenmoos, welches sehr bekannt ist, und im Kräuterreiche vorkommt, hat die Benennung zu dieser Millepore veranlasset, indem sie mit nichts bessern könnte verglichen werden. Sie wächst nämlich auf einem Stiele, kriecht so zweyfach gabelförmig fort, und hat an der einen Seite der Aeste hervorragende Löcherchen, welche die Aeste gleichsam als gekerbet darstellen. Uebrigens ist es sehr dicht mit Aesten besetzt, und an denselben

selben etwas gedruckt. Die Größe dieses niedlichen Seegewächses ist etwa einen Finger lang, und verhältnismäßig wie ein Fecher ausgebreitet. Das Bestandwesen ist weiß, brüchig und der Länge nach inwendig porös. Der Aufenthalt ist im mittelländischen Meere, wie auch in der Nordsee bey Island.

Ellis Corall. Tab. XXXV. fig. B. b.

* Hieher gehöret auch des Herrn Pallas Millepora pinnata No. 151. oder Flossenmillepora, welches der Herr Boddaert gevleugeld Pyp-Coraal nennet, indem die Pori an der einen Seite in querstehenden Dreyecken wie Flügel herausragen. Es wird nur einen Zoll hoch, hat weit auseinander stehende Aeste, die weit klaffen. Nach des Marsigli Bericht ist es aschgrau, oder auch grünlich. Flossenmillepore.

Boddaerts Pallas Tab. VIII. fig. 2.

46. Die gestreifte Coralle. Millepora lineata.

Die Aestchen dieser Millepore, welche auch gabelförmig wächst, sind nicht gedruckt, sondern rund, und hat eine schöne rothe Farbe, die aber nach des Herrn Pallas Bericht, gelblich wird. Die Pori stehen sehr dicht, und alle reihenweise, daher es den Beynamen gestreifte Coralle erhält. Es wird wohl drey Zoll hoch, und wächst gerne auf andern Seegewächsen. 46. Gestreifte Coralle. Lineata

* Da wir aber hier von der rothen Farbe reden, so müssen wir auch des Herrn Pallas rothe Millepore, Millepora miniacea, gedenken. Es wächst nur einige Linien hoch, ist einigermassen ästig, und hat eingedruckte Puncte. Der kurze Stamm ist dick, aus selbigem treten Aestchen hervor, Rothe Millepore.

vor, die verhältnismäßig dünner werden. Da es nun sehr klein ist, so zeiget es sich oft nur als einen hochrothen rauhen Tropfen, oder wie ein Wärzchen. Man findet es aber sehr häufig an andern Corallen, es mögen Stein- oder Horncoralle seyn, besonders aber sind die americanischen Seegewächse voll davon, wie wir denn solche besitzen, da der ganze Fuß mit dieser Millepore überzogen ist. Desgleichen zeiget es sich auf allerhand erstorbenen Conchylien.

47. Die Bandcoralle. Millepora fascialis.

47. Bandcoralle. Fascialis.

Sie wird holländisch Lintkoraal genennet, und von Herrn Pallas unter die Eschara No. 9. oder Seegrind und Corallenrinde; holländisch Hoornwier, gezählet. Es ist ein dünnblätteriges, oder länglich schieferiges, an beyden Seiten punctirtes, auf mancherley Art gefaltenes und gekräuseltes Gewächse, welches auf der Oberfläche der Steine und anderer Coralle fortschleicht, und sie wie ein Band überziehet. Das Bestandwesen ist hart, steinig, inwendig weiß, auswendig grau, die Pori treten mit einer würfelartigen Erhöhung hervor, und klaffen am obern Theile des Würfels mit einem kleinen Mündchen. Es giebt auch zusammengeballte Massen wo es durcheinander wächst, und in Absicht des schieferigen Wesens trift man Verschiedenheiten an. Der Aufenthalt ist fast in allen Weltmeeren auf allerhand Arten der Seegewächse.

Ellis Tab. XXX. fig. A. a. b.

Ceylonische Bandcoralle.

* Eine der Verschiedenheiten wird von dem Herrn Pallas unter dem Namen Eschara ceilanica No. 10. zu einer besondern Art gemacht. Es macht dieselbe breite aneinander gewachsene häutige Lappen, die sehr dünn, zerbrechlich, und der Länge nach

nach mit reihenweise stehenden Cellen oder Puncten besetzt ist. Diese Reihen sind gedoppelt, die Puncte erscheinen oval, und haben oben einen zirkelrunden Mund mit einem Rande. Man findet es an der Insel Ceylon, theils allein in Ballen, theils auf andern Seegewächsen.

48. Die Netzcoralle. Millepora reticulata.

Unter dieser Benennung verstehet man ein dünnschaliges flachliegendes, durch viele schmale Aestchen in und aneinander verwachsenes, niedergedrucktes Seegewächse, welches an der obern Seite viele hervorragende Poros hat, und sich dadurch rauh zeiget, unten aber glatt ist. Es verdienet die Benennung der Netzcoralle mit Recht, da die Aestchen wie ein Netz übers Creutz, und in die Quere zusammen hangen. In der Mitte zeiget sich gemeiniglich ein grosses Loch, wodurch man einen Finger stecken kann, um welches das Netz in der Rundung herum wächst, und fast die Gestalt einer zerrissenen Filetmanchette annimmt, so wie die Abbildung Tab. XXIV. fig. 3. vorstellet. 48. Netzcoralle. Reticulata. Tab. XXIV. fig. 3.

* Wir können hier auch nicht vorbeygehen, wie von dem Herrn Pallas einer gewissen Art unter dem Namen Millepora clathrata, oder Gittercoralle gedacht werde, welches mit gabelförmigen Adern netz- oder gitterartig verwachsen ist. Es hat einen harten steinigen Mittelpunct, ist weiß und steinig, mit flachen Aesten, an der einen Seite mit reihenweise stehenden Poris besetzt, und gleichsam sägeförmig gezähnelt. Die Abbildung Tab. XXIV. fig. 4. giebt übrigens den besten Begrif davon. Das Vaterland ist Indien. Gittercoralle. Tab. XXIV. fig. 4.

* Hieher endlich liesse sich auch noch des Herrn Basters Eschara Frondipora, oder Laubcoralle, Laubcoralle.

ralle, die vom Herrn Pallas unter dem Namen Eschara crustulenta angeführet wird, ziehen. Man findet sie im Seeland im salzigen Wasser in zusammengewachsenen Kneulen, davon die platte Seite an einem Gegenstande festsitzet, die andere aber frey im Wasser, zweigartig durcheinander gewebet, wächset.

49. Die Spitzencoralle. Madrepora cellulosa.

49. Spitzencoralle. Cellulosa. Tab. XXIV. fig. 5.

Eine der niedlichsten Milleporen ist gewiß die Spitzencoralle oder Neptunusmanchette aus dem adriatischen Meere, davon Tab. XXIV. fig. 5. eine Abbildung erscheinet. Es ist nicht dicker als stark Papier, blätterig gebogen, und gekräuselt gewachsen, von röthlicher oder gelblicher Farbe, mit länglichen Löcherchen ganz durchbrochen, immer trichterförmig gebogen, und auf verschiedene Art durcheinander gewachsen. Die Löcherchen stehen eins ums andere, und einigermassen reihenweise dichte beysammen. Zwischen diesen Löcherchen ist dennoch die Oberfläche mit fast unsichtbaren Poris durchstochen, welche die Röhrchen seyn sollen, worinne die Polypen wohnen. Und könnten denn diese Polypen wohl viel größer als große sogenannte Infusionsthierchen seyn? In der See giebt es schöne über einen halben Schuh hohe dergleichen Trichter oder Manchetten, aber wegen ihrer zarten Structur und grossen Zerbrechlichkeit findet man in den Cabinetten kaum zwey bis drey Zoll große Stücke, und es sind alsdenn noch seltene Erscheinungen, unter welchen man doch auch einige Verschiedenheiten wahrnimmt.

Ellis Coralle Tab. XXV. fig. D. d.
Knorr. Delic. Tab. A. III. fig. 3.

50. Die

50. Die Dratcoralle. Millepora reticulum.

Auf den Conchylien und Muschelschalen des mittelländischen Meeres findet man zuweilen ein netz- oder gitterartiges Gewebe von kalchartigen Haarfäden, fast wie ein übersponnenes Spinnengewebe liegen, und dieses ist die nämliche Art, welche der Ritter hieher rechnet, wiewohl er bezeuget, daran keine Poros oder Puncte wahrgenommen zu haben. Der Herr Houttuin nennet es Lobkoraal, weil es so besonders fein ist. 50. Dratcoralle. Reticulum.

51. Der Steinschwamm. Millepora spongites.

Diese Masse bestehet in einem festen steinigen Wesen, etwa einen Schuh lang, mit Aesten, die kaum einen Finger dick, gabelförmig oder eckig besetzt, von weisser Farbe, und mit dicht aneinander liegenden, wie Ziegel übereinander geschobenen, lanzetartigen, und kielförmig erhöheten Schuppen bedeckt sind. Die Aeste sind an den Spitzen durchgängig netzartig, nach Art der Schwämme, miteinander vereinigt, und bricht man sie ab, so zeigen sich die Pori der Länge nach, so wie in den Pflanzen, nach deren Art es zu wachsen scheinet, auswendig aber hat es weder Sternchen noch sichtbare Poros, sondern ist wie ein steinerner Schwamm gebildet. (Wie kommt denn dieses Product hieher?) 51. Steinschwamm. Spongites.

52. Die Ledercoralle. Millepora coriacea.

Dieses rindenartige, halbkugelförmige, fast horizontalliegende Seegewächse, hat nur seltene Poros an der untern Seite. Es ist weiß und gleichsam kreidenartig, liegt als eine Decke mit 52. Ledercoralle. Coriacea.

vielen Kammern über andern Seegewächsen, so daß es viele Aehnlichkeit mit einer Incrustation vom Tartaro oder Weinstein hat, dergleichen sich auch wohl am Cap der guten Hofnung mit mancherley Farben, als angewachsene Schwämmchen zeiget, welches der Herr Pallas unter dem Namen Millepora agariciformis No. 162. vorstellet.

53. Die Kalchcoralle. Millepora polymorpha.

53. Kalchcoralle. Polymorpha. Endlich findet man noch corallenartige Rinden, Ueberzüge, Massen und ästige Producte in verschiedenen Meeren, und an den Küsten, woran es durch die See angespühlet wird, welche in verschiedenen Gestalten und Brocken erscheinen, ein sehr dichtes und schön corallenartiges Bestandwesen haben, aber im geringsten keine Poros zu erkennen geben, so wie davon Tab. XXIV. fig. 6. eine Abbildung von einem solchen ästigen Produkt erscheinet.

XXIV. fig. 6.

In Norwegen brennet man von diesem Auswurf des Meeres einen Kalch. In Engelland dünget man die Felder damit, und zuweilen kommt es auch unter dem weissen Corall in den Officinen vor. In den americanischen Gewässern ist es häufig, und bildet sich daselbst zu warzenartigen, ja auch einigermassen ästigen und etwas baumförmigen Gewächsen. Niemand findet Poros darinne, als nur der Herr Ellis. Denn wo wäre sonst Platz für seine Polypen gewesen?

Ellis Tab. XXVII. fig. C.

Und der Herr Pallas hilft ihm durch, wenn er meinet: es müßte doch wohl bey der ersten Entstehung dieser Stücke, ein thierischer Bau zum Grunde liegen.

Belobter Herr Pallas rechnet hieher auch eine tophartige, aus kalchigen Theilchen bestehende, aber wie eine Thonart aussehende grünlich graue Incrustation, welche von der See bey dem Dorfe Kakanje ausgeworfen wird; worüber in Holland selbst viele mit einiger Anzüglichkeit verknüpfte Streitigkeiten geführet worden, da man einerseits solches als ein animalisch Product, anderseits aber für eine thonartige Incrustation des in selbiger See befindlichen Schilfs, und zwar beyde verschiedene Meinungen aus chinesischen Versuchen erklärte; bey welchen jedoch die Erklärung des Herrn Pallas den meisten Glauben findet, daß es nämlich eine kalchartige Materie sey. Daß aber hier an keinen thierischen Bau, auch nur im Geringsten zu denken sey, ist unsere besondere Meinung, aus dem Grunde, weil wir überhaupt von der Corallen Entstehung bis dahin eine ganz andere Meinung hegen, als Herr Ellis, Linneus, Pallas, Houttuin und alle die dem Herrn Ellis folgen.

Und wenn auch gleich der Herr Houttuin zum Beschluß seiner Milleporen, und besonders der Kalchmilleporen, schreibet, daß ein thierischer Ursprung bey Körpern, die sich in so vielerley Gestalten zeigen, weit wahrscheinlicher sey, als ein pflanzenartiger oder incrustationähnlicher; so macht dieses uns doch nicht irre, weil wir eben die mannichfaltigen Gestalten einerley Massen weit eher aus einer mineralischen und pflanzenartigen Vegetation, als aus einem thierischen Bau zu erklären wissen, folglich die Wahrscheinlichkeit, bey fernern und fortdauernden Untersuchungen der Naturforscher, wohl einmahl auf unsere Seite fallen mögte.

· 339. Geschlecht. Cellencoralle.

Lithophyta: Cellepora.

Geschl. Benennung. Die Benennung Cellepora hat lediglich daher ihren Ursprung, weil die in dieser Corallenart vorgefundenen Pori weder stern= noch röhrenförmig sind, sondern aus gewissen Höhlen bestehen, daher wir es Cellencorall nennen, wofür die Holländer das Wort Celleporen gebrauchen. Es enthält mehrentheils Arten, die aus den sogenannten Meerrinden, oder Seegrind, (Eschara) ausgemustert sind.

Geschl. Kennzeichen. Die Kennzeichen dieses Geschlechts bestehen also lediglich darinne, daß der Bewohner ein Hydra, oder Polype (siehe unten das 349. Geschl.) seyn soll, und daß die Coralle mit krugartigen, oder cellenförmigen Löchern besetzt ist, die einigermassen häutig sind. Es zählet der Ritter folgende sechs Arten in durchlaufenden Numern hieher.

54. Das Sandcorall. Cellepora ramulosa.

54. Sandcorall. Ramulosa. In der Nordsee zeiget sich bey Norwegen ein sehr mürbes, brüchiges, vieläſtiggewachsenes, und gleichsam aus Sandkörnern zusammen gekütetes Corall, welches, wenn man es mit dem Vergrößerungsglase betrachtet, lauter cylindrische Poros zeiget, und diese Art wird durch obige Benennung angedeutet.

55. Der

55. Der Schwammstein. Cellepora spongites.

Wir haben oben No. 51. eine Millepora spongites betrachtet, welche wir Steinschwamm genennet haben, um sie von dem Schwammcorall No. 8. zu unterscheiden, wir wollen also jetzo nur das Wort umsetzen, und diese Cellepore den Schwammstein nennen, da sie auch beym Beßler in seinem Museo Tab. 28. den nämlichen Namen führet. 55. Schwammstein. Spongites.

Es scheinet die Masse aus vielen gebogenen, gefaltenen, und übereinander gelegten häutigen Geschieben zu bestehen, welche, um Steine, Corallengewächse, auch andere Gegenstände, eine blätterige Rinde machen, auch wohl in sich selbst klumpenweise zusammengeballet sind. Die Cellen stehen an dieser Art reihenweise, und haben gerandete Oefnungen, so daß doch übrigens die Gestalt einem steinigen Schwamm ähnlich ist.

Was die Cellen betrift, so erscheinen sie, nach des Herrn Pallas Angabe No. 11. als viereckige ovale mit glänzenden und gestreiften Oberflächen, die siebartig durchlöchert und mit einer gerandeten Mündung nach der einen Seite zu versehen sind. Das Bestandwesen ist mürbe, grauweiß und saffranfärbig. Die weissen helmförmigen Bläschen, die man über der Mündung dieser Cellen antrift, hält der Herr Pallas für Eyernester der inwohnenden Polypen. Der Aufenthalt ist in dem mittelländischen und americanischen Meere. Es kommt auch in den Officinen unter den Namen Lapis spongiae, als ein grieftreibend Mittel vor, und unter den versteinerten Massen zeiget es sich oft.

56. Die

56. Die Bimsencoralle. Cellepora pumicosa.

56. Bimsencoralle. Pumicosa.

Tab. XXIV. fig. 7.

Eine gewisse gabelförmig getheilte, etwas zusammengedruckte, in die Höhe gerichtete rauhe Coralle, wovon Tab. XXIV. fig. 7. eine Abbildung erscheinet, wird unter obiger Benennung verstanden, und von Herrn Houttuin in Nachfolge des Herrn Boddaerts, Puimsteen genennet, indem es einen Bimsenstein sehr ähnlich siehet. Die Masse aber bestehet aus vielen Cellen, die nach aussen zu mit einer Mündung klaffen, und unter jeder Celle mit einer steinigen Spitze gewafnet sind, wodurch es sehr rauh beym Anfühlen ist. Es wächset in Knoten, Klumpen, oder auch ästigen Gestalten, theils frey, theils an andern Corallen, theils aber überziehet es auch nur andere Körper.

Was die Polypen betrift, die in besagten Cellen wohnen sollen, davon spricht der Herr Jussieu also: In einem Pocal mit Seewasser schien die ganze Masse von lauter Armen oder Köpfchen der Polypen zu wimmeln, welche jede mit 16. Hörnern an den Köpfchen versehen waren. Bey der mindesten Bewegung zogen sie sich alle in ihre Cellen zurück. Nach einer nächtlichen Ruhe aber kamen sie wieder zum Vorschein, waren dem Augenmaas nach eine Linie lang, und ein Achtel einer Linie dick. Ihre Körper waren länglichkegelförmig, mit einem feinen durchsichtigen Häutchen umgeben, durch welches man einen Canal bemerken konnte, der oben mit dem Mündchen Gemeinschaft hatte, und mit einer minder durchsichtigen Materie angefüllet war, daher er diesen Canal für den Magen hielt. Da das Seewasser in die Fäulnis übergieng, verliesen alle Polypen ihre Röhrchen, und fielen ohne Bewegung ausgedehnet auf den Boden des Glases nieder. Wollten wir diese Beobachtungen des Herrn Jussieu

Jussieu mit unsern Gedanken und Anmerkungen begleiten, so möchte es uns hier zu weitläuftig fallen; wir versparen also unsere einzelnen Beantwortungen, bis zu seiner Zeit.

Ellis Corall. Tab. XXVII. fig. F.
Tab. XXX. fig. D.

57. Die Warzencoralle. Cellepora verrucosa.

Sie hat runde eyförmige Cellen mit einer fast dreyeckigen Mündung. Diese Cellen schlagen sich wie ein Ring um feine Seegewächse, dergleichen unter andern die vielfärbigen caapschen Seebäumchen sind, wiewohl der Ritter zweifelt, ob des Herrn Pallas Eschara annularis No. 13. wohl hieher könne gerechnet werden, die sich eben nur an besagten caapschen Seegewächse zeiget. Uebrigens aber sind die Mündungen so klein, daß man ein gutes Vergrößerungsglas dazu braucht, sie zu erkennen. Der Aufenthalt ist an feinen Seegewächsen des mittelländischen Meeres. 57. Warzencoralle. Verrucosa.

58. Die Haarcelle. Cellepora ciliata.

Diese Art ist des Herrn Pallas Eschara ciliata No. 6. Sie bestehet in einer steinigen Rinde mit erhabenrunden Cellen, welche an der Mündung mit sieben Härchen oder Zähnchen besetzt sind. Der Aufenthalt ist im mittelländischen Meer, in allen corallenreichen Gegenden, wie auch an der Küste Engellands, und in America an andern Seegewächsen. Die Rinden sind weiß, die Cellen halb durchsichtig glatt, und erhaben. Die bogenförmigen Bläschen hält Herr Pallas gleichfalls für Eyernester der Polypen, und uns wundert, daß dieser gelehrte Naturforscher nicht eher auf 58. Haarcelle. Ciliata.

Luftbläschen verfällt: allein es muß alles herbey, was nur die Polypenlehre und den thierischen Bau der Coralle einigermassen begünstigen kann.

59. Die Glascoralle. Cellepora hyalina.

59. Glascoralle. Hyalina. An der untern Seite der oben No. 52. beschriebenen Ledercoralle kommt diese Cellepore öfters vor, sie bestehet aus lauter kugelförmigen durchsichtigen Cellen, welche dicht aneinander stehen, und den Mund selten am Wirbel, mehrentheils aber schief und kaum gerandet haben. Das Ansehen muß also fast wie das Ansehen des bekannten Eißkrauts seyn.

V. Ord.

V. Ordnung.

Thierpflanzen.

Vermes Zoophyta.

Das Wort Zoophyton, welches aus zwey griechischen Wörtern zusammen gesetzt ist, und eine belebte Pflanze, oder Thierpflanze heißt, stammet nicht von der Erfindung der neuern Naturforscher her; sondern wurde schon von den ältern Schriftstellern gebraucht: indem sie schon die Seeschwämme und Alcyonien für etwas thierisches ansahen. Aldrovandus erkläret es durch Plantanimes und Plantanimalia, wohin er solche Geschöpfe wollte gerechnet wissen, von welchen man nicht wüßte, was sie eigentlich wären, indem man sie weder vor Pflanzen noch vor Thiere halten könnte, als: die Seenessel, Seeblasen, Seelungen; welche aber oben in der zweyten Ordnung unter dem Namen Mollusca schon sind abgehandelt worden. Mit mehrerem Rechte also bedienen sich die neuern Naturforscher dieser Benennung, um dadurch eine Ordnung der Geschöpfe anzudeuten, welche sie nach ihren neuesten Entdeckungen, selbst vor halb Thier und halb Pflanze halten. Benennung der Ordnung.

Dieses erhellet aus des Ritters von Linne Bestimmung, wenn er in der zwölften Ausgabe seines Natursystems also spricht:

„Die Zoophyta sind nicht wie die Litho„phyta, Urheber ihrer Schaale oder ihres Stam„mes, sondern die Schaale ist der Urheber ihres „Daseyns. Es sind nämlich die Stämme wahre „Pflanzen, welche durch eine Veränderung der „Gestalt oder Metamorphosis, in beseelte Blu„men, (das ist, in würkliche Thiere,) übergehen, „welche ihre Fortpflanzungswerkzeuge, und Mittel „der Bewegung haben, damit sie die Bewegung, „welche sie nicht von aussen her erhalten, aus sich „selbst haben und besitzen mögten.„

Inzwischen finden wir doch in dieser Ordnung auch solche Geschöpfe mit eingeschaltet, die nicht in allen Umständen dieser Linneischen Beschreibung ein Genüge leisten; daher man auf einen gewissen namhaften Unterschied acht zu geben hat, der sich in des Ritters Erklärung offenbaret, die er in der zehnten Ausgabe von diesen Geschöpfen gegeben hat. Er sagt daselbst also:

„Es sind zusammengesetzte Thierchen, welche „auf dem Scheidewege zwischen dem Thier- und „Pflanzenreiche stehen. Die meisten derselben sind „angewurzelt, treiben Aeste, und vermannichfal„tigen ihr Leben durch Zweige, abfallende Kno„spen, und eine Veränderung der Gestalt oder „Uebergang in belebte oder beseelte Blumen, die „sich selbst bewegen, und in saamentragende Cap„seln übergehen, gerade als ob die Pflanzen eigent„lich Pflanzenthiere ohne Gefühl und Bewegung, „und die Pflanzenthiere wahre Pflanzen mit einem „Nervensystem, oder Werkzeugen des Gefühls „und der Bewegung wären.„

Durch diese Erklärung geräth man auf einen Unterschied zwischen Thierpflanzen und Pflanzenthieren. Erstere sind also gewurzelte Pflanzen mit

einem

einem thierischen Mark, letztere aber sind blosse Thiere die pflanzenartig wachsen, und sich nach Art der Pflanzen, durch ein äugiges Leben vermehren, aber nicht angewurzelt sind, sondern frey herum gehen.

Wenn wir uns also ein Ey von einer Thierpflanze denken, so ist die äussere Hülse gleichsam der pflanzenartige Saame, welcher in einen Gegenstand eingewurzelt und, ordentlich wie eine Pflanze, in Gestalt eines Baums vegetiret, aber das innere, oder gleichsam der Dotter dieses Eyes, ist thierisch, und wächst, nach den Grundsätzen eines Pflanzenthieres, eben so innerhalb seiner Schaale, als ein belebtes Mark fort, so wie die Schaale, in welcher das Pflanzenthier eingekerkert ist, pflanzenartig fortwächst.

Es wäre also auch zwischen diesen Thierpflanzen und den Steinpflanzen der vorigen Ordnung, dieser Hauptunterschied, daß, da letztere von ihren Polypen gebauet werden, welche durch alle Poros von aussen die Nahrungsmittel an sich ziehen, erstere hingegen für sich fortwachsen, und den einwohnenden ästigen und zusammengesetzten Polypen die Nahrung nur hin und wieder, in voneinander abgesonderten Knospen, durch soviel Köpfchen oder Mündungen einsaugen lassen.

Eine so nahe Verwandschaft zwischen dem Thier- und Pflanzenreiche ist nun schon von Leibnitz und andern grossen Gelehrten vermuthet, jedoch erst von den neuern Naturforschern entdeckt worden, und wir selbst läugnen auch eine so nahe Verwandschaft zwischen beyden Reichen nicht; verstehen aber solche auf eine ganz andere Art, und glauben sogar eine viel nähere Verwandschaft als diese ist, welche uns die neuern Naturforscher in den Thierpflanzen vorstellen. Wir sparen aber die Erörterung unserer Meynung mit Fleiß bis zum Schluß dieses Bandes, um in dem Leser kein Vorurtheil zu erwecken, sondern ihm Gelegenheit zu geben, durch fernere Betrachtung der hernach zu beschreibenden Gegenstände, das neue System des Herrn **Ellis** in seiner vollkommenen Stärke zu fassen, und dann zu urtheilen, ob unsere Bedenklichkeiten einiges Gewicht haben, oder Aufmerksamkeit verdienen oder nicht.

Inzwischen sind nun doch die neuern Schriftsteller in der Sache nicht vollkommen einig: der Herr **Pallas** unter andern, hebt den Unterschied zwischen den Steinpflanzen der vorigen, und den Thierpflanzen der jetzigen Ordnung ganz und gar auf, indem es, seiner Meinung nach, lauter Thierpflanzen sind, die in folgender Ordnung aneinander gränzen, und gleichsam eine Kette in den Würkungen der Natur machen, weil die Natur keine Lücken lässet:

1. Geschl. Hydra,	Polype.	
2. Geschl. Eschara,	Seerinde.	
3. Geschl. Cellularia,	Cellcoralle.	
4. Geschl. Tubularia,	Röhrencoralle.	
5. Geschl. Brachionus,	Bastardpolype.	
6. Geschl. Sertularia,	Blasencorallinen,	Corallinen.
7. Geschl. Gorgonia,	Seestauden,	} Horncorall.
8. Geschl. Antipathes,	Seebaum,	}
9. Geschl. Isis,	Edel Corall.	
10. Geschl. Millepora,	Kalchcorall,	Punctcorall.
11. Geschl. Madrepora,	Sterncorall.	
12. Geschl. Tubipora,	Orgelcorall.	
13. Geschl. Alcyonium,	Alcyonie,	Seekork.
14. Geschl. Pennatula,	Seefeder.	
15. Geschl. Spongia,	Seeschwamm.	

Durch

Durch diese Ordnung, glaubt der Herr **Pallas**, folge er der Natur schrittweise in ihren natürlichen Stuffen, mustert aber drey Geschlechter, als ganz zweifelhafte Producte, aus der Reihe der Pflanzenthiere aus. Nämlich:

Taenia, Bandwurm.
Volvox, Kugelthierchen.
Corallina, Corallenmooß.

Der **Ritter** hingegen, der nun schon die oben abgehandelten Steincoralle von den Thierpflanzen getrennet hat, übersiehet die Geschlechter aus einem andern Gesichtspuncte, und macht daher auch eine ganz andere Ordnung, welche im vorigen Bande pag. 23. und folgende zu sehen ist, behält aber doch auch die Stuffen der Natur vor Augen, und verbindet ein Geschlecht durch einen natürlichen Uebergang, als in einer Kette, mit dem andern, so wie auch **Donati** schon eine Kette der Naturkörper aus einem andern Gesichtspunct entwarf. Wir wollen also jetzo nichts anders sagen, als daß alle die grossen Männer verehrungswürdig sind, und man ihnen einen wesentlichen Dank für ihre Entdeckungen und daraus gemachten Entwürfe schuldig sey, obgleich wir ihnen im Ganzen nicht beypflichten.

Lasset uns aber desto begieriger zur Beschreibung ihrer Gegenstände schreiten, und also nach des **Ritters** Grundsätzen, zuvörderst die Kennzeichen dieser Ordnung in der Kürze bestimmen.

Kennzeichen der Ordnung.

Die Thierpflanzen also bestehen aus einem zusammengesetzten, zur Blüthe knospenden Thiere oder Polypen, der Stamm aber ist pflanzenartig, und gehet durch Verwandlung, in ein blühendes Thier über.

Nach

Nach diesen Kennzeichen werden nun zwey Abtheilungen in dieser Ordnung gemacht.

Die erste Abtheilung enthält festangewachsene oder angewurzelte, und diese sind die eigentlichen Thierpflanzen, wozu die ersten neun Geschlechter gehören.

Die zweyte Abtheilung enthält diejenigen, die nicht angewachsen sind, sondern sich frey bewegen, und diese sind die Pflanzenthiere, oder Phytozoa. Es gehören zu selbigen die letzten sechs Geschlechter.

Erste Abtheilung.

Thierpflanzen
welche angewachsen sind.
Zoophyta fixata.

340. Geschlecht. Edle Coralle.
Zoophyta: Isis.

Isis ist wohl ein bekannter Name einer egyptischen Göttin, ob aber diese Göttin blos wegen ihrer Vortreflichkeit und Keuschheit, oder weil sie des Inachus, ersten Königs in Griechenland Tochter gewesen, ihren Namen ebenfalls einem schönen und niedlichen Seeproduct des mittelländischen Meeres geben muß, solches lassen wir dahin gestellet seyn, genug der Ritter hat die in diesem Geschlechte vorkommende Coralle also genennet. Wir fassen sie alle nach dem Beyspiel des Herrn Houttuins, unter dem Namen edle Coralle, weil sie vorzüglich hochgeschätzet werden. Geschl. Benennung.

Die Kennzeichen dieses Geschlechts bestehen darinne: daß jede ihrer Art ein gewurzelter Stamm von steinigem Bestandwesen, unbiegsam, und öfters gegliedert sey, dessen Blumen wesentliche Polypen sind, die hin und wieder an den Seiten hervorkommen, und sich daselbst ausbreiten. Jedoch merkt der Herr Houttuin mit Recht an, daß nur Geschl. Kennzeichen allein die Blutcoralle steinig sey, da die übrigen Arten vielmehr ein knörpeliges, oder wohl gar mürbes Bestandwesen haben. Inzwischen zeigen sich doch alle Arten mehrentheils in einer baumförmigen Gestalt, haben aber nicht alle Poros, die in die Augen fallen. Man zehlet folgende sechs Arten.

1. Die Königscoralle. Isis hippuris.

1. Königscoralle. Hippuris. Tab. XXV. fig. 1.

Die Benennung Hippuris, welche noch vom Clusius herstammet, bedeutet so viel, als ein Roßschweif, und wenn man sich einen weissen Roßschweif der Gliederweise mit einem breiten schwarzen Bande unterbunden ist, in Gedanken vorstellet, so hat man einen ungemein rohen Begrif von der äusserlichen Gestalt dieser an sich überaus schönen Corallenart. Sie bestehet nämlich aus breiten der Länge nach etwas bogig gestreiften, auswendig gelblichweissen Ringeln, die auf dem Bruch schneeweiß, steinhart, und mit etwas dünnern oder gleichsam verengert zugezogenen schwarzen hornartigen Gelenken unterbrochen ist, so wie die Abbildung Tab. XXV. fig. 1. mit mehrerem lehret. Zweyerley Verschiedenheiten scheinen mehrentheils vor zu kommen. Eine kurze, etwa einen bis anderthalben Schuh hohe dickstammige Art, mit wenigen und kurzen, stumpfen und gleichfalls geringelten Aesten, die sich oben, zuweilen in zweyen gespalten, abgestutzt endigen. Sodann eine dünnere vieläsige und gleichsam reisermäßig dünn auslaufende drey bis vier Schuh hohe Art. Die eine wächst gerne am Strande, in einer Tiefe von zehn bis funfzehn Faden, auf Klippen, die andere auf der Höhe des Meeres, in tiefen Abgründen. Das mittelländische Meer wurde zuerst für das Vaterland allein gehalten, man bekam aber hernach

noch

noch schöner aus den Indien und zwar vorzüglich von den moluccischen Inseln. Nicht minder erschienen prächtige Stücke aus dem nordischen Meere, und nunmehro erhält man auch welche aus den americanischen Gewässern. Was den innern Bau betrift, so hangen die weissen Ringe inwendig mit einem ähnlichen weissen steinigen Mark zusammen, und die schwarzen hornartigen Gelenke scheinen nur um dieses Mark herum zu liegen. In Absicht auf die besagten weissen Ringe und schwarzen Gelenke, zeiget sich auch sonst wohl einiger Unterschied, der aber keine Hauptart ausmacht, sondern zufällig zu entstehen scheinet, nämlich, daß einige breiter, andere schmäler sind, kürzer oder weiter von einander abstehen, und dergleichen; auch ist sowohl in den schwarzen als weissen Absätzen einiger Unterschied in der Farbe, indem erstere wohl etwas auf das schwarzbraunröthliche, und letztere auf ein milchigweißbläuliches ziehen. Uebrigens ist die ganze Coralle in ihrem natürlichen Zustande mit einer sehr dicken, schwammigen, porösen, grauen Rinde umgeben, welche sehr leicht, und auch noch wohl in der See, durch die Wellen herunter bröckelt. Es wird bey den Holländern ebenfalls Konings-Koraal genennet.

Knorr. Delic. Tab. A. I. fig. 5.

2. Die Gliedercoralle. Isis dichotoma.

Man ist zwar gewohnt, die vorige Art wegen ihrer Ringe und Absätze, auch wohl Gliedercoralle zu nennen, (wofür man lieber die Benennung Ringelcorall gebrauchen könnte,) allein die jetzige Art führet diesen Namen bey den Holländern vorzüglich, da sie selbige Leedjes-Koraal nennen. Es soll aber diese Benennung mehr bedeuten, als was der Ritter durch Dichotoma auszudrucken gesucht hat.

2. Gliedercoralle. Dichotoma.

hat. Inzwischen beschreibet es der Ritter als einen corallischen Stamm mit glatten Gelenken und abgeschälten Knien. Der Herr Pallas bestimmt diese Art genauer: Es sey nämlich eine Isis mit Gelenken, so in dratförmige gegabelte Aeste ausgebreitet ist, und eine goldgelbe warzige Rinde hat. Die Art ist rar, und kommt nach dem Linne aus dem africanischen oder äthiopischen Meere. Von einer dergleichen indianischen Gliedercoralle ist Tab. XXV. fig. 2. eine Abbildung zu sehen.

Tab. XXV. fig. 2.

So viel man weiß, wachsen diese Gliedercoralle über einen halben Schuh hoch, und sind etwas gebogen. Verschiedene Stämme steigen oft nebeneinander in die Höhe, und sind von unten auf einigermassen in zweyen vertheilet. Sie werden nach und nach dünner, und breiten sich mit zusammengewachsenen Aesten aus. Der Stamm bestehet zwischen jeder Abtheilung aus lauter Gliedern, die lang, rund, steinig, und einigermassen durchsichtig sind. Die Farbe ist blaßroth und die Oberfläche gestreift. Die Knie, welche die beyderseitigen Glieder verbinden, sind etwas geschwollen, ein wenig gestreift und aschgrau, und von einer lederartigen Substanz. Diese Knie oder Gelenke sind unten länger als die Glieder, doch oben sind die Glieder am längsten. Der Fuß bestehet aus einer steinigen Schaale, und die Rinde ist blaß roth, überall mit erhaben runden Wärzchen besetzt, deren Mündung eine becherförmige Gestalt hat, von der klaffenden Bekleidung unterschieden ist und sich schließt. An den obern Aesten sind diese Wärzchen dicht aneinander, an der untern aber stehen sie weitschichtig, und verlieren sich endlich ganz. Die obern Aeste haben eine sehr dicke Rinde, und die ganze Art ist oft mit der Bandcoralle verwachsen.

An Knorr. Tab. A. V. fig. 1. ?

3. Die

3. Die rothe Gliedercoralle. Isis ochracea.

Diese Gliedercoralle ist vielmehr blutroth, ob sie gleich vom Ritter Ochracea genennet wird. Das aber trift wohl ein, daß sie zuweilen eine ochergelbe Rinde hat. Die Gelenke inzwischen haben, nach des Ritters Beschreibung, keine Rinde, hingegen höckerige Knie oder Vergliederungen. Es wird in Holland gemeiniglich rood Leedjes-Koraal genennet, indem es gleichfalls aus vielen Gliedern bestehet; und dieses ist die rothe Coralle, welche vermuthlich gemeynet wird, wenn man von ostindischen rothen Corallen redet, da die eigentliche rothe Coralle aus dem mittelländischen Meere kommt.

3. Rothe Gliedercoralle. Ochracea.

Es ist nämlich die gegenwärtige Art des Rumpfs rother Accarbaar, und er unterscheidet es von dem weissen. Es wächst mit einem dicken, oft drey quere Finger breiten Stamm, der sich in zwey bis drey Haupträste zertheilet, und hernach wieder eine große Menge, immer gabelförmiger Aestchen abgiebet, davon die äussern sehr dünn, fein, und spitzig sind, und leicht abbrechen, alle jedoch eine flache Richtung haben, so daß eine fecherförmige Gestalt heraus kommt. Es giebt aber davon etliche Verschiedenheiten, einige sind mehr schwammig, andere mehr steinig, einige haben glatte oder gestreifte Gelenke. Bey einigen sind die Farben höher, bey andern fallen sie ins gelbliche, auch sind die Rinden einander nicht gleich, und in Absicht auf die Gelenke siehet man sie, so wie die zwischenkommende Verbindungen, entweder länger oder kürzer.

Die Zusammenfügung des Bestandwesens giebt dem Herrn Ellis Gelegenheit, einen Beweis für den thierischen Ursprung dieses Seeproducts zu führen. Er berichtet nämlich, daß der ganze Stamm vor dem blossen Auge aus nichts als einer großen Menge zusammengefügter Wurmgehäuse zu bestehen scheine, die am Ende eine sternförmige Oefnung haben, welche die Bekleidung der ehemaligen Polypen seyen, die nach und nach in die Höhe kommen, und immer solche Gehäuse zurücke lassen. Die Gelenke sind knotig, welches man am besten an den dünnern Aesten wahrnehmen kann, diese Knoten sind der Anfang der folgenden kleinern Aestchen, welche sich zuweilen wieder miteinander verwachsen, und ein netzartiges Gewebe in den äussern dünnern Umfange darstellen.

Die Rinde ist von einer mehlartigen und bröckeligen Beschaffenheit, die sich gleich herunterreibet, und ist nach den neuern Grundsätzen diesen Polypen, oder Polypengebäuden eben so eigen, und so nöthig, als den Thieren die Haut, die Haare oder Wolle. Dieses geben wir gerne, aber aus einem andern Gesichtspuncte zu, nämlich sie ist ihnen so nöthig als den Bäumen die ihrige, oder den Gewächsen die äussere Haut der Umkleidung, sie seye nun glatt, oder wollig, oder stachelich. (Nur sondern wir die Seerinden aus, welche offenbare Incrustationes seyn mögten.)

Unter dem Microscop zeigte sich dem Herrn Ellis, daß die auswärts laufenden Köcher steinig, die innern aber schwammig waren, so daß die Knöpfchen das schwammige, die Zwischenräumchen aber das steinige Wesen darstelleten. Die sternförmige Oefnungen aber, die sich in den Wärzchen der Aeste zeigen, werden durch acht spitzige Klappen beschützet, welche den Kopf des Polypen (wie Herr Ellis meynet) beschliessen.

Von

Von einem solchen kleinen, aber in einer etwas vergrößerten Gestalt dargestellten Aestchen zeiget die fig. 3. Tab. XXV. eine Abbildung. Dieses Aestchen ist aus dem Cabinet des Herrn Houttuins, von einem ansehnlichen, unten daumensdicken und einen Schuh hohen Bäumchen, das an der Oberfläche noch mit der weissen mehligen, und an den Aesten ins Gelbe ziehenden Rinde umgeben ist, genommen, und zeiget die Menge der Wärzchen auf das deutlichste an. Tab. XXV. fig. 3.

Nach dem Rumpf findet man diese Corallenart sehr häufig um Amboina, und überhaupt in den dasigen Meeresgegenden, wie auch im rothen Meere, theils auf Felsen, wo es wohl armsdicke und vier bis fünf Schuh hoch soll angetroffen werden, theils in kleineren Exemplaren auf Conchylien.

Man gebraucht sie als ein Ingredienz in den giftwiderstehenden und harntreibenden Mitteln bey den Bewohnern der moluccischen Inseln. Die Verschiedenheiten zusammen genommen, machen in dem Cabinet des Prinzen von Oranien in Gravenhaag eine vortrefliche Sammlung aus.

Seba III. Tab. 104. f. 1.
Ellis Philos. transl. vol. 50. P. 1. p. 188. Tab. III.

4. Die Rädercoralle. Isis entrocha.

Es hat diese Art einen schaaligen runden Stamm, dessen Gelenke in runden käseförmigen durchbohrten Scheiben bestehen, die Aeste aber sich um selbigen wie eine Krone erheben, und gabelförmig auslaufen. Die Dicke des Stammes ist etwa wie die Dicke eines Fingers. Die Gelenke sind nur platte Scheiben, und das durchbohrte Loch ist fünfeckig. Aus dem Mittelpunct jeder 4. Rädercoralle. Entrocha.

 Scheibe

Scheibe gehen Strahlen nach dem Umfange zu, und der äussere Umfang der Aeste ist rauh, nur zeiget sich eine Reihe oder ein Ring von Buckeln, welche die Merkmahle der abgefallenen Zweige sind. Die Benennung, welche dieser Corallenart oben gegeben worden, und holländisch Rader-Koraal ist, hat ihren Ursprung von den bekannten Rädersteinen, die man so häufig in ganzen versteinerten Massen wunderlich durcheinander geworfen, sehr selten aber als ein Stiel aneinander liegend findet. Denn gegenwärtige Corallenart und die Glieder von dessen Aesten sind, nach des Ritters Meynung, das Original zu diesen Steinen, wiewohl noch etliche Kenner von Petrefacten, und unter andern auch der Herr Hofrath Walch daran zweifeln.

5. Der Sternstamm. Isis asterias.

5. Sternstamm. Asterias. Die Holländer geben dieser Art den Namen Zee-Palmboom, weil sie von den Herrn Guettard Palmier marin genennet worden. Der Stamm ist schaalenartig fünfeckig, und bestehet aus nichts, als zusammengesetzten fünfeckigen platten Gliedern, die vermittelst eines knörpelichen Wesens, gleich einem Rückgrad aneinander sitzen, so daß sich der Stamm nach allen Seiten biegen lässet. Die Aeste treten aus selbigen, wie an dem Equiseto, ringel- oder kranzweise heraus, und haben am Ende eine gabel- und sternförmige Spitze, durch die Mitte lauft eine Oefnung, und an der Spitze des Stammes zeiget sich ein Becken, das einen Zoll weit, und einen Viertelszoll tief ist, und in der Mitte eine Oefnung hat, welche Ellis für den Canal des Thieres, oder wohl für dessen Magen hält, so, wie solches in dem Seestern, welcher Medusenkopf genennet wird, obwaltet. Wenigstens scheinet diese Oefnung mit dem Canal des

Stam-

Stammes und der Aeste Gemeinschaft zu haben, denn das Becken ruhet auf dem Fuße oder auf der Einsenkung von sechs gegabelten schaaligen Armen oder Aestchen, die wie Strahlen auseinander stehen, und gleichsam mit einem Barte von knörpelichen Fingerchen versehen sind: denn diese Aestchen sehen wie spitzige Klauen aus, die oben erhabenrund, unten hohl, an der hohlen Seite aber mit zwey Reihen Säuger versehen sind, die ineinander schliessen, und welche man für Arme oder Werkzeuge hält, womit der Polypus seinen Raub packen und aussaugen könne. Wenigstens ist eine Versteinerung in Engelland gefunden worden, welche so gebildet war, und die Krone, oder den Kopf dieses Pflanzenthieres vorstellte.

Uebrigens aber hält man die fünfeckigen Sternsteine, die auch in großen Massen häufig und verworren durcheinander stecken, für die Gelenke oder Glieder der jetztbeschriebenen Corallenart; da es aber noch viele andere Arten unter diesen versteinerten Sternen giebet, so bleibet noch vieles von diesen Meergeschöpfen in Absicht auf die Originale verborgen. Der Aufenthalt der Originale aber mag wohl, so wie von dieser Art, in den Abgründen des nordischen Oceans seyn.

6. Die Blutcoralle. Isis nobilis.

6. Blutcoralle. Nobilis.

Keine Art der Coralle ist in der Welt länger und mehr bekannt gewesen, als diese, sie heißt Blutcorall; holländisch Bloedkoraal, obgleich sie mehr zinnober- oder hellroth, ja zuweilen nur blaß, oder fleischfärbig, und ganz selten etwas gelblich, oder auch weiß erscheinet, welches letzte aber wohl nicht natürlich seyn mag. Es ist glatt, ungegliedert, mit sehr schwachen schiefen Strichen an der Oberfläche besetzt, und mit sparsam ausgebreitebreiteten Zweigen versehen, die verhältnismäßig dünner werden, zuweilen aneinander verwachsen, und sich endlich in kurzen, dicken, und stumpfen Gabeln endigen. Dieses Product des mittelländischen Meeres hieß eigentlich nur Corall, oder auch zum Unterschied des weissen officinellen Coralls, roth Corall, und in den Officinen Corallium rubrum, und siehet in dem polirten Zustande, wie eine Stange rothes Siegelwachs aus.

Es wächset nicht, wie man gemeynet, allein unter sich, sondern auch gerade über sich, senkrecht, auch schief und horizontal, je nachdem die Lage der Felsen ist, woran es sich zeiget, wiewohl man es auch auf Conchylien und andern Gegenständen, ja zuweilen auch andere Sachen gleichsam damit überzogen antrift. Es erhebt sich aus einer Wurzel, höchstens einen guten Zoll dick, in einem gebogenen Aste, mit weitschichtigen Nebenästen, erreicht aufs allerhöchste anderthalbe Schuh, und ist an den Enden noch so dick wie ein Federkiel, braucht aber zu dieser Höhe, wie man will wahrgenommen haben, funfzig bis hundert Jahre, indem zweyzollige Coralle, schon fünf, und fünfzollige schon zehn Jahre alt seyn sollen, da denn die Proportion der Jahre immer gegen die Größe steiget. Man findet es von funfzehn bis anderthalbhundert Klafter tiefe, auf verschiedene Art gebogen, angewachsen, ja oft durch Massen durchgebohret. Eine Abbildung von dieser Art ist Tab. XXV. fig. 4. zu sehen, und wer die Farben, Grössen und verschiedenen Richtungen der Coralle betrachten will, ziehe folgende Knorrische Tafeln zu Rathe.

Tab. XXV. fig. 4.

Knorr. Delic. Tab. A. fig. 1. 2.
Tab. A. VII. fig. 1.
Tab. A. VIII. fig. 3. 4.

Diese

Diese Coralle hat man von jeher, (jedoch zu einer Zeit, und an einem Orte mehr als am andern,) sehr theuer gehalten, und zu Halsketten, Ringen, allerhand andern Schmuck, und zu Buckeln an Gefässen, Riemen, Pferdezeuchen, und dergleichen verbraucht, auch wegen den Medicinalkräften, die man selbigen zuschrieb, erstaunlich werthgeschätzet, so daß es ehedem von Juden und Türken gegen Gold aufgewogen wurde, ja etliche Kunststücke haben einen ganz unbegreiflichen Preiß gehabt, worunter eine Kette gehöret, die vor etlichen Jahren in Amsterdam in einer Auction verkauft wurde. Sie war nämlich aus einem einzigen Stamm künstlich geschnitten, so daß die Gelenke ohne Zusammenfügung alle wie eine Kette ineinander hiengen, und aus zehn Gliedern bestunden, die eine Länge von vier und dreysig Zoll hielten, deren Verfertigung dem Künstler eine Zeit von sechs Jahren gekostet. Es wurde selbige für ohngefehr vierzehnhundert Gulden verkauft.

In den Officinen sind sie bis jetzo noch ein Ingredienz der besten Arzeneyen. Sie geben einen urinösen Geist, ein flüchtiges Salz, ein stinkendes Oehl, und eine kalchige Erde. Man eignet ihnen eine herzstärkende, und Säure dämpfende Kraft zu, und verfertiget von selbigen die Corallentinctur, einen Syrup, ein Salz, und einen Geist.

Die Fischerey dieser Coralle war in allerhand Gegenden des mittelländischen Meeres, als an der barbarischen Küste bey le Bastion de France, am Cap Negro zwischen Tunis und Algier, bey Marseille, an der catalonischen Küste, bey den balearischen Inseln, an der südlichen Seite von Sicilien und im adriatischen Meere, und wird noch hin und wieder mit gutem Erfolg fort- Corallenfischerey.

 gesetzet.

gesetzet. Man bedienet sich dazu theils der Netze, theils gewisser mit Werg und Lumpen umwickelter Creutze, die man auf gerathewohl sinken lässet, und fortschlept. Wann nun diese Werkzeuge das Glück haben auf eine Corallengrotte zu stoßen, so giebt es zuweilen eine reiche Beute; da aber der mehreste Theil abgerissen wird, so sind auch mehr Trümmer, als ganze Aeste dabey.

Wenn nun diese Coralle aus dem Wasser in die Höhe kommen, so ist ihr äusserliches Ansehen ganz anders, als wie man sie durchgängig in den Cabinetten erblickt, denn da sind sie schon aus der Hand der Policrer gekommen.

Sie haben nämlich in ihrem natürlichen Zustande eine weisse mehlige Rinde, auf einer ungleichen und etwas höckerigen Oberfläche. Diese Rinde bestehet aus einem netzartigen Gewebe von Gefäßchen, welche mit einer milchigen Feuchtigkeit angefüllet sind, und worüber sich noch eine mennigrothe Umkleidung von einem faserigen Wesen zeiget, welches voller rothen Körperchen steckt, die nach dem Donati ihren Ursprung von den Polypen haben, und zur Anlegung der steinigen Masse dienen sollen. In dieser Umkleidung ziehen sich der Länge nach gewisse gleichweitige cylindrische Köcher, die zur Seiten noch kleinere Gefäße abgeben, und wiederum mit besagtem faserigen Gewebe in Gemeinschaft stehen. Die Oberfläche der inneren steinigen und kalchartigen rothen Corallenmasse ist der Länge nach schwach gestreift, welches am deutlichsten an dem untern Theile des Stammes zu sehen ist, und das höckerige Wesen ist nichts, als eine Menge runder Buckeln, die oben eine gestirnte Mündung haben, welche mit der innern Höhlung der Buckel in Gemeinschaft stehet. Folglich sind diese sehr kleinen Erhöhungen nichts als Cellen,

Zellen, welche mit besagter weissen häutigen oder faserigen Rinde umgeben werden, und eben diese Zellen dringen bis in die innere Corallensubstanz, welche jedoch auf dem Bruche dicht, steinhart und einigermassen (nach Art der Jahrgänge in den Bäumen) geringelt ist.

Nach dem Herrn Ellis sind die äussern, der Länge nach gezogenen Striche dieser Corallen, nichts als röhrige Gefäße, aus welchen er die ganze Masse zu bestehen glaubet, das milchige Wesen sey das Bestandwesen der zarten Polypen, und wo ein solcher Milchtropfen hinfällt, ist die Anlage zu einer neuen Bruth, mithin auch zu einer neuen Coralle. Die sternförmige Oefnungen in den feinen knotigen Zellen gebe die Structur der Polypenarme zu erkennen, als welche einen Stiel mit acht Blättern vorstellen, die im salzigen ruhigen Meerwasser alle hervor kommen, bey der mindesten Berührung aber sich wiederum verkriechen, und nur durch Zuschüttung von Weingeist erstarren. Und also sey es erwiesen, daß die Polypen, die vom Graf Marsigli für Blüthen gehalten wurden, diese Coralle bauen. Wir aber finden hier noch gar nichts besonderes, welches man nicht auch bey der Vegetation der Pflanzen, unter veränderten Umständen finden sollte.

---

341. Ge-

341. Geschlecht. Horncoralle.

Zoophyta: Gorgonia.

Geschl. Benennung. Gorgones sind in der Fabelgeschichte drey Töchter des Phorcyus, welche Scylla, Medusa und Stheno hiessen, und so erschrecklich heßlich aussahen, daß man auf ihren Anblick für Schrecken in Stein verwandelt wurde. Deswegen nennte Plinius die Coralle, weil sie gleichsam von Holz in Stein verwandelt wären, Gorgonia, und dieser Benennung bedienet sich nun der Ritter, um gegenwärtiges Geschlecht der Horncoralle damit zu belegen, welche, wenn sie noch ihre Rinde haben, von dem Boerhave Titanoceratophyta; ohne Rinde aber bloß Ceratophyta, oder Keratophyta genennet wurden. Ueberhaupt werden diese Coralle, wegen ihres gesträuchartigen Ansehens, von den Holländern unter dem Wort Zeeheester, das ist: Meergesträuch oder Meergewächse verstanden.

Ursprung. Von diesen Horncorallen behauptet nun der Ritter: daß sie durch eine deutliche Metamorphosis aus einem pflanzenartigen Wachsthum in eine thierische Natur über gehen. Die Pflanze nämlich ist gewurzelt, und schießt nach Art der Meermoose mit einem ästigen Stiel auf, welcher mit einer Rinde bekleidet ist, die sich zu Holz verhärtet, und den Stamm die jährlichen Ringe anlegt, oder sich immer mit einer neuen Rinde überziehet. Innerhalb den Stamm aber befinde sich das beseelte oder thierische Mark, welches mit thierischen Polypenlypenblüthen zum Vorschein kommt, die sich selber öffnen und schliessen, Bewegung und Gefühl haben, die herbeyschwimmende Nahrung versammlen, und durch den Mund einsaugen.

Der Herr Pallas giebt an, daß der erste Anfang der Horncoralle ein Wärzchen sey, welches sich auf den Klippen unter dem Wasser im Meere, oder auch an andere feste Körper ausbreite, und zuerst in einer blossen Rinde bestehe, (die hernach die ganze Horncoralle umgiebt und bedeckt,) sodann einen hornartigen Schiefer hervor bringe, aus dessen Mittelpunct sich nach und nach der künftige Stamm bilde, der entweder nur einfach und gerade fortgehe, oder sich, nach Beschaffenheit der Art, in Aeste zertheile und ausbreite.

Er behauptet ferner, daß in diesen Seegewächsen allerdings ein pflanzenartiges Wachsen statt habe, da die Dicke des Stammes und der Aeste verhältnismäsig bis zur dünnsten Spitze abnimmt, obgleich die Wurzel nicht zur Nahrung dieser Pflanze geschickt ist, welche vielmehr durch die Oefnungen in der Rinde und zwar durch die Polypen vor sich gehe.

Es soll also, nach dem **Ritter von Linne** und **Herrn Pallas**, würklich ein pflanzenartiges Wachsen in den Horncorallen statt haben, und das Mark nur allein animalisch seyn. Diesem aber widerspricht der **Herr Ellis** ganz, welcher durchaus will, daß das ganze Horncorall animalisch sey, und nicht bloß das Mark. Er sagt nämlich, das ganze hornartige Bestandwesen der Coralle bestehe aus nichts als aus Köchern, die durch ihre Leimigkeit aneinander gekittet, keinesweges aber durch Querfasern, wie in den Pflanzen sonst statt hat, miteinander verbunden wären, als welche er niemahlen, auch

mit

mit den besten Vergrößerungsgläsern, habe entdecken können. Diese Leimigkeit sey eines thierischen Ursprungs, und die Ursache, daß man gewisse Horncoralle finde, die viel fester wären, als das allerhärteste Holz. Mithin sey das ganze Bestandwesen von Thieren gemacht, und habe gar nichts pflanzenartiges an sich. Dieses sucht denn der Herr Ellis auch damit zu bestärken, daß man auch sogar an den ältesten und größten Horncorallen, dergleichen man in den nordischen Meeren zu sechszehn Schuh hoch oder lang gefunden, dennoch keinen Saamen entdeckte, und daß alle Horncoralle einen thierischen Geruch, wie gebratene Austern geben; Allein es tragen unsere Haare auch keinen Saamen, haben einen thierischen Geruch, und sind doch nicht von Thieren gebauet. Inzwischen sind nun hier die Meynungen großer Männer getheilt, und wenn man mit dem Ritter von Linne und Herrn Pallas annehmen will, daß die Horncoralle pflanzenartig wachse, so wird man doch nicht von diesen Naturforschern belehret, was es denn für ein pflanzenartiges Wachsen sey, eben so wenig, als wie die Pflanze in ein animalisches Mark über gehe, oder in beseelte Blumen verwandelt werde; so, daß uns bey der neuen Meynung, eine Ungewißheit und Dunkelheit nach der andern aufstößt, und wir derselben unmöglich Beyfall geben können.

Was nun aber die Arten der Horncoralle betrift, so ist deren eine sehr große Verschiedenheit: Einige bestehen in einzelnen geraden oder gewundenen Stämmen, andere sind vieläſtig, entweder baum- oder staudenförmig; wieder andere sind ausgebreitet, wie Fecher oder Wedel, jede Art aber erreicht eine bestimmte Größe, von einem Zoll an, bis sechszehen, und vielleicht noch mehr Schuhe.

Schuhe. Alle sind in ihrem Naturstande mit ihrer eigenartigen Rinde umgeben, welche man die Polypenrinde zu nennen pfleget, zuweilen aber zeiget sich eine Incrustation an selbigen, auch soll man sie wohl ohne Rinde aus dem Meere hervorgezogen haben, jedoch scheinet dieser letztere Umstand noch nicht zu bestimmen, ob es auch Horncoralle gebe, die von Natur gar keine Rinde haben, indem sie durch einen Zufall kann herunter gebröckelt seyn.

Der Herr Pallas inzwischen macht einen Unterschied zwischen Gorgonia und Antipathes, (welche der Ritter alle untereinander in gegenwärtiges Geschlecht gesetzt hat,) die Gorgonia nämlich, sagt der Herr Pallas, habe eine kalchartige Rinde, die Antipathes hingegen eine schleimige, welche in die Fäulnis gehe, und diese kommen dann wohl ohne Rinde aus dem Meere, oder in den Cabinetten zum Vorschein.

Unter dem Wasser sind alle Horncoralle biegsam, sie wachsen gerade in die Höhe, und schwanken mit den Wasserwellen hin und her; ausser dem Wasser aber werden sie hart. Man kann sie aber wieder in Wasser erweichen, und hernach in einer selbst beliebigen Stellung wieder trocknen lassen, aber alsdann leidet die Polypenrinde, an der so viel gelegen ist, und welche das rarste und merkwürdigste an diesen Seegewächsen ist, noth; welches wir denjenigen Liebhabern besonders empfehlen, die sonst die betrübte Gewohnheit haben, die Horncoralle so fleißig zu putzen, oder wie sie sagen, den Seeschlamm herunter zu waschen, oder die auf den vorzüglich lächerlichen Einfall gerathen, die geputzte und rindenlose Horncoralle mit Farben anmahlen zu lassen, um auch weisse, gelbe, braune, graue, violetfärbige oder dergleichen Exemplare in ihren Putzkabinetten zu haben, weil sie diese Verschieschiedenheiten vielleicht einmahl bey rechten Kennern in Natura gesehen haben.

Geschl. Kennzeichen. Was nun die Geschlechtskennzeichen betrift, so sind selbige nach dem Ritter kürzlich diese: Der Stamm ist angewurzelt, hornartig, ununterbrochen, ästig, mit einem breiten Fuß versehen, und mit einer Rinde überzogen. Die Blüthen aber bestehen in Polypen, die an der Oberfläche der Seiten allenthalben aus gewissen Poris der Rinde hervor kommen. Es giebt in diesem Geschlecht folgende sechszehn Hauptarten.

1. Die Seereseda. Gorgonia lepadifera.

1. Seereseda. Lepadifera. Dieses Horngewächse hat vom Grunde auf gabelförmige braune Aeste, und ist mit gelblichweissen glockenförmigen, umgebogenen, und übereinander liegenden Blüthen oder Knöpfchen der sogenannten Polypenrinde bis an die äusserste Spitze dick besetzt.

Der Herr Pallas, bey dem diese Art unter den Horngewächsen unter No. 131. die letzte ist, sagt, daß sie weit ausgebreitet, oft einige Schuh hoch sey, und ein hartes blasses Holz habe. Die Rinde ist weiß, und bestehet aus dicht aneinanderliegenden, krummen, cellenartigen, und etwas eyförmigen Knöpfchen, welche die Gestalt eines Kelches haben, und mit eckigen Schiefern aufeinander schließen. Da nun Clusius solche mit den Saamengefäßchen der Reseda vergleicht, so ist obige Benennung entstanden. Pontoppidan hingegen, verglich dieses Gewächse mit dem Ligustro, und Herr Baster findet eine Aehnlichkeit zwischen diesen Knospen und den Saamenknöpfchen der Radieschen. Er sagt nämlich, sie seyen kegelartig, mit der Spitze an den Ast befestiget, und bestehen

aus

aus vier Gliedern. Jedes Glied scheine wieder aus zweyen zu bestehen, und am weitesten Ende nehme man ein halbrundes, und aus zweyen Klappen bestehendes Kügelchen wahr, welche das darinnen wohnende Thierchen nach gefallen zu öfnen und zu verschließen scheine. Er hält auch diese Thierchen nicht für Polypen, sondern glaubet, daß sie zu einem andern Geschlechte gehören.

In den frischen Exemplaren sehen diese Knospen, womit der Stamm und die Aeste so dicht besetzt sind, daß man gar kein Holz siehet, gelblich aus, werden aber durch das Trocknen weiß, und von diesen Knospen oder Pocken hat die Linneische Benennung Lepadifera ihren Ursprung. Sie sind von steiniger Art, aber so mürbe, daß man sie zwischen den Fingern zerreiben kann. Der Stamm ist an der Wurzel oft fingersdick, und die Zweige sind an den äussern Spitzen so dünn wie Haar. Der nun seelige Günnerus fand viele feine Striche an diesem Gewächse, welche an die Zellen hinansteigen, woraus die Gemeinschaft dieser knospigen Rinde mit dem Bestandwesen erhellet. Der Kern des Stammes war steinig, und wie Holz geringelt. Der Aufenthalt ist in dem nordischen Meere.

Beßler Mus. Tab. XXIV.

2. Die Seefeder. Gorgonia verticillaris.

Sowohl im norwegischen als mittelländischen Meere zeiget sich ein niedliches Horngewächse, welches dünn, stammig, und an beyden Seiten mit eins ums andere stehenden Aestchen, nach Art einer Feder, besetzt ist, wovon die Abbildung Tab. XXVI. fig. 1. den besten Begrif geben kann. Die Blüthenknospen, oder Polypengehäuse, stehen krumm, und in einem Kranze um die Zweige her- 2. Seefeder. Verticillaris. Tab. XXVI. fig. 1.

 um,

um, welche sehr dünn und fadenförmig sind. Was die Knöpfchen betrift, deren je drey im Kranze stehen, so sind sie den Fruchtknospen sehr ähnlich und stehen voneinander abgesondert. Die Mündung derselben ist nach dem Stamme zu umgebogen. Diese ganze Rinde ist kalchartig, und weißlich. Doch das Exemplar des Marsigli war auswendig gelblichweiß, und unter der Rinde olivenfärbig. Die Kränzchen hingegen bestunden jedesmahl aus fünf Knospen, und die Fischer gaben ihm Nachricht, daß diese Art sehr groß und hoch wachse, wovon das abgebildete Exemplar nur ein Zweig ist, der über anderthalbe Schuh hält, und unten nicht dicker als ein Federkiel ist. Der Herr Ellis hat an einem sardinischen Exemplare, nach Abätzung des kalchigen Wesens, sowohl der Rinde als des Stammes, nicht nur die in den Knospen wohnende Polypen, sondern auch das thierische Mark, welches mit selbigen verbunden ist, gefunden. Er nennet dieses Gewächse: Sea-Feather.

Ellis Corall. Tab. XXVI. fig. S. T. V.

3. Das Seeheidekraut. Gorgonia placomus.

3. Seeheidekraut. Placomus.

Wenn das gegenwärtige Seegewächse noch klein ist, so hat es, nach Clusii Meynung, einige Aehnlichkeit mit dem Heidekraut, es wächst aber wohl drey und mehr Ellen hoch, hat alsdann einen sehr dicken Stamm, welcher hernach sehr viele dünne Aeste abgiebet, die alle in der nämlichen Fläche liegen, und folglich einen zwey bis drey Ellen breiten Fecher bilden, daher die Linneische Benennung Placomus genommen ist, jedoch verwachsen die Aeste sehr selten miteinander, und sind, besonders an den Spitzen, sehr biegsam und dünne. Das hornartige Wesen ist gelblichbraun, an den Spitzen ten fast gelb durchsichtig, und übrigens mit einer weissen, dünnen, knospigen, Polypenrinde überzogen. Diese Rinde bestehet gleichsam in einer dünnen korkartigen und faserigen Lage, welche an getrockneten Exemplaren aschgrau aussiehet. Die Blüthen bestehen in cylindrischen hervorragenden Kelchen, welche oben gezähnelt, und auch mit Bürstenhärchen besetzt sind. Alle diese Kelche stehen senkrecht, und zwar in grosser Menge, auf der Rinde. In diesen Kelchen oder Knöpfchen hat Marsigly eine rothe schleimige Materie gefunden, und dieses werden die medusenartigen Körper gewesen seyn, welche Gunnerus angiebt, ob er gleich keine Polypen darinnen fand. Ein durchgeschnittener Stamm zeiget, wie ander Holz, seine Ringe, inwendig aber traf der Herr Gunnerus noch ein lederartiges Wesen an, welches er für das Thier, oder thierische Mark hielt, das durch die Knöpfchen die Nahrung empfienge. Der Herr Ellis macht aus dem vorgefundenen lederartigen Wesen einen Polypen, der gerade wie ein Zwirnwindersrad aussiehet. Zuweilen wachsen diese Gewächse mit einer doppelten Fläche. Der Aufenthalt ist im europäischen Ocean.

Ellis Coralle Tab. XXVII. fig. a. No. 1.

4. Die Seecypresse. Gorgonius abies.

Diese rare Art bestehet nur in einem einfachen, gebogenen, rauhen Stamme, welcher rings- 4. Seecypresse. Abies.
herum nach Art der Tannen oder Cypressen, mit kleinen krummen Aestchen gleichsam gekrönet ist. Die Aestchen nehmen in der Länge ab, je näher sie an den Gipfel kommen, so wie solches auch bey den Tannenbäumen statt hat. Der Herr Pallas, welcher, wie wir oben schon erinnerten, die Antipathes von der Gorgonia unterscheidet, zählet

diese Art zu den ersten, und führet sie No. 138. unter der Benennung Antipathes cupressina an. Die Benennung Antipathes stammet vom Rumpf her, und ist von undeutlicher Bedeutung. Diejenigen Gewächse aber, die von dem Herrn Pallas unter dieser Benennung von den übrigen Horncorallen abgesondert werden, haben keine kalchartige, sondern schleimige Rinde, und scheinen daher nackt zu seyn. Der Stamm aber ist stachlich rauh.

Die gegenwärtige Art steckt tief im Meere, wird höchstens über zwey Schuh lang, doch nicht über einen Federkiel dick, und wächset durchgängig auf Steinchen, in welche sich die Wurzel hinein zwinget. Etliche sind schwarz, und haben eine steife stachliche Crone, andere sind grau, und haben eine weichere Crone mit feinern röthlichen Blättern, deren Gestalt sich fast wie das Fuchsschwanzkraut zeiget, wiewohl der Herr Pallas letztere lieber für die jungen der ersteren hält, wie sie denn auch durchgängig nicht groß in den Cabinetten vorkommen. Der höckerige rauhe Stamm hat inwendig ein mürbes Bestandwesen, die Oberfläche aber ist am Stamme mit großen, und an den Zweigen mit kleinen Kelchen besetzet.

* Der Seestrick. Gorgonia spiralis.

Seestrick. Spiralis

Der Ritter Linneus führet hier ein gewisses anderes Seegewächse an, welches er für eine Nebenart der Seecypresse hält, in der That aber als eine ganz besondere Art angesehen zu werden verdienet. Es ist nämlich des Herrn Pallas Antipathes spiralis; der Holländer Zeetonn, und des Rumpfs Palmi juncus Anguinus. Es bestehet dasselbe in einem einfachen, vier bis fünf Schuh langen Stiel, der die Dicke eines Strohhalms, oder einer Schreibfeder hat. Von der

Wurzel

Wurzel an steiget es erst in einen Schlangenbogen in die Höhe, und drehet sich dann ringel- oder schraubenweise, wie ein Pfropfzieher, es sey rechts oder links, spiral in die Höhe. Die Oberfläche ist rauh, und durch scharfe reihenweise stehende Puncte stachlich, wenn aber selbige abgenommen wird, so erscheinet ein schwarzes glänzendes Holz, oder Horn, das dem Ebenholz nichts nachgiebt. Durch die Länge schwanken sie gerne im Meere, und biegen sich, so daß das Oberende sich in die untern Ringe verwirret, und wenn sie trocken sind, brechen sie gerbe ab. Die Wurzel ist platt und porös, und legt sich gerne auf Kieselsteine an. Es giebt einzelne Exemplare, die wohl fingerdick und sechs Schuh lang, auch solche, die nicht gewunden sind, und in Indien als Spazierstäbe gebraucht werden. Ja Rumpf berichtet, daß man bey klein Ceram, in dem indianischen Meer, wo sie zu Hause sind, einen Stamm in der See gesehen habe, der so dicke als eines Mannes Fuß gewesen wäre, und könnten wir einmahl auf den Boden des Meeres eben so, wie in unsern Gärten herumspatzieren, wer weiß, welche schöne Corallenwälder wir daselbst antreffen würden?

Valentin Conchylien Tab. LII. fig. B. B.

5. Die Seebimse. Gorgonia aenea.

Etliche Verschiedenheiten werden hier von dem Ritter zusammengeworfen, und unter diesen soll denn auch des Herrn Pallas Antipathes orichalcea, No. 139. hieher gehören. Der Stamm ist einfach, steif, glatt, und kupferglänzend, jedoch olivenfärbig, und etwa so dick wie ein Federkiel, dabey aber ringsherum mit gabelförmigen auseinander stehenden Aesten ringsherum besetzet. Diese 5. Seebimse. Aenea.

 Aeste

Aeste ziehen sich in einer weitschichtigen Schlangenlinie in die Höhe. Die Länge erreicht oft eilf Schuh, in welchem Fall sie aber wohl die Dicke eines Fingers erhalten. Die Oberfläche ist etwas gestreift mit einem röthlichen Ueberzuge bedeckt, welcher zusammen trocknet, und herunterbröckelt, oder sich abschiefert. Das Mark ist dünn, weiß und feste, und zeiget einige Ringe. Wenn man zwey Stücken gegeneinander reibt, geben sie einen Geruch wie gebranntes Horn. Die Wurzel bestehet in einem kegelförmigen Brocken, der auswendig glatt, inwendig aber hohl und löcherich ist. Der Aufenthalt ist an den moluccischen Inseln.

6. Das Seehorn. Gorgonia ceratophyta.

6. Seehorn. Ceratophyta.

Der Ritter zielet hier auf eine fast gabelförmige Art, mit weitausstehenden ruthenartigen Aesten, die zwey Furchen, eine rothe Rinde und zwey Reihen Poros haben. Der Herr Pallas hingegen berichtet, daß die Pori einfach, und nur hin und wieder je zwey und zwey beysammen stehen. Wie aber beyde Schriftsteller immer verschiedene und untereinander abweichende Figuren anführen, so mögen auch hieher wohl etliche Verschiedenheiten gerechnet werden. Man findet die Stämme etwa einen Schuh hoch. Die Wurzel ist breit, und haftet feste an den Klippen. Etliche haben mehr gerade, andere mehr ästige und gebogene Zweige. Die Pori, die nicht hervorragen, stehen zur Seiten, und sind einigermassen sternförmig. Bey einigen ist die Rinde ziegelfärbig, bey andern rosenfärbig, und an dem Exemplar des Herrn Houttuins war sie blutroth. So sind auch die Aeste bey einigen rund, bey andern etwas platt gedruckt. Der Aufenthalt ist in den spanischen und americanischen Meeren.

Knorr. Delic. Tab. A. V. fig. 2.

7. Die

7. Die Seetanne. Gorgonia elongata.

An der spanischen Küste, wie auch an den antillischen Inseln und bey Curacao, zeiget sich ein gerades vier Schuh hohes, gabelförmiges und weitausstehendes ästiges Seegewächse, welches eine rothe Rinde hat, die mit warzenförmigen, und schuppenweise übereinander liegenden Poris besetzt ist. Der Stamm ist so dick wie ein Schwanenkiel, die Aeste sind wie Strohhalmen, die Rinde kalchartig mürbe, und das Ansehen wie ein Tannenbaum, doch giebt es Verschiedenheiten mit dickeren Stamm und kürzeren Aesten. Die Rinde will in den Cabinetten wohl etwas verbleichen.

7. Seetanne. Elongata.

8. Der Seebesen. Gorgonia verrucosa.

Daß die deutsche Benennung von der besenartigen Gestalt der ganzen Horncoralle, und die Linneische von der Beschaffenheit der Rinde herkomme, wird nicht nöthig seyn zu erinnern. Ob sich nun gleich viele nicht unbeträchtliche Verschiedenheiten dieser Art in den Cabinetten zeigen, so kommen sie doch darinne miteinander überein, daß das Gewächse sich mit vielen biegsamen Aesten, die aus einem gemeinschaftlichen Stamme aufsteigen, im Umfange erweitere, und eine weißliche kalchartige Rinde mit hervorragenden Poris habe. Der Graf Marsigli führet wenigstens drey Verschiedenheiten an, deren Rinden, in Wasser gekocht, eine leimige scharfschmeckende und hornartig riechende Feuchtigkeit gab, und der frisch ausgepreßte Saft war bey der einen Art blaßgelb, bey der andern röthlich, und bey der dritten dottergelb, so wie die Rinden selbst aussahen, die aber durch das Trocknen weiß wurden. Merkwürdig ist es, daß diese Art keine eigentliche ausgebreitete

8. Seebesen. Verrucosa.

Wurzel hat, sondern mit dem Stamme, ohne merklicher Verdickung, gerade aus den Steinklippen hervortritt. Die gewöhnliche Größe derer, die aus dem mittelländischen und ostindianischen Meere kommen, ist anderthalbe Schuh. Doch zeiget sich in den westindischen oder americanischen Gewässern auch eine Art, welche recht groß, und im Gebüsche wohl drey bis vier Schuh in der Breite halten, mithin recht statthafte und ansehnliche Seebesen abgeben, auch ohne breite Wurzel mit einem runden Stamme gerade aus den Klippen hervortreten.

Tab. XXVI. fig. 2. Die Abbildung Tab. XXVI. fig. 2. zeiget ein dergleichen Seegewächse von der Insel Ceylon. Die Rinde desselben ist gelb, und hat eine Menge Bläschen, wodurch sogar die feinsten haarigen Zweige noch sehr dicke erscheinen. Es stehen aber diese Bläschen an einem Exemplar besser als an dem andern reihenweise. Der Fuß ist nur wenig ausgebreitet.

Hieher könnte man noch zwey andere besenartige Gewächse ziehen, deren der Herr Pallas Erwehnung thut. Sie sind folgende:

* Der Stachelbesen. Gorgonia muricata.

Stachelbesen. Muricata. Tab. XXVI. fig. 3. Es ist ein grosses oft etliche Schuh hohes americanisches Seegewächse, welches besenförmig in die Höhe steigt, aber eine gelblichweisse Rinde hat, die aus lauter sternförmigen und in die Höhe gerichteten, dicht und gedrungen gegeneinander liegenden Köchern bestehet, so wie davon Tab. XXVI. fig. 3. eine Spitze mit der geborstenen und etwas abgenutzten Rinde zu sehen ist. Das äusserliche Ansehen der Rinde ist fast wie das Kornährencorall, Madrepora muricata, wovon oben No. 12. des 37. Geschlechts nachzusehen ist. Wo man

diese

diese Rinde abreibet, findet man im Holze regelmäßige große Poros, die inwendig eine Violetfarbe zeigen. Das Holz ist schwarzbraun und lederartig-hart.

Knorr. Delic. A. VI. fig. 2.

* Der Löcherbesen. Gorgonia porosa.

Noch ein anderes besenartiges Horngewächse erscheinet mit einer alcyonienartigen Rinde, ohne Röhrchen, aber mit ordentlich zertheilten tiefen Poris. Diese Rinde ist gelblichgrau, und unter selbiger lieget noch auf dem Holze ein violetartiger Ueberzug. Diese Art wächset mehr staudenförmig mit einer knotigen Wurzel, fingerdickem Stamm, und zwey Schuh langen Aesten die dünn auslaufen. Von der Beschaffenheit der Rinde ist aus der Abbildung einer Spitze Tab. XXVI. fig. 4. am besten zu urtheilen. Wir besitzen dergleichen zweyschuhige Exemplare, deren Rinde braun ist, desgleichen auch andere mit aschgrauer Rinde. Löcherbesen. Porosa. Tab. XXVI. fig. 4.

* Die Seepeitsche. Gorgonia flagellosa.

Endlich giebt es noch eine Verschiedenheit, die unter der Rinde gestreift ist, und sehr lange biegsame Aeste hat. Die Rinde ist grau, punctiret, dick und äusserst bröckelich, so daß es ein Glück ist, Exemplare zu bekommen, an welcher noch etwas von der Rinde sitzet. Seepeitsche. Flagellosa.

Unter diesen sämtlichen Nebenarten nehmen wir einen großen und zugleich willkührlichen Unterschied in Bildung der Aeste und deren Vergliederungen wahr. Einige sind an den Vergliederungen rund, andere plattgedruckt, und an einigen sind sogar die Aeste gleichsam wie die Zähen der Wasservögel verwachsen, und was die verschiedenen Rinden betrift, so finden wir einige auf solchen Keratophyten sitzen, die man der Bildung und und dem Holze nach für einerley halten sollte; so daß dem Ansehen nach, einerley Seegewächse bald eine kalchige, bald eine schwammige, bald eine korkartige Rinde führen, deren Pori dann einmahl eingedruckt, und ein andermahl erhaben erscheinen. Es ist also noch zur Zeit ziemlich ungewiß, hier etwas zuverläßiges zu bestimmen, und es mangelt in den Cabinetten gar zu sehr an wohl conservirten Exemplaren, um genaue Eintheilungen der Arten, Unterarten und Verschiedenheiten machen zu können, zumahl, da wir noch nicht recht belehret sind, wie viel Einfluß das Vaterland und Seeclimat auf die beständig vorkommenden Veränderungen dieser Seeproducte haben könne. Inzwischen hat der Fleiß unserer Herren Brüder auf der Insel Curacao, wodurch wir unsere Sammlung mit auserlesenen Corallenarten von da her bereichert sehen, um sie gegen ostindianische und europäische vergleichen zu können, durch mühsame und kostbare am Strande und in den Tiefen des Meeres durch Sclaven und Taucher angestellte Fischereyen, uns in den Stand gesetzt, Beobachtungen zu machen, die wir mit dem System der Neuern unmöglich vereinigen können, und wir leben der Hofnung, daß sie uns durch ihren fortdaurenden Eifer Anlaß zu Entdeckungen geben werden, die den Liebhabern der Naturgeschichte nichts weniger als gleichgültig seyn können.

9. Die schwarze Coralle. Gorgonia antipathes.

9. Schwarze Coralle. Antipathes.

Was man unter der schwarzen Coralle verstehe, ist fast einem jeden bekannt. Man zeiget nämlich in den Cabinetten sowohl gerade als gebogene Stangen,

gen, die wie schwarzes Siegelwachs aussehen, und auch auf dem Bruche oder Abschnitte die nämliche Gestalt haben, dabey aber sehr hart, glänzend und glatt sind. Man meynet, daß es um deswillen Antipathes genennet worden, weil es von den Indianern für ein Gegengift wider die Bezauberung gehalten wird. In vorigen Zeiten achtete man es sehr hoch, weil man es für eine steinige ächte Coralle von pechschwarzer Farbe hielt. Es ist aber in der That nichts anders, als eine Horncoralle von der härtesten Art, die sich äusserlich von andern nicht nur in der schönen Schwärze, sondern auch darinne unterscheidet, daß sie spiralartig- oder gewunden-gestreift ist, als ob man den Stamm mit der Hand gedrehet hätte, daß die Fasern schief gezogen worden.

Es ist diese Art weitschichtig mit ziemlich dünnen und langen kahlen Aesten besetzt, die leicht abbrechen, weil sie fein sind. Eine kalchige dünne Rinde, die auf Purpur oder Violet ziehet, bedeckt dieses Gewächse, welche bald herunter geschabet werden kann, und man findet sie von der Dicke eines Federkiels und einen bis anderthalbe Schuh hoch, bis zur Dicke eines Arms, wo sich die Höhe auf etliche Schuh erstreckt. Das Vaterland ist Ostindien. Ein ganzes strauchiges Exemplar kommt nicht viel in den Cabinetten vor, und ist in folgender Figur zu sehen. Zuweilen aber hangen sie voll von der Muschel, die man Vogeldoublet nennet, auch hängen sich wohl andere Conchylien an.

Knorr. Delic. Tab. A. VI. fig. 1.

Einzelne Stämme, die ihre Aestchen verlohren haben, und dabey schön poliret sind, siehet man öfter, und werden für eine Rarität gehalten.

Knorr. Delic. Tab. A. I. fig. 1.

Die

Die dickern Aeste oder Stämme, welche von den Indianern ziemlich unschicklich abgehauen werden, um daraus Hefte zu ihren Dolchen zu machen, werden gegen Gold aufgewogen, und kommen weit seltener zu uns. Man macht auch aus selbigen Stücken Armringe, und dergleichen Zierathen.

Knorr. Delic. Tab. A. VIII. fig. 1.

So wie nun diese schwarze Coralle nicht allezeit bis oben aus kohlschwarz ist, sondern oft röthliche Spitzen an den dünnern Zweigen führet, so findet man auch Exemplare die auswendig roth erscheinen, und dennoch inwendig ganz schwarz sind.

Knorr. Delic. Tab. A. V. fig. 3.

Endlich ist auch noch zu erwegen, daß man gekünstelte schwarze Corallen habe, welche lediglich von dem dicksten Stamme des schwarzen Seefächers oder irgend eines andern schwarzen Horncoralles gemacht sind, indem man die Aeste abstutzt, die Oberfläche poliret, etwas einweicht und drehet, und dann in der gewundenen Gestalt hart und trocken werden lässet, doch sind sie von einem Kenner, in dem Grade der Schwärze, in der Windung der Striche, und in der Art der Politur, wohl zu unterscheiden.

10. Die Seeweide. Gorgonia anceps.

10. Seeweide. Anceps

Beyde obige Benennungen sehen auf die an beyden Seiten des innern Holzes ausgebreitete Polypenrinde. Es ist nämlich ein schwarzes dünnes und nur weniggedrucktes Horncorall, das mit einer platten und breiten purpurrothen Rinde dergestalt überzogen ist, daß die Aeste einem langen schmalen Blat ähnlich sehen, wie solches aus der Ab-

Abbildung Tab. XXVI. fig. 5. mit mehreren zu sehen ist. Der Rand dieser Rinde erscheinet gleichsam als gekerbet, und dieses entstehet durch die vielen, in einer Reihe hinauf laufenden Zellen, welche bis in die Seiten des innern Holzes Gemeinschaft haben, und vom Ellis und allen seinen Nachfolgern für die Wohnungen der Polypen gehalten werden. Wir erhielten aus America ein zehen Zoll hohes Exemplar mit mehr als vierzig solchen Blättern auf einem Stamme, die einen ordentlichen Busch machten. Die Aeste gaben viele Nebenzweige ab, und die Rinde stieg von der kleinen und etwas flachen Wurzel ununterbrochen bis zu allen Spitzen fort. Jetzt aber, da wir das Exemplar untersuchen, finden wir, daß sich die Purpurfarbe der Rinde daselbst am meisten conserviret hat, wo die Blätter aufeinander liegen, die freystehenden Blätter aber sind an der einen Seite sowohl als an der andern sehr verbleicht, und so ist es uns mit mehreren Rinden der Horngewächse ergangen. Unser Rath ist also, sie vor der Luft zu bewahren. Tab. XXVI. fig. 5.

Ellis Corall. Tab. XXVII. fig. g No. 2.

11. Die Seefichte. Gorgonia pinnata.

Nach des Herrn Boddaerts Benennung, welcher die gegenwärtige Art mit dem Namen Kaapsche Heester belegt, sollte man glauben, daß sie lediglich vom Vorgebürge der guten Hofnung herstamme; allein wir erhielten ein schönes Exemplar aus Curacao, welches gegen drey Schuh lang ist, und aus einer breiten lederartigen Wurzel einen etwas platten oder gedruckten Hauptstamm in der Dicke eines Fingers, mit drey Nebenstämmen in der Dicke eines Federkiels, abgiebet. Diese Stämme stehen gerade wie die Fich- 11. Seefichte. Pinnata

ten,

ten, und sind von unten auf flügelartig mit ganz feinen borstenartigen fingerlangen Nebenzweigen besetzt, welche an beyden Seiten der Stämme, gegeneinander über, oder auch zuweilen eins ums andere stehen, und sich also wie ein Wedel ausbreiten. Diese flügelartigen Nebenzweige stehen gleichweitig, sind nicht dicker als Pferdehaar, und dennoch, ebensowohl als der Stamm, bis an ihre äusserste Spitze mit einer dicken rothen Polypenrinde überzogen, welche längliche Pores haben, die an ihren Mündungen weislich sind. Die Holländer nennen sie Zeedenneboom.

Das Horz ist hornartig, schwarzbraun, gestreift und dornig. Diese Dornen entstehen von den abgebrochenen Borsten, welche an ihren Spitzen braunroth und durchsichtig sind.

12. Die Seeeiche. Gorgonia setosa.

12. Seeeiche. Setosa. Diese führet den Namen Zee-Pynboom, welches eigentlich Seefichte wäre, allein sie ist schon unter dem Namen Seeeiche bey uns bekannt. Der Wuchs ist fast, wie an der vorigen beschaffen, nur sind die Zweige rund und nicht so dünne, die Rinde liegt etwas gedruckt und in die Breite daran, und die Farbe derselben ist weißlichgrau und violet. Herr Pallas nennet sie Gorgonia acerosa No. 105. In Engelland heißt sie die lange Seefeder, (large Seafeather,) denn sie wird, besonders im mittelländischen Meere vier bis fünf Schuh lang. Die Pori in der Polypenrinde sind sehr groß.

Olear Gottorf. Kunstkamm. Tab. XXXV. fig. 1.
Beßler Mus. Tab. 24. Quercus marina Theophr.

13. Die Petechiencoralle. Gorgonia petechirans.

Eine gewisse Horncoralle, die einigermassen gabelförmig in die Höhe wächst und sehr ästig ist, wird deswegen die Petechiencoralle genennet, weil die Rinde, die zwey Furchen hat, mit vielen kleinen rothen Flecken besetzt ist, dergleichen sich in bösartigen Fleckfiebern zeigen, und die man die Peterschen zu nennen pfleget: Diese rothe Flecken aber sind die Mündungen der warzenförmigen Poren, die sich in großer Menge in der gelben Rinde befinden. Das Holz ist dünn, hart, und schwarz, und an den Enden bernsteinartig durchsichtig. Der Herr Pallas, der der Urheber der Benennung ist, hat davon ein fast zwey Schuh hohes Exemplar in dem Gaubischen Cabinet in Leiden, aus dem übergebliebenen Boerhavischen Corallenvorrathe gefunden. 13. Petechiencoralle. Petechirans.

14. Der Seekamm. Gorgonia pectinata.

Aus den Indien wird noch eine besondere Art gebracht, welche man in Holland Kamkoraal nennet, weil die Aeste an der einen Seite mit ihren steifen Seitenzweigen einem Kamm ähnlich sehen. Es gehen nämlich, wie Herr Pallas nach einem gewissen Exemplar in dem Cabinet des Prinzen von Oranien, berichtet, aus einer Wurzel verschiedene runde, vor sich hangende Aeste hervor, die an der einen Seite, die Höhe hinan, mit einzelnen, langen, geraden, gleichbreiten Aesten, die in eine scharfe Spitze ausgehen, besetzt sind. Das Holz ist steif, mürbe, weißlich, und an dem Stamme nach der Oberfläche zu bräunlich. Die Rinde ist kalchartig, zerreiblich, und klaft fast allenthalben 14. Seekamm. Pectinata.

ben durch hervorragende Poren. Diese Art kommt selten vor.

15. Der Seewedel. Gorgonia ventalina.

15. Seewedel. Ventalina. Unter den Horncorallen nehmen sich diejenigen gewiß recht schön aus, welche eine fecherförmige Gestalt haben, die aus einem netzartigen Gewebe durch Verästungen entstehet, indem die Hauptäste durch sehr viele Queerästchen netzartig miteinander verbunden werden. Ob es nun wohl vielerley Arten derselben giebet, so kann man sie doch nach dem Linneischen System nirgends, als zu dieser und der folgenden Art ordnen.

Es macht aber der Ritter zwischen dieser und der folgenden Art diesen einzigen Unterschied, daß die jetzige von aussen an beyden Seiten plattgedruckte oder flache Aeste und eine rothe Rinde habe, die folgende aber an ihren Aesten in der Tiefe, oder nach den Seiten der nebeneinander liegenden Aeste zu gedruckt, und mit einer gelben Rinde versehen sey. Wohin aber sollen denn diejenigen gehören, deren Aeste ganz rund sind? und wie unmöglich ist es, alle noch übrige Arten der Horncoralle unter diese zwey Arten als Verschiedenheiten unter zu bringen? Es wird auch also hievon in dem Supplementsbande eine Nachlese nöthig seyn.

Diejenige Art inzwischen, welche der Ritter hier vorzüglich erinnert, ist eine Horncoralle mit plattgedruckten Aesten, und einem netzartigen Ansehen. Sie wächst groß, unregelmäßig, doch im äussern Umfange mehrentheils rund, mit einem dünnen Stamme, der sich aber gleich in Aeste zertheilet, die sich durch allerhand Krümmungen gegeneinander wenden, und dahero unregelmäßige

große

große und freye Maschen machen. An alten Exemplarien ist das Holz fast schwarz, an jüngern braun. Die Rinde ist dunkelroth, kalchartig und mürbe. Die Zellen sind in selbiger kelchförmig, die mit offenen Mündungen an allen Seiten klaffen, daher sie gleichsam warzenförmig erscheinen. Kleine Exemplaria haben fast viereckige Maschen, die größern sind mehr unregelmäßig, und viele haben nicht einmahl schliefende oder feste Maschen, sondern die Nebenästchen, die nicht mit den andern verwachsen sind, senken sich nur den andern entgegen, so daß eine netzartige Gestalt mit weiten Maschen heraus kommt.

Der Aufenthalt dieser Seewedel ist in dem indianischen Meere, und Rumpf berichtet, daß es einfache und doppelte gebe, einige haben eine dunkelrothe, andere eine schwarze sandige Rinde, die einfachen werden wohl vier Schuh hoch, die doppelten kaum eine Spanne lang, und gehören dann wohl als eine Verschiedenheit unter dem Namen:

* Seenetz. Gorgonia reticulum.

Seenetz. Reticulum.

bemerket zu werden. Sie haben vielerley gegeneinander gesetzte Flächen, mit schöner warzigen zinnoberfärbigen Rinde, und einem schliessenden feingestrickten Netz, mit viereckigen kleinen Maschen, doch können die Polypen diese Filet nicht so accurat als unsere Dames stricken, indem eine Masche lang, die andere kurz, eine breit, und die andere schmal ist. Die Zinnoberfarbe lässet sich durch die Sonne ausbleichen, und dann sind sie weiß. Das Holz der Aestchen ist nicht dicker als grober Zwirnsfaden, und man findet diese Art, die auch Seebouquette genennet werden, in beyden Indien.

Knorr. Delic. Tab. A. XII. fig. 2.

16. Der Seefecher. Gorgonia flabellum.

16. Seefecher. Flabellum.

Nach des Ritters Beschreibung kommt nun hier diejenige Art vor, deren Aeste an den Seiten gegeneinander zu plattgedruckt sind, so daß sie an beyden Flächen des ganzen Gewächses scharfe Kannten machen. Ihr fecherförmiges Gewebe bestehet erst aus drey, vier, oder mehrern Fingerdicken und allmählig in eine feine Spitze auslaufenden, und wie die Stäbe in den Fechern nebeneinander aufschiessenden, und sich oben weittrennenden Hauptstämmen. Zwischen diesen steigen allenthalben ganz dünne, seitwerts plattgedruckte parallele, und senkrecht stehende Zweiglein, wie lange Späne hervor, diese werden nun durch Querfäden allenthalben aneinander geküttet, so daß zwischen beyden allenthalben etwas längliche Vierecke durchsichtig bleiben, und also das ganze Gewächse einem durchbrochenen Netze gleichsiehet. Die Hauptäste sind der Länge nach gestreift, braun oder schwarz, und vereinigen sich in einem dicken Stamme, welcher auf einem sehr breiten lederartigen, inwendig holzig-faserigen Wurzelstück auf den Klippen feste stehet. Die Rinde ist ein kalchiges Wesen, mehrentheils gelblich, oder grau weiß, oder auch von untenauf mit einer schönen Purpurröthe oder Rosenfarbe durchzogen, welches vielleicht im frischen Zustande die Hauptfarbe seyn mag. Auf dieser Rinde siehet man unzählige Poros reihenweise stehen, jedoch bemerket man durch das Vergrößerungsglaß in diesen Rinden, so wie in der Farbe, also auch in den Poris gewaltig abweichende Verschiedenheiten.

Der Aufenthalt ist in beyden indianischen Meeren, und wir erhielten daher Exemplare von einem bis zu fünf Schuh hoch und breit.

Knorr. Delic. Tab. A. XII. fig. 1.
Tab. A. XIII. fig. 2.

Der Herr Ellis giebt sich große Mühe, an einem Exemplar zu zeigen, wie dieses Seeproduct von Thieren gebauet sey, weil eine solche gebrochene Horncoralle wieder aneinander geküttet, und also im Stande wäre gehalten worden; gerade, als ob im ganzen Pflanzenreiche keine Exempel wären, daß zerbrochene Aeste durch einen alsdann desto häufiger heraustretenden Saft sich wiederum miteinander verbunden hätten.

Ellis Tab. XXVI. fig. K.

Inzwischen zeiget sich nicht an allen Exemplarien, daß die hinaufsteigenden Aeste platt gedruckt sind, denn es giebt viele, deren Aeste ganz rund sind,

Knorr. Delic. Tab. A. XIII. fig. 1.

Vorzüglich aber haben wir eine kohlschwarze Art sehr merkwürdig gefunden, wo allenthalben das Netz mit Knoten beleget ist, als ob es ein geflicktes Netz wäre, welchen Umstand wir nicht anders zu erklären geneigt sind, als daß diese Gewächse von gewissen Seewürmern durchfressen, oder angenaget worden, und daß darauf der heraustretende schleimige oder gallertartige Saft (der neueren Naturforscher ihre Polypen,) sich an allen beschädigten Oertern ergossen, und also die Knoten, (wie solches auch an andern Pflanzen geschiehet,) gebildet habe.

Wenigstens ist aus den Rumphischen und andern Berichten deutlich, daß die Zeewaajers, oder Meereminnewayers, welches die Wedel und Fecher sind, unter dem Wasser einen schleimigen gallertartigen Ueberzug haben, und die mannichfaltigen Verdoppelungen der Blätter, die man an vielen Exemplarien wahrnimmt, zeigen auch den frechen Wachsthum dieser Horncoralle ganz klar. Das übrige, was noch bey diesem Fache anzuführen und zu erinnern wäre, sparen wir bis zum Supplementsbande.

---

342. Geschlecht. Seekork.

Zoophyta: Alcyonium.

Es ist sehr undeutlich, was die Alten veranlasset habe, den in diesem Geschlechte vorkommenden Seeproducten den Namen Alcyonium beyzulegen. Gemeiniglich wurden die Eißvögel damit belegt, als welche sich gerne am Meere aufhalten. Siehe den zweyten Theil pag. 236. Der Herr Houttuin behält das Wort, und nennet diese Geschöpfe Alcyonien, der Herr Boddaert aber macht Seeschaum daraus; holländisch Zeeschuim, da nun die erste Benennung allezeit den Deutschen dunkel ist, und letztere ganz und gar wider die Eigenschaft dieser Geschöpfe streitet, so wählen wir den Namen Seekork, indem das Bestandwesen der Alcyonien, wenn es getrocknet ist, einem faserigen korkartigen Wesen am besten zu vergleichen ist. Geschl. Benennung.

Dieses weiche korkartige faserige und mehrentheils graue Wesen, das von aussen mit einer lederartigen Haut überkleidet, und mit Poris von verschiedener Art und Größe durchzogen ist, bildet sich bald als dicke Rinden, bald als die Baum- oder Waldschwämme und Hirschbrunst, bald als ein Gebüsche, oder auch als Massen mit Warzen, Fingern, Stumpfen und dergleichen, ja die Verschiedenen Gestalten sind oft so sonderbar, daß man sie mit nichts vergleichen kann, wie denn auch ihr inneres Bestandwesen zusamt den inneren Bau erstaunlich voneinander abweicht, so daß sich nicht viel Allgemeines davon sagen lässet.

Geschl. Kennzeichen. Die Kennzeichen sind also nach dem Ritter diese: daß es ein gewurzelter Stamm sey, der faserig, und mit einem lederartigen Rock überzogen ist, (welches letztere die Alcyonien vorzüglich von den Meerschwämmen unterscheidet.) Innerhalb diesem Stamme soll sich ein Polypus ausbreiten, und durch gewisse Poros ausserhalb dem äussern Rocke hervorkommen, oder wie Herr Pallas sagt, es sey ein vegetabilisch wachsendes Thier, welches einen angehefteten, knorpelartigen, inwendig mit vielen Poris besetzten Stamm hat, dessen Rinde hart und mit warzigen, einigermassen gestirnten Mundöfnungen versehen ist, aus welchen die Polypen zum Vorschein kommen, welche Eyer legen, und ihre mit Haaren besetzte strahlige Arme haben.

Es sind aber folgende zwölf Arten zu merken:

1. Der Korkbaum. Alcyonium arboreum.

1. Korkbaum. Arboreum. Dieses Geschöpfe hat seine Benennung von der baumförmigen Gestalt, worinne es wächset. Mehrentheils scheinet es einem alten verstümmelten Stamm mit abgehauenen Zweigen ähnlich zu seyn, denn die heraustretenden Aeste sind stumpf, und die Oberfläche ist mit warzenförmigen Poris besetzt. Die Länge steiget zuweilen bis auf sechs Schuh, und die abgestumpften Spitzen zeigen sich fingersdicke, doch diejenigen, die eine Höhe von zwey bis drey Schuh haben, sind gemeiner, und da ist oft der Stamm untenher schon armsdick. Die äussere Haut ist dunkelroth und voller Bläschen, die zuweilen klaffen, die innere Substanz ist korkartig, und sehr porös. Die Pori laufen der Länge nach, und haben mit den äussern Poris Gemeinschaft,

Getrocknete Exemplaria, dergleichen Tab. XXVII. fig. 1. zu sehen ist, schrumpfen gerne etwas zusammen, quellen aber im Wasser wieder auf, und sinken dann, wann sie getränket sind. In den klaffenden Poris siehet man alsdann ein schleimiges Wesen. Das, sagen uns die neuern Naturforscher, war der Polypus, und wir geben es für den zusammgetrockneten gelatinösen und organisirten Pflanzensaft aus, der allen Meergewächsen eigen ist, und davon die Spuren fast in allen harten und weichen Corallen gefunden werden. Der Aufenthalt ist in den Tiefen des **nordischen** und **indianischen** Meeres. Tab. XXVII fig. 1.

2. Der Fingerkork. Alcyonium exos.

Der Stamm siehet wie ein abgestumpfter Arm aus, oben auf denselben kommen abgestumpfte Finger zum Vorschein, doch verändert sich diese Gestalt mannichfaltig. Die Oberfläche ist sehr rauh, röthlich, oder auch rostfärbig, und sowohl das eine als das andere hat die anderweitigen Benennungen veranlasset, die man diesem Meergewächse giebet, als **Seehand**, Main de Larron, Main de Ladre, **Grindhand**, und dergleichen. Es wächset gerne auf zerstreueten Steinen und Muscheln in einer Tiefe von vierzig bis funfzig Kalfter. Der Fuß ist insgemein weiß, das übrige ziehet sich ins rothe. Die Rinde scheinet eine Zusammenhäufung von Drüsen zu seyn. Die innere Substanz ist einem holzigen Mark gleich, welcher mit einer sehr scharfen milchigen Feuchtigkeit durchdrungen ist, und was könnte diese Feuchtigkeit wohl anders beweisen, als daß es ein thierisches Mark sey. Gewiß unsere Esula oder Wolfsmilch hat wohl Ursache zu klagen, daß man sie nicht auch in den Thierstand erhoben hat. 2. Fingerkork. Exos.

Inzwischen ist die weisse Feuchtigkeit nicht der einzige Beweiß, den man für die thierische Natur dieses Products angiebt, man beruft sich auch auf die allenthalben aus der Oberfläche hervorkommende Polypen. Es sind nämlich cylindrische weisse Fühlerchen, welche die Länge von zwey Linien, und die Dicke von einer halben Linie haben, am Ende aber mit acht weissen fleischigen Fasern versehen sind. Diese Fühlerchen strecken sich aus, und ziehen sich wieder ein, und eben durch das hin und her rutschen der acht fleischigen Fasern, bleiben in der übrigen Masse so viele sternförmige Figuren zurücke, welches die Polypenzellen sind. Gerade als ob die Entstehung einer Sternfigur auf eine andere Art unmöglich wäre. Welche Polypen machen denn die mancherley schönen Sterne der Blumen- und Saamencapseln im würklichen Pflanzenreiche?

Uebrigens sind die Stämme drey Zoll lang, und einen halben Zoll dick, fast rund, inwendig voller langen Köcher, auf diesem Stamme wachsen fünf, sieben, bis neun breite Finger, die wiederum andere Stümpfchen abgeben. Die ganze Masse ist auswendig lederartig, und da inwendig nichts hartes oder knochiges anzutreffen ist, so wurde diese Art schon vom Bohadsch Penna exos genannt. Der Aufenthalt ist im mittelländischen Meere.

Schäfer Polyp. 1755. Tab. 3.

3. Der Federkork. Alcyonium epipetrum.

3. Federkork. Epipetrum. Die Gestalt lässet sich etwa mit einem fingerdicken, unten etwas zugespitzten Federkiel vergleichen, und weil es auf Klippen wächst, so hat der Ritter es mit dem griechischen Namen Epipetron belegt. Der Herr Pallas nennet es Pennatula

natula Cynomorium No. 221. welche Benennung vom Ellis aus dem Michelius angeführet worden, der eine gewisse Art Schwämme auf der Insel Maltha mit diesem Namen belegt hatte.

Man kann eigentlich nicht sagen, daß es allezeit eine Finger- oder kielförmige Gestalt habe, denn es gibt auch dicke, die fast rund sind, und gleichsam einen länglichen Bovist auf einen verengerten Stiel vorstellen, durchgängig von aschgrauer Farbe.

Ein Exemplar von dem Ellis ist Tab. XXVII. fig. 2. zu sehen. Daselbst siehet man ausser der stumpfen fingerförmigen und unten zugespitzten Gestalt, auch an dem oberen Theile die Poros, mit ihren sehr lang hervorragenden achtstrahligen mit Haarfasern oder federigen Armen besetzten Polypen. Sie sind recht schön und deutlich gemacht, daß man sie ja recht sehen soll. Allein das Exemplar, welches der Herr Pallas abgebildet hat, bestehet verhältnismäßig in ungleich kleinern und weit anders gebildeten Polypen, deren Arme mehr blumenblätterartig sind. Er glaubt auch, daß dieses ganze Alcyonium seinen Platz verändern könne, und daß dessen Polypen eine willkührliche Bewegung haben. Untenher, wo sich das Gewächse verdünnet, befinden sich Runzeln und Wärzchen. Die innere Substanz ist schwammig, mit Köchern durchzogen, und giebt aus einem gemeinschaftlichen Bande Fasern, nach dem Umfange zu ab. Der Aufenthalt ist in dem mittelländischen Meere. Tab. XXVII fig. 2.

4. Die Korkniere. Alcyonium agaricum.

4. Korkniere. Agaricum.

Dieses Gewächse stehet auf einem dratförmigen Stiele, und ist am obern Ende, oder an der

Kolbe, nierenförmig. Der Herr Ellis rechnet es unter die Seefedern, so wie es auch bey Herrn Pallas Pennatula reniformis genennet wird, der Ritter hingegen vergleicht die Gestalt mit einem Schwamm. Die Worte, womit Herr Ellis, der dieses Seeproduct aus Südcarolina bekam, dasselbe beschreibet, lauten also:

„Dieses schöne purpurfärbige Thierchen hat „die Gestalt einer plattgedruckten Niere. Der „Körper ist fast einen Zoll lang, und einen halben „Zoll dick. Es ist mit einem kleinen runden, einen „Zoll langen Schwänzchen versehen, welches aus „der Mitte des Körpers tritt. Dieses Schwänz„chen ist nach Art der Erdwürmer, von einem En„de bis zum andern geringelt, und führet in der „Mitte des obern und untern Theils ein kleines „Grübchen, das von einem bis zum andern Ende „fortlauft. In dem untern Ende dieses Schwänz„chens ist so wenig als in andern pennatulis eine „Oefnung zu finden gewesen. Der obere Theil „des Körpers ist erhabenrund, und etwa einen „Viertelszoll dick. Die ganze Oberfläche ist mit „kleinen sternförmigen Oefnungen bedeckt, aus „welchen sich kleine Sauger wie Polypen hervor „thun, davon jeder sechs Fühlerchen oder Fasern „hat, dergleichen man auf gewissen Corallen „wahrnimmt, die auch die eigentlichen Mündun„gen dieser Thierpflanzen zu seyn scheinen. Der „untere Theil des Körpers ist ganz flach, und diese „Oberfläche ist voller Verästungen von fleischigen „Fasern, welche sich von der Einsenkung des „Schwanzes an, als aus einem gemeinschaftlichen „Mittelpuncte, allenthalben ausbreiten, so daß sie „mit den gestirnten Oefnungen des obern Randes, „und der ganzen obern Fläche dieses ungewöhnli„chen Thieres Gemeinschaft haben."

Boddaerts Pallas Tab. XII. fig. 5.

Ellis act. angl. vol. 53. p. 427. t. 19. fig. 6—10.

5. Die

5. Die Mannshand. Alcyonium digitatum.

5. Mannshand. Digitatum.

Wenn wir sagen, daß dieses Seegewächse länglich, runzelich, lederartig, und mit stumpfen Fingern versehen, dabey aber von blaß aschgrauer Farbe ist, so wird ein jeder nicht nur die Ursache obiger Benennungen einsehen, sondern auch, warum es bey den Engelländern die todte Manns-hand, oder Mannszähen, und bey Herrn Baster: alte Mannsdaumen, (Oude Mans-Duimen,) heißt. Pallas hingegen führet es unter dem Namen Alcyonium lobatum, oder Lappenalcyonium an, welches der Herr Houttuin durch Kwabbige alcyonie ausdruckt. Es wird in dem europäischen, und besonders nordischen Meere gefunden, wo man platte Massen, ohne Stiel antrift, welche, wenn sie noch naß und frisch sind, über dreyßig Pflund wiegen, denn die ausgetrockneten Exemplaria in den Cabinetten sind sehr leicht. Die Oberfläche ist mit warzenförmigen Mündungen, die eine Sternfigur haben, besetzt. Aus diesen Sternchen kommen Polypen zum Vorschein, deren Arme haarig oder faserig sind, denn diese Art ist eben diejenige, in welcher der Herr Jussieu zum erstenmal hinter die wichtige Entdeckung kam, daß die einwohnenden und mit ihren Armen hervortretende Körperchen nichts als Polypen, und folglich ohnstreitige Thierchen seyen, welches dann der Herr Ellis nach seinem Gesichtspunct noch deutlicher dargethan: denn er schnitte dieses Alcyonium durch, und fand daß es in lauter Köchern bestand, welche wieder andere Köcher als Nebenzweige abgaben, und alle bis in die gestirnte achtstrahlige Oefnungen giengen. In jeder dieser Oefnungen fand er einen Sauger, oder polypenartigen Körper mit acht Armen, die an der innern Seite eines jeden Köchers mit acht zarten Fasern befestiget waren,

waren, vermittelst welcher sie sich hervor stossen oder zurücke ziehen konnten. Alle besagten Köcher des ganzen Alcyoniums, waren durch ein faseriges netzartiges Gewebe miteinander verbunden, und in diesem Gewebe lag ein gallertartiges Bestandwesen, welches Herr Ellis für das Thier, das faserige Wesen aber für die Nerven oder vielmehr Sennen desselben hält, indem das Thier durch diese Sennen die Oberfläche der Sterne öfnen und schliessen, die Sauger oder Fühlerchen hervorstrecken oder einziehen, und durch selbige seine Nahrung suchen und sammlen konnte. Ja er meynte sogar ihren Saamen oder Eyerchen entdeckt zu haben.

Der Herr Pallas thut noch hinzu, daß diese Polypen etwas träge sind, und im Weingeist gleich ausgestreckt ersterben, welches letztere jedoch auch bey andern Polypenarten, die ganz munter sind, statt hat.

Ellis Corall. Tab. XXXII. fig. 2. A. 1. 2. 3.

Bey dieser Gelegenheit aber ist doch auch noch zu erwegen, daß es allerhand Verschiedenheiten dieses Alcyonii gebe, welche in der Gestalt und im Gewebe von einander abweichen, und alsdann andere Namen bekommen, als:

* Der Korkschwamm. Alcyonium spongiosum.

Kork-schwamm. Spongiosum. Tab. XXVII fig. 3.

Von dieser Art ist Tab. XXVII. fig. 3. eine Abbildung gegeben. Es ist gleichsam zwischen den Alcyonien und den Schwämmen des folgenden Geschlechts eine Mittelgattung, und kommt mit obiger No 2. ziemlich überein. Man nimmt keinen Stiel daran wahr, und das Gewächse macht verschiedene ästige Lappen, die von aussen mit einer staubi-

staubigen Wolle belegt sind, welche sich wie geblümt zeiget. Die Farbe ist gelblich grau. Es ist handbreit hoch, und noch einmal so breit. Es kommt aus den Indien, und ist des Herrn Pallas Spongia floribunda, No. 224.

* Die Korkwarze. Alcyonium mammillatum.

Ferner erwehnet der Rumpf gewisser fleischiger warzenartiger Auswüchse, welche sich in verschiedener Gestalt zeigen, und ein zähes sennenartiges Bestandwesen haben, davon etliche wie ein gerunzeltes Stück Fleisch, wieder andere fingerförmig aussehen. Sie sitzen in den Indien auf den Klippen unter dem Wasser feste. Inwendig haben sie ein Gewebe von aderigen und mit Wasser gefüllten Röhren. Wenn man sie angreift, sind sie schleimig, und bewegen sich etwas, verursachen aber ein Jucken in der Hand, welches jedoch fast die meisten Seekörper und corallinischen Gewächse thun. Von diesen berichtet besagter Schriftsteller, daß er einige aufgeschnitten habe, die inwendig blaßroth, und wie Fleisch aussahen, auch sich noch einige Zeit bewegten. In der Sonne aber schrumpfen sie zusammen, und werden so hart wie Leder. Korkwarze. mammillatum.

* Der Asbestkork. Alcyonium asbestinum.

Dieses fingerförmige Seeproduct ist inwendig rosenroth, und von einem ganz andern Bestandwesen als auswendig; denn auswendig ist die Masse, welche große lange, runde Poros hat, faserig und gleichsam strahlich, so wie die Asbestfasern anzusehen sind, an deren Spitzen oder Pfeilchen, welche Herr Houttuin salpeterartig zu seyn schätzet, Boccone ehedem durchsichtige Kügelchen gesehen. Die Asbestkork. Asbestinum.

Farbe

Farbe ist auswendig röthlichweiß, und das Vaterland ist America.

* Der Seesplint. Alcyonium alburnum.

Seesplint. Alburnum. Endlich findet man noch ganze Gebüsche von fingerdicken ästigen Stämmen, die einen halben Schuh hoch werden, und theils gerade stehen, theils gebogen sind. Alle diese stämmige Aeste laufen jeder in eine kelch- oder cylinderförmige Röhre aus. Das Bestandwesen ist etwas mürber als Kork, inwendig der Länge nach mit Höhlungen, und einem cylindrischen Canal in der Mitte versehen, der sich durch jeden Stamm bis an die Spitzen ausbreitet. Die Farbe ist weiß wie Milch, daher sie auch mit dem Alburno der Pflanzen oder Bäume verglichen wird, welches an einigen Oertern Splint; holländisch Spint genennet wird, und der Herr Pallas macht den fertigen Schluß, daß sich aus den länglichen Höhlungen neue Aeste bilden, welche alsdann wiederum neue, polypenführende Röhrchen geben, aus welchen Spitzen endlich die Polypen hervorkommen. Man findet dieses Product in dem Indianischen Meere.

6. Der Fleischkork. Alcyonium Schlosseri.

6. Fleischkork. Schlosseri. Der berühmte Herr Doctor Schlosser ließ einmal beym Cap Lezard, ohnweit Falmuth, durch gemiethete Fischer nach dem kleinen englischen Corall, oder des Ray Corallium nostras suchen, statt dessen zogen die Fischer zuerst eine fleischige Substanz auf, welche um den runden Stamm eines andern Seegewächses saß. Sie war hart, über einen Zoll dick, hellbraun oder aschgrau, und auf der ganzen Oberfläche mit goldgelben glänzenden Sternchen besetzt, und eben diese

Art

Art hat deswegen obige Benennungen erhalten, und wird von dem Ritter also beschrieben:

Das Bestandwesen ist fleischig, bräunlichblau und mit einer zarten Oberhaut bedeckt. Die Sterne sind zerstreuet, groß, und von einander unterschieden, ragen unter der Oberhaut kaum hervor, und scheinen einer Madrepore ähnlich zu seyn. Sie haben einigermassen eine Fleischfarbe, führen sechs bis zehen gleiche Strahlen, die an der Wurzel oder am Boden zusammen kommen, und daselbst mit einem Loche durchbrochen sind. Der Herr Schlosser beschreibt die Sterne, daß sie aus vielen dünnen hohlen Strahlen bestehen, und eine birnförmige Gestalt haben. Jeder Strahl sey am Ende bey dem Umfange breit, und in der Mitte erhabenrund. Er hielte selbige für eine Polypenwohnung, sie kamen aber nicht zum Vorschein. So lange aber dieses Thier lebte, sahe er doch in jedem Stern eine Oefnung, die sich zusammenzog und wieder öfnete, und an dem Boden derselben einige Fasern, die sich bewegten. Die Sterne waren einander in Farbe und Gestalt sehr ungleich, doch ihr innerer Bau, der Strahlen nämlich, und der Mündung, kam miteinander überein. Der Herr Ellis fand die Zwischenräumchen zwischen den Sternen mit lauter Eyern von allerhand Größe angefüllet, die alle an einer Seite durch eine feine Faser befestiget waren. Diese Eyer waren rund, so lange sie klein sind, wurden aber bey fernerem Wachsthume länglich, wie die Sternstrahlen, und er glaubet endlich, jeder Strahl sey ein besonderes Thier aus sich selbst. Der Herr Pallas hingegen, hält das ganze für ein einziges Thier, und die Sterne und Strahlen nur für Werkzeuge, wie etwa die Strahlen oder Stachel der Meeräpfel auch nun als Theile zu einem ganzen gehören.

In-

Inzwischen rechnet Herr Pallas noch zwey andere Alcyonien hieher, nämlich ein grünes, und ein umberfärbiges, beyde mit gelben Sternen, sodann ein rothes und gallertartiges mit madreporenartigen Sternen, aus dem nordischen Meere.

7. Die Seepomeranze. Alcyonium lyncurium.

7. Seepomeranze Lyncurium. Die Lyncurier sind im Steinreiche eine Art gelber Chalcedon, die auch wohl in rauhen Kugeln angetroffen werden. Da nun gegenwärtige Alcyonienart ein kugelförmiges, faseriges, gelbes, und warziges Gewächse ist, das zwar anfänglich festsitzet, hernach aber durch die Wellen loßgerissen wird, und wie ein Ballen in dem africanischen und mittelländischen Meere herum schleudert; so sind obige Benennungen diesem Meerproducte nicht unschicklich gegeben worden, denn Herr Pallas nennet sie Alcyonium aurantium, No. 210, und die Holländer Zee-Oranje-Appel. Ein dergleichen durchgeschnittenes Exemplar wird in der Abbildung Tab. XXVII. fig. 4. vorgezeiget.

Tab. XXVII fig. 4.

Auf dem Durchschnitt nimmt man holzige korkartige Fasern wahr, die sich aus der Mitte nach dem Umfange senken, und daselbst durch kleinere Fasern in die Oberfläche dringen, in welcher Marsigli Poros, und Donati Warzen gefunden, die nun beyde in ausgetrockneten Exemplarien vergeblich gesucht werden, und vielleicht giebt es auch Verschiedenheiten dieser Art. Nach dem Marsigli sehen die innern Fasern wie Federalaun aus, und die Pori der äussern Haut zeigen sich unter dem Microscop sternförmig. In der Destillirung gaben sie dreyßig Gran flüchtig alcalisch, und zwanzig Gran anderes irrdischschmeckendes, und gar nicht riechendes Salz ab, wodurch ein Decoct von

Mal-

Malvenblumen, Schmaragdgrün, und mit Zusatz von Salpetergeist, rubinroth wurde.

Donati sagt, daß sie ganz frey im Meere wüchsen, und sich endlich an einen andern Körper festsetzten, da sie denn Thierpflanzen würden. Plancus hingegen sagt, sie seyen erst fest, und würden dann loßgerissen. Das letztere hat seine Richtigkeit. Man hat sie in der Größe einer Faust, mehrentheils etwas länglichrund, und an einem Ende etwas platt.

8. Der Seebeutel. Alcyonium bursa.

Der Seebeutel; holländisch Zeebeurs, (jedoch vom Herrn Boddaert in seinem Pallas weniger schicklich Meloendistel genannt,) ist ein runder Apfel, dergleichen viel an den Ufern des mittelländischen Meeres, der Nordsee und im Canal zwischen Engelland und Frankreich gefunden werden. Die Größe ist wie ein Rubinerapfel, und die Farbe grün. Sie geben etliche Fasern ab, womit sie irgendwo befestiget sind. Ihr inneres Gewebe bestehet aus vielen Fasern, welche mit der äusseren, einen Achtelszoll dicken Rinde, Gemeinschaft haben. Das übrige innere Bestandwesen ist breyartig, und voller eingesogenen Seewassers, so daß sie im frischen Zustande wohl anderthalbe Pfund wiegen, aber getrocknet, sind sie leicht, werden oft schwarz, und lassen ihre inwendige Substanz durch ein schwarzes Pulver fallen. Nach dem Herrn Pallas ist die Oberfläche mit runden Wärzchen besetzt, die nahe beysammen stehen, und mit Strahlen blühen, und Marsigli berichtet, daß, als er einen solchen Körper aufschnitte, derselbe eine Bewegung machte, als ob er beseelet wäre. An der einen Seite zeiget sich eine

8. Seebeutel. Bursa.

eingedruckte Falte, daher der Name Seebeutel entstanden.

9. Der Seeball. Alcyonium cydonium.

9. Seeball Cydonium. Nach der Linneischen Benennung sollte dieses Alcyonium Seequitte, und nach dem Herrn Pallas, der es Alcyonium Cotoneum No. 211. nennet, Cotton oder Baumwollenball heissen. Erstere Benennung ist von der Grösse und Gestalt, worinn sie gemeiniglich gefunden werden, genommen worden, wiewohl man auch Bälle, so groß wie ein Kopf, ja anderthalbe Schuh dick, antrift, letztere Benennung zielet auf das innere verworrene Gewebe, welches sich mit den Cottonbällen, oder schwammartigen Korkklumpen, am besten vergleichen liesse. Ueberhaupt aber gehören hier wohl alle sogenannte Pilae marinae, oder Seebälle der Schriftsteller hieher, die bald länglich, bald ganz rund, und in verschiedener Grösse, im mittelländischen Meere, am Vorgebürge der guten Hofnung, in Ostindien, und in America, ja fast im ganzen Weltmeere gefunden werden.

Das Bestandwesen dieser Seebälle ist breyartig, auswendig gelb, inwendig roth, mit weissen Faden und Fasern, wie Asbestfasern, wunderbar durchflochten, nicht übelriechend. Sie sitzen mit einigen Fasern an andern Körpern fest, sind mit einer kleberigen anziehenden Gallert, die ein Jucken verursacht, überzogen, werden durch die Bewegung des Wassers von ihrem Grundsatze loßgerissen, und herumgeschleudert, und scheinen, wenn sie getrocknet sind, nichts anders als schwammige, korkartige, durchlöcherte Klumpen zu seyn, die ein bimsensteinartiges Gewebe haben, und dann bockig riechen. Die Oberfläche ist im frischen Zustande voller Löcher, die einen stachelichen, (vielleicht strahli-

strahligen,) Rand haben, aus welchem beständig ein Schleim hervortritt, als ob (wie Rumpf spricht,) einiges Leben darinne wäre. Diese schleimige, breyige Substanz schmelzet in offener Luft wie ein Wasser weg, und verlieret seine Klebrigkeit, da denn ein harter Cottonballen übrig bleibet, der nun für das Nest oder den leeren Balg des ehemahlen darinnen wohnhaften Polypen gehalten wird. Ja! wer weiß, wie wohl die Polypen aussehen mögen, die in dem sibirischen Schaafen, und in den Gänsemägen, ähnliche Bälle machen.

10. Die Seefeige. Alcyonium ficus.

Die äusserliche Gestalt und Größe dieser Alcyonien des mittelländischen und europäischen Meeres rechtfertiget obige Benennungen, wiewohl man auch Körner, wie Feigenkerne darinne findet. Das Bestandwesen ist auswendig olivenfärbig, inwendig etwas dunkler, fleischig und übel riechend. Die besagten Saamenkernchen sind gelblich, liegen in länglichen Säckchen, welche nach der Oberfläche am Ende in ein Sternchen ausgehen. Mitten durch diese Säckchen lauft ein Canal, voll gelber leimiger Feuchtigkeit. Ob nun diese Kernchen die Eyer der Polypen sind, oder ob es die Speisen seyn sollen, die daselbst gleichsam als in einem Magen stecken, das wußte Herr Ellis nicht zu entscheiden, inzwischen giebt er von dem äussern und innern Bau eine gute Abbildung.

10. Seefeige. Ficus.

Ellis Corall. Tab. XVII. fig. b. B. D. C.

11. Die Seegallert. Alcyonium gelatinosum.

11. Seegallert. Gelatinosum. Tab. XXVIII fig. 1.

An den europäischen Fucis, Tang oder Meergräsern wird sehr häufig ein gallertartiges Wesen angetroffen, welches stumpfe Hervorragungen hat, die durchbohret sind. Mannichmahl zeiget es sich nur als ein Ueberzug, bald in runden oder lappigen Massen, bald aber als ein ordentlich ästiges Gewächse, dergleichen Tab. XXVIII. fig. 1. abgebildet ist. In der Hauptsache kommen sie darinne überein, daß sie grünlich oder aschgrau durchsichtig, sehr weich, und wie eine Gallert beschaffen, auf der Oberfläche fein schuppig und durchlöchert, inwendig aber unregelmäßig gefleckt sind. Das Bestandwesen ist etwas fester als Froschlaich, und Herr Ellis hält es vor Laich von vielerley Art Conchylien. Ausgetrocknete Exemplarien schrumpfen sehr und unförmlich zusammen, doch in Spiritus behalten sie ihre ästige Gestalt. Zwischen Engelland und Frankreich ist diese Art so häufig im Meere, daß denen Fischern dadurch die Netze verstopft werden, so wie solches auch wohl von ähnlichen Wasserproducten in den stillestehenden süssen Wassern geschiehet.

Ellis Coralle Tab. XXXII. fig. D.

12. Die Teufelshand. Alcyonium Manus diaboli.

12. Teufelshand. Manus diaboli.

An der Küste Islands und an der französischen Küste hat man weiche, vielfältig gebildete Massen gefunden, die mit kurzen Stumpfen oder warzigen Auswüchsen, als wie mit kurzen Fingern besetzt sind. Diese Finger sind am Ende in der Dicke einer Schreibfeder, bis zur Helfte durchbohrt.

bohrt. Die Rinde ist grau rostfärbig, wie gedürrtes Leder, und das innere Bestandwesen ist weich, wie etwa das Mark eines getrockneten Bovistschwammes. Aehnliche Alcyonien werden vom Marsigly Champignon de Mer genannt, und wir bekamen selbige öfters zwischen den Aesten der Madreporen und Milleporen, die wir aus America erhielten, angewachsen und getrocknet. In der äussern Gestalt aber giebt es sehr viele Verschiedenheiten.

343. Geschlecht. Meerschwämme.

Zoophyta: Spongia.

Geschl. Benennung. Wenn die aus dem Griechischen herstammende Benennung Spongia nicht zu bekannt wäre, so hätten wir hier desfalls Erläuterung zu geben, so aber ist diese Benennung auch in vielen andern europäischen Sprachen angenommen. Denn man sagt italienisch Spongia; spanisch Esponja; französisch Eponge; englisch Spunge; holländisch Spongie oder Spons. Nur wir Deutschen sagen Schwamm, weil wir aber auch unter diesem nämlichen Worte die Waldschwämme und Baumschwämme verstehen, so müssen wir uns mit einem Zusatze helfen, und sie Meerschwämme nennen, und wenn wir dann die Leser auf diejenigen Schwämme verweisen, die bey Materialisten und in den Apotheken verkauft werden, oder welche man braucht, um die Tische abzuwischen, so wird sich ein jeder bald vorstellen, von welchen Geschöpfen wir in diesem Geschlechte zu reden haben. Allein ein jeder wird sich wundern, wie diese Körper hier im Thierreiche vorkommen? Wir müssen dahero etwas von ihrer Geschichte sagen.

Aristoteles merkte schon an, daß sie sich in dem Meere auf eine Berührung gleichsam zurücke zögen, und folglich ein Leben haben müßten.

Plinius schreibet ihnen ein Gefühl zu, und sagt, daß es Thiere wären, die Blut hätten, die wenn

wenn man sie von den Klippen herunter schnitte, eine blutige Feuchtigkeit von sich liessen, ja sogar mit Gehöhr versehen wären, indem sie sich auf einen gewissen Schall zusammen zögen.

Marsigli sahe in den kleinen runden Löchern ein Zusammenziehen, und Erweitern, welches so lange dauerte, als das Seewasser in ihnen war.

Ellis nahm in dem Brodschwamm an der Küste Sussex ein ähnliches, in Gesellschaft des Herrn D. Solanders wahr.

Personell giebt Würmer an, welche nicht nur in einigen Meerschwämmen wachsen, sondern selbige auch würklich machen und verfertigen sollen, wiewohl er letztern Umstand nur vermuthet, und nicht beweiset.

Nun hat man zwar scharf nach Polypen geforscht, aber keine gefunden, obgleich die innere Feuchtigkeit der Schwämme ziemlich schleimig ist. Hier war also guter Rath theuer, denn es mußte doch ein Thier seyn, welches sich bewegt. Daß wir es also kurz fassen, so gieng die Meynung der neuern Naturforscher, und besonders des Herrn Ellis dahin, daß es ein ganz besonderes und eigenartiges Thier wäre, welches so zu sagen Athem holte, und durch seine röhrige Köcher das Wasser, und mit selbigen die Nahrung einschluckte, wie die Polypen auch thun. Wir wollen weiter hier nichts sagen, als daß es auch solche Thiere in unsern Gärten giebt, denn in der Hauptsache, betreffend die abwechselnde Bewegung der Schwämme, oder des Wassers in den Schwämmen, haben die Naturforscher recht, aber den Schluß: daß es nun darum Thiere seyn müssen, machen wir ihnen streitig.

Geschl. Kennzeichen. Inzwischen kommt nun daher die Bestimmung der Kennzeichen, welche der Ritter diesem Geschlechte vorgesetzt hat: Daß nämlich die Schwämme, statt Polypenblüthen zu zeigen, durch die Löcher das Wasser aus- und einathmen. Der Stamm aber, oder das Gewächse ist angewurzelt, das Bestandwesen aus haarigen Fasern zusammengewebet, biegsam, und ziehet das Wasser an sich.

Freylich gränzen sie zunächst an den Seekork oder Alcyonien, sind aber weicher, haben auswendig keine Haut, sondern klaffen mit allen Poris, nur sind einige strenger und holzartiger, andere feiner und sanfter. Oft dienen sie, so wie es auch mit den Alcyonien gehet, allerhand Seewürmern, ja manchen Schneckchen und Müschelchen zu einem bequemen Nest, wie man denn immer allerhand in ihrem inneren Gewebe findet. Sie sind weiß, roth, schwarz, grün, gelb oder braun, und so wie die Farben unterschieden sind, so weichen auch die Gestalten ab, man hat Bälle, Trichter, Röhren, Aeste, Bäume, Fecher, Wedel, und viele andere Gestalten mehr, wie solches nun aus der Beschreibung der Arten, deren der Ritter sechszehen zählet, mit mehreren erhellen wird.

1. Der Wedelschwamm. Spongia ventilabra.

1. Wedelschwam. Ventilabra. Dieses Schwammgewächse, welches der Herr Günnerus, ehemaliger Bischof zu Drontheim in Norwegen beschrieben, war fast anderthalbe Spanne hoch, aber dabey sehr dünne und flach, und hatte also, da der Rand gleichsam mit Lappen ausgerissen war, eine Wedelgestalt. Solche lappige Auswüchse zeigten sich auch an der Wurzel und dem Grundstück desselben. Das innere Bestandwesen sahe in seiner Bildung einem fecherförmigen Horn-

Horncorall ganz ähnlich, ob es gleich nicht hornartig oder holzig war, sondern weiß aussahe, und in einem schwammigen Wesen bestund, das sich leicht in ein Pulver zerreiben ließ. Ueber diesem fecherförmigen Schwammgebe, zeigte sich eine feine wollige Bekleidung, worinne sich Höhlungen, wie in den Honigkuchen der Bienenstöcke, zeigten, wenn man das Gewächse in Wasser legte, da es denn auch weich, ausser dem Wasser aber, und im trockenen Zustande hart war. Sonst wurden in besagten Cellen allerhand rothe Würmerchen gefunden, und die Oberfläche war mit Corallenmoosen, Corallinen und Milleporen verschieden besetzt. Herr Houttuin nennet diese Art Palet-Spons, nach einem runden Mahlerbrete.

Man findet Verschiedenheiten mit doppelten Wedeln, auch andere, mit vielen dünnen grünen Lappen, und vielleicht wäre des Herrn Pallas Spongia strigosa, oder **Runzelschwamm** aus dem Seba mit vielen blätterigen Aesten, auch hieher zu rechnen, wenigstens führet sie der Ritter hier an, und thut auch des Rumpfs

* Tuchschwamm. Spongia basta.

als eine Verschiedenheit hinzu. Diese Rumphische Basta ist ein zartes, weiches, fecherförmiges Schwammgewächse von dunkelrother Farbe, das aber ausser dem Wasser schwarz abtrocknet. Dieser Schwamm hat nur einen kurzen Stamm, ist im Umfange lappig ausgeschweift, wächst acht bis zehen Klafter tief, auf einer mürben Wurzel, an den Klippen in dem ostindischen Meere, besonders an der ceramischen Nordküste, und erreicht wohl anderthalbe Schuh in der Höhe und Breite. Wegen der Beschaffenheit des inneren Gewebes, führet diese Art in Ostindien, nach ge- Tuchschwam. Basta.

 wisser

wisser grober Leinewand, die man daselbst Basta nennet, auch den Namen Seebasta, das ist, Tuchschwamm; holländisch Doekspons.

2. Der Fecherschwamm. Spongia flabelliformis.

2. Fecherschwam. Flabelliformis. Der Unterschied zwischen dieser und der vorigen Art bestehet darinne, daß da jene mit etwas harten und fleckig überzogenen Adern netzartig gewebet war, diese aus knorpelartigen Fasern ganz dichte wie ein Netz geflochten ist, und wegen eines mehr runden Umfanges einem Fecher näher kommt, daher sie auch bey den Holländern Waaijer Spons genennet wird. Die Aeste oder Rippen stechen auch in dieser Art nicht so, wie an den fecherförmigen Horncorallen hervor, sondern das ganze Gewebe ist weich, und fast allenthalben gleich fein. Nichts destoweniger scheinet doch der untere Stamm holzartig, und die Bestandtheile des ganzen Fechers scheinen steifer zu seyn, als sonst ein anderer Schwamm ist. Bey Herrn Pallas wird sie in seiner No. 226. als schwarz angegeben. Vielleicht ist dieser Umstand nur zufällig, denn diejenigen, die wir aus Westindien erhielten, waren rostfärbig gelb, und der Herr Houttuin hatte ein ähnliches Exemplar. Sonst kommen sie vorzüglich von Aru in Ostindien.

3. Der Trichterschwamm. Spongia Infundibuliformis.

3. Trichterschwam. Infundibuliformis. Dieses besonders schöne Gewächse aus dem indischen und nordischen Meere, steiget aus einem fingerdicken, und sich immer erweiternden Stamme dergestalt empor, daß der obere Umfang oder Rand sehr weit ist, und also ein vollkommener

ner Trichter dargestellet wird, jedoch findet diese Figur nicht allezeit in der größten Vollkommenheit statt. Zuweilen nämlich wächset der obere Rand in Zähnchen, oder in ganzen Lappen aus, oder der innere, sonst leere Raum des Trichters ist mit runzelichen Blättern ausgefüllet. Die Farbe ist mehrentheils blaßgelb, und die Dicke dieser Trichter ist nach der Größe beschaffen. Wir erhielten dergleichen aus Westindien von der Dicke eines Messerrückens bis zu einem Viertelszoll, und in Ansehung der Größe von zwey Zoll bis zu acht Zoll im Durchmesser, doch giebt es noch größere. Inzwischen scheinet bloß die Verschiedenheit des Wuchses auch Anlaß zu einigen Verschiedenheiten zu geben, die auch bey den Schriftstellern unter andern Namen vorkommen, als:

* Der Becherschwamm. Spongia crateriformis.

An dieser Art verengert sich der innere Umfang nicht so sehr nach unten zu, sondern bleibet weit, daher sie auch vom Herrn Boddaert die Mütze genennet wird. Solcher Mützen oder Becher giebt es einige zu anderthalbe Schuh im Durchmesser, und haben ein löcheriges, graubraunes Gewebe mit vielen runzelichen und zotigen Erhöhungen der äussern Fläche. Nicht weniger kann auch hieher gerechnet werden des Herrn Pallas: Becherschwam. Crateriformis.

* Blatschwamm. Spongia frondosa.

Ein Gewächse, das sich aus einem kurzen runden Stamm erhebt, und dann ein netzartiges Laubwerk macht, daß sich verschieden drehet, nach und nach in die Breite dehnet, und verschiedene Lappen in ungleicher Fläche abgiebet. Diese Lappen Blatschwam. Frondosa.

pen oder Blätter sind an der einen Seite glatt mit Löchern netzartig geflochten, und an der andern Seite rauh, und mit Warzenröhrchen und Blätterchen zotenartig besetzt. Der Herr Houttuin hatte solche Exemplare von weißlichgrauer Farbe.

4. Der Röhrenschwamm. Spongia fistularis.

4. Röhrenschwam. Fistularis. Dieses Gewächse, das sich fast überall im Weltmeere zeiget, bestehet in einzelnen Röhren von verschienenen Größen. Die Gestalt ist cylindrisch-kegelartig, indem sie unten etwas enger sind als oben. Inwendig ist das Gewebe glatt, auswendig ist die Oberfläche mit schwammigen Wärzchen besetzt, die sich etwas erheben und einigermassen reihenweise stehen. Man findet sie zu vier Schuh und darüber lang, bey welcher Länge der Fuß unten die Dicke eines Zolls, der obere Rand aber einen Durchmesser von vier Zoll hat, woraus man das Verhältnis des kegelartigen Cylinders schliessen kann. Man könnte sie also das **Nachtwächtershorn**, oder auch das **Kühhorn**, und auf eine edlere Art die **Posaune** nennen. Bey den **Holländern** heissen sie Pyp-Spons.

Tab. XXVIII fig. 2. Ein dergleichen noch junges Gewächse wird in der Abbildung Tab. XXVIII. fig. 2. vorgezeiget, welches an der Wurzel einer kammartigen, und hin und wieder mit einer Millepore überzogenen Horncoralle angewachsen ist. Doch dünkt uns, daß dieser Röhrenschwamm von jenem, den wir oben beschrieben haben, in etlichen Stücken abweicht, jedoch muß er als eine blosse Verschiedenheit hieher gerechnet werden.

5. Der

5. Der Trompetenschwamm. Spongia aculeata.

Ein, der Gestalt nach, nicht viel von der vorigen Art abweichendes Schwammgewächse zeiget sich in den beyden indianischen Meeren, welches ebenfalls mit einiger mehrern Erweiterung in einer cylindrischen Gestalt oft armsdicke, und über vier Schuh hoch heran steiget, aber darinne unterschieden ist, daß es in zwey und mehreren Köchern zugleich wächset, auswendig mit Löchern, zugleich aber auch mit ziemlichen etwas in die Höhe gebogenen schwammigen, und dahero nicht stehenden Dornen, die zuweilen reihenweise stehen, besetzt, auch übrigens etwas steifer ist, als die vorige Art. Diese Köcher sind oft der Aufenthalt von kleinen Fischen und Krebsen. Das Bestandwesen hat die Länge hinan ringsherum fadenförmige strengere Fasern, zwischen welchen ein feines schwammiges Gewebe eintritt, und von diesen Fasern gleichsam festgehalten wird. Die Farbe ist rostfärbiggelb, wie an andern Schwämmen. Die runden durchbohrten Löcherchen an der Oberfläche sind in unsern Exemplaren oval, und weiß, und scheinen uns etwas zufälliges zu seyn, daß vermuthlich nicht eigentlich zum Schwamm gehöret, da wir die nämlichen Exemplare auch ohne solche Löcher aus America erhalten haben.

5. Trompetenschwam. Aculeata.

6. Der Seehandschuh. Spongia tubulosa.

Eine andere Art, die aber ein zäheres Bestandwesen hat, steiget gleichfalls in mehrentheils gleichweitig cylindrischen Köchern vieläßtig in die Höhe, so wie ohngefehr die Finger aus einem steif aufgetriebenen ledernen Handschuh aufsteigen, daher auch die Vergleichung und holländische Benennung

6. Seehandschub. Tubulosa.

nennung Zeehandschoen entstanden ist. Nur ist zu merken, daß ein einziger Stamm den ersten Anfang macht, aus welchen die Finger seitwerts in die Höhe laufen, so wie aus der Abbildung Tab. XXIX. fig. 1. zu ersehen ist.

Tab. XXIX. fig. 1.

Das Gewebe ist ungemein fein und dichte, allenthalben mehr gleichförmig, und nicht stark aderig, aber nichts destoweniger zähe und feste. Das abgebildete Exemplar ist aus Ceylon. Ob die fingerförmige Gestalt oft daher rühre, daß solche Schwämme um die Stiele anderer Seegewächse herum wachsen, solches können wir weder verneinen noch entscheiden.

7. Der Gitterschwamm. Spongia cancellata.

7. Gitterschwam. Cancellata.

Nach der Angabe des Ritters von Linne ist dieses ebenfalls ein köcherförmiges Schwammgewächse des Oceans, dessen Gewebe so weitschichtig ist, daß es einem Gitterwerke ähnlich siehet. Die Köcher sollen fingersdick, rostfärbig, und auswendig stachelich seyn, und an den Seiten federkielsdicke Löcher haben.

Vielleicht war es, wie Herr Houttuin meynet, eine junge Sprosse des sogenannten Kanonenschwamms, dessen Gewebe eben so löcherich und weitschichtig ist. Selbige Art ist zwey bis drey Schuh lang, und armsdicke, und kommt aus den Westindien.

Bey dieser Gelegenheit führet Herr Houttuin noch die zwey folgenden Arten an, als:

* Der

* Der schwarze Gitterschwamm. Spongia Cancellata nigra.

Dieser ist nicht köcherartig, sondern kommt den gemeinen Schwämmen nahe, ist aber schwarz und gitterförmig, wie solches aus einem Tab. XXIX. fig. 2. abgebildeten Stücklein, das von einem faustgroßen Gewächse genommen worden, zu sehen ist. Sodann folget:

Schwarze Gitterschwam. Cancellata nigra. Tab. XXIX. fig. 2.

* Der Bockschwamm. Spongia hircina.

des Plinius, welcher beym Pallas No. 227. Spongia fasciculata genennet, und also beschieben wird: daß es steif, erhabenrund, und aus faserigen dreyseitigen, ästigen, oben zusammenlaufenden Bündelchen zusammengewebet sey. Diese Fasern nämlich stehen weit von einander ab, und sind nur durch ein weitschichtiges Gewebe mit einander verbunden. Ein dergleichen flach gegen einen andern Körper angewachsenes Stück wird Tab. XXIX. fig. 3. vorgezeiget. Die prismatischen Bündel steigen nach und nach aus einer Wurzel in die Höhe, sind gelblich, und durch ein graues Gewebe mit einander vereinigt.

Bockschwam. Hircina. Tab. XXIX. fig. 3.

8. Der Apothekerschwamm. Spongia officinalis.

Dieser gemeine und bekannte Schwamm, der oft größer als ein Huth, und röthlich, oder gelb, oder rostfärbig ist, mehrentheils aber in rundlichen Klumpen gebracht wird, verdienet um so mehr unsere Betrachtung, da man sonst gemeiniglich gewohnt ist, sie als eine bekannte Sache zu übersehen, ohnerachtet man unter tausend kaum zwey finden wird, die einander vollkommen gleich sind.

8. Apothekerschwam. Officinalis.

In

In der Hauptsache bestehen sie aus einem etwas ästartigen und also astweise durcheinander geflochtenen Gewebe, welches ihn im äussern Umfange die Wolligkeit verschaft. Da nun diese Aestchen erst oben, wo sie sich am meisten vermannichfaltigen ein dichtes Gewebe ausmachen, so sind die Gegenden, wo sie sich nicht zusammen weben, offen, und macht die vielen grösseren Löcher, das eigentliche Gewebe aber ist ausserordentlich fein.

Ledermüller Microsc. 1. Tab. X.

Jedoch muß man voraus setzen, daß sich vom Anfange des Wachsthums viele Conchylienbruth, Bohrmuscheln, wurmförmige Meersterne, und andere Würmer einnisteln, welche alsdenn wohl Gelegenheit zu anderweitigen Klüften und Durchlöcherungen geben, die von den übrigen, so durch den Verlauf des Wachsthums entstehen, wohl zu unterscheiden sind. Uebrigens sind die Aestchen hohl, und die Einschluckung des Wassers wird theils dadurch, theils aber auch durch die Zwischenräumchen, die wie gebogene Haarröhrchen anzusehen sind, nach den Regeln der Physik befördert. Denn das Pressen und Eindringen der äussern Luft nach dem innern luftleeren, oder mit sparsamer Luft angefüllten Raume, treibet auch die flüßigen Theilchen hinein, bis sie mit der äussern Luft, oder dem auswendigen Wasser, im Gleichgewichte stehen. In der chymischen Bearbeitung enthalten sie ein flüchtiges alcalisches Salz, wie die Horncoralle.

Inzwischen sind nicht alle Schwämme einander im Gewebe gleich, und es giebt in diesem Betracht Verschiedenheiten, zum Exempel:

* Der Brodschwamm. Spongia panicea.

Brodschwamm. Panicea

Diese Art ist sehr fein, und siehet wie Brod aus. Der Farbe nach giebt es hochrothe, purpurfärbige,

färbige, violetfärbige, oder weisse. Der Herr Ellis beschreibet seinen weissen Brodschwamm, daß er voller Höhlungen sey, die noch eben mit dem blossen Auge können gesehen werden, unter dem Microscop aber sich mit mehrerem Gewebe und Höhlungen angefüllet zeigen. Die Eingänge in diese Höhlungen sind regelmäßigrund, und sie bestehen aus kleinen Bündeln feiner durchsichtiger Fasern, die einander creutzen, als ob sie von irgend einem Thier gemacht wären. Eben diese Fasern seyen auch so fein und scharf, daß sie ein Jucken in der Haut verursachen, wenn man sie berühret. Aber welche Thierchen machen denn wohl die kleinen Fasern an den Brennnesseln?

* Der ceylonische Brodschwamm. Spongia Ceylonica.

Zuweilen zeigen sich auch um andere corallinische Gewächse gewisse mießförmige Klumpen, die sich wie ein Brodschwamm anlegen, und in ihrem inneren Gewebe dem Bimsenmark sehr nahe kommen, auch wohl mit Aestchen hervorsteigen, dergleichen olivenfärbige braune Massen an andern Seegewächsen aus Ceylon, und überhaupt aus Ostindien, öfters vorkommen, so wie wir sie aus America von Curacao erhalten haben. Ceylonischer Brodschwamm. Ceylonica.

Ellis Corall. Tab. XVI. fig. d. D. 1. d. 1.

9. Der Augenschwamm. Spongia oculata.

Wenn man die Calvaria oder den Keulschwamm in den Wäldern büschelweise wachsen siehet, so bekommt man fast einen Begrif von der äussern Gestalt derjenigen Art Meerschwämme, die allhier beschrieben werden, und von den engelländischen und norwegischen Küsten kommen. Sie 9. Augenschwamm. Oculata.

sind nämlich sehr ästig, mit runden, und oft auch keulförmigen, büschelweise beysammenstehenden und auseinander wachsenden Stielen, die oben stumpf sind. Ein besonderer Umstand aber, der obige Benennungen veranlasset, ist dieser: daß die Oberfläche bald hin und wieder nur zerstreuet, bald reihenweise mit verschiedenen, mehrentheils runden Löchern besetzt ist, wie solches aus einem
Tab. XXIX. fig. 4. abgebildeten Exemplar Tab. XXIX. fig. 4. erhellet. Diese Löcher sind nicht alle warzenförmig, so wenig als rund, und wir halten sie für zufällig. Der Herr Ellis, der nun die Schwämme durchaus zu Thieren macht, hält diese Löcher für Mündungen, wodurch das Thier seine Nahrung einnimmt. Aber zu unserm Vergnügen fragt hier Herr Houttuin selbst, wie denn die andern Schwämme, die diese Löcher nicht haben, ihre Nahrung einnehmen? Ja wir finden überhaupt, daß Herr Houttuin, der nun das System der neueren annimmt, und uns in seiner Vorrede meisterlich abzufertigen glaubte, sich selbst oft Bedenklichkeiten in den Weg wirft, die unsere Meynung begünstigen, die seinige aber sehr aufs schlüpferige setzen.

Einen Umstand müssen wir aber auch noch erwehnen, daß sich die Aeste dieser Schwämme, wie auch Herr Ellis anmerkt, sehr oft miteinander vereinigen, wenigstens zeiget sich die Möglichkeit einer vielfältigen Verästung der Schwämme an einem braunen acht Zoll hohen Exemplar, welches wir von Lissabon erhielten, wo eine Menge Aeste alle vielfältig miteinander verwachsen sind.

Ellis Corall. Tab. XXXII. fig. F. f. g.

10. Der

10. Der Stachelschwamm. Spongia muricata.

Es ist ein korkartiges Schwammgewächse, welches weit auseinander weichende runde Aeste hat, die ringsherum mit sehr vielen schwammigen Stacheln besetzt sind. Der Stamm ist so dicke wie ein Finger, schiest gerade in die Höhe, und giebt sogleich seine weiten Aeste ab, welche die Dicke eines Federkiels haben. Die Stacheln weichen auch auseinander, und haben jede zwey bis drey feine Spitzen. Man trift es an der Küste von Guinea bey d'Elmina an. Die Farbe ist grau.

10. Stachelschwam. Muricata.

11. Der Knotenschwamm Spongia nodosa.

Die unförmliche Höckerigkeit giebt zu obiger Benennung Anlaß, sonst kann man eben nicht sagen, daß dieses Gewächse im eigentlichen Verstande knotig sey. Es wächset baumartig mit Aesten, und hat diesen besondern Umstand, daß es im Verbande doch ziemlich unordentlich paarweise stehende Löcher hat. Obgleich Herr Pallas solches röthlich, oder Spongia rubens, No. 238. nennet, so ist es doch mehrentheils graubraun, oder auch weißlich. Man bekommt es aus der Südsee.

11. Knotenschwam. Nodosa

12. Der Wollenschwamm. Spongia tomentosa.

Ein gewisses wolliges, ein wenig stachelichtes, und von aussen mit kleinen Löchern hin und wieder durchbrochenes, blaßfärbiges, sehr sanftes und dichtes Wesen, setzet sich zuweilen an verschiedene Seegewächse in einer runden Gestalt an, und dieses ist es, was der Ritter unter obigen Benennungen verstehet.

12. Wollenschwam. Tomentosa.

13. Der Steckenschwamm. Spongia bacillaris.

13. Steckenschwam. Bacillaris.

Die Holländer nennen diese Art Stokspons. Sie kommt aus dem nordischen Meere, wächst wie ein runder Stecken anderthalbe Schuh hoch, hat die Aeste gegen den Stamm angedruckt, und ist voller Stecknadellöcher in einem festen und dichten Gewebe.

Der Herr Pallas beschreibet ein fast ähnliches Schwammgewächse unter dem Namen Spongia fulva, welches durch Herrn Boddaert Oranje Spons gegeben ist, und sagt, daß es andere Seekörper Klumpenweise überziehe, und in runden Aesten zur Dicke eines Federkiels, oder eines Fingers ausschiesse. Das ganze Gewebe sey hart, und bestehe aus feinen, mürben, unregelmäßigen Köcherchen. Die Farbe sey röthlich gelb, und käme aus den americanischen Gewässern.

14. Der Hirschgeweihschwamm. Spongia dichotoma.

14. Hirschgeweihschwam. Dichotoma.

Die Gestalt ist einer Coralle ähnlich, denn es steiget einen Schuh hoch, gabelförmig in die Höhe, stehet gerade, hat runde Aeste, ist so dicke wie ein Federkiel, und hat weit ausbiegende Aeste. Das Bestandwesen ist dichte, und hat mit dem inneren Wesen des Baumschwammes viele Aehnlichkeit, ist dabey wolligrauh und zähe. Gunnerus spricht zwar daß es mürbe sey, allein vielleicht hat beydes statt, vielleicht sind die gesunden zähe, die abgestorbenen aber mürbe. Wir haben diese Veränderung an vielen Schwammarten wahrgenommen, die zähe und fest waren, da wir sie bekamen, bey nasser Witterung aber wiederum Feuchtigkeit an sich zogen, anstatt aber aufs neue zu trocknen, sich inwendig auflößten und gleichsam vermoderten,

so

so daß sie endlich, da sie wieder trocken waren, sich kaum anfassen liessen, und in der Hand zerbröckelten. So ist es uns mit einem von Cadix gekommenen Hirschgeweihschwamm gegangen. In der Nordsee sind diese Art Schwämme keine Seltenheit, man findet sie da noch grösser, und von grauer Farbe.

15. Der Weiherschwamm. Spongia lacustris.

15. Weiherschwam. Lacustris.

In den Landseen Schwedens und Engellands findet man eine Klafter tief unter Wasser ein fortkriechendes Schwammgewächse, welches sehr mürbe ist, und gerade in die Höhe stehende runde stumpfe Aeste hat. D. Blom fand im Herbst in den Poren dieses Schwammgewächses gewisse blaue Kügelchen, in der Größe des Thymsaamens, welche glänzten und in der Flamme eines Lichtes Funken gaben. Ob aber dieses eigene oder fremde Körper waren, solches ist noch nicht entschieden.

16. Der Flußschwamm. Spongia fluviatilis.

16. Flußschwam. Fluviatilis.

Eine andere Schwammart zeiget sich in den Flüssen der nördlichen Länder, die mit dem Weiherschwamm zwar darinne überein kommt, daß sie in süssen Wassern wächst, einen Fischgeruch hat, und grün aussiehet, aber da die vorige Art einen runden fortkriechenden Stiel mit gerade aufstehenden, aber von einander abgesonderten Aesten, in Gestalt einer Coralle hat, letztere vielmehr auf Holz wächst, und von unförmlicher Gestalt ist, so wie Pluckener eine Art abgebildet hat.

Diese Pluckenetische Art nun hatte spitzige gabelförmige Enden, und war mürbe, und Pallas berichtet, daß die Aeste lang, zart, dratförmig und rund sind, auch sehr oft zusammen laufen. Die Aeste sind grün, aber ein weisser Schleim zwischen dem feinen Gewebe, sey Ursache an dem Fischgeruch, und wenn man diesen Schwamm brennet, sey kaum ein thierischer Geruch zu spühren.

In den süssen stillen Wassern anderer Gegenden giebt es noch einen gemeinen Schwamm, der sogar den Boden mit einer dicken Rinde überziehet.

Uebrigens trift es bey allen Schwämmen überein, daß sie ein schleimiges Wesen in ihrem Gewebe führen, und dieses müßte denn das Thier seyn; jedoch wollen die mehresten das faserige Gewebe selbst für das Thier halten, da doch der thierische Geruch, wenn dieser anders etwas entscheiden kann, mehr in der Gallert als im Gewebe selbst steckt, auch hat die Gallert und nicht das Gewebe die juckende Kraft, welche wir dem ihnen beygemischten Salze zuschreiben. Diesem allen aber sey wie ihm wolle, wir werden die Schwämme eben so wenig als die Corallen- und Horngewächse darum beneiden, daß sie in das Thierreich erhoben sind. Daß wir uns aber von dem ganzen Werke ganz andere Begriffe machen, daß wir an diesen Geschöpfen allen nichts finden, das wider die Regeln des Pflanzenreiches streitet, und daß ihr Bau uns noch gar nicht als ein thierischer Bau vorkomme, das werden wir am Ende näher erörtern, und jetzo nur noch mit aller Geduld fortfahren, die folgenden Geschlechter als Thiere, als Polypen, und wie man sie nur nennen will, unpartheyisch zu beschreiben.

---

344. Geschlecht. Seerinden.
Zoophyta: Flustra.

Unter Seerinden sind nichts anders, als gewisse flache Ueberzüge zu verstehen, die sich auf vielen Meergewächsen und andern Körpern zeigen. Diese wurden nun sämtlich von den ältern Schriftstellern, und auch von dem Ritter Linne Eschara genennet, und darunter gehören sowohl die kalchartigen, als andern Ueberzüge. Daher er einige unter die Punctcoralle und Milleporen gebracht, und die übrigen mit diesem neuen Namen belegt haben, welches aber auch nichts anders bedeuten soll, denn unter Flustra verstehet man eine Meerstille, oder ausgebreitete Fläche. Der Herr Houttuin hat es Korstgewassen genennet, und wir Seerinde, welches das nämliche ohnfehr ausdruckt. Der Herr Pallas ist zwar sehr übel auf den Ritter zu sprechen, daß er, seines Bedünkens, ohne Noth eine Namensveränderung vorgenommen; aber hat es denn der Herr Pallas selbst besser gemacht, und nicht ebenfalls willkührliche Namensveränderungen zu schulden kommen lassen. Freylich erschweren die vielen neuen Benennungen die Wissenschaft, wenn aber die neuen Namen schicklich sind, so kann man sie gelten lassen. Geschl. Benennung.

Was nun die Kennzeichen dieses Geschlechts betrift, so sind die Seerinden ein gewurzeltes, oder auf einem andern Körper festsitzendes, und allenthalben mit cellulösen Poris bedecktes Gewächse, aus welchen Poris die Polypen als Blümchen Geschl. Kennzeichen.

hervor kommen. Kraft dieser Bestimmung sind denn auch die röhrenartigen Seerinden ausgemustert, und die übrigen, die noch in diesem Geschlechte stehen geblieben, unter zwey Haupteintheilungen gebracht, als:

A. Seerinden, die an beyden Seiten porös sind. 3 Arten.

B. Seerinden, die nur an einer Seite Poros haben. 3 Arten.

Diese sechs Arten wollen wir jetzo mit ihren vorkommenden Verschiedenheiten genauer betrachten, und das, was von ihrer thierischen Art bey den Schriftstellern gesagt wird, getreulich mit anführen.

A. Zweyseitige.

A. Seerinden, die an beyden Seiten porös sind.

1. Die Blätterrinde. Flustra foliacea.

1. Blätterrinde. Foliacea.

Diese glatte und flache Seerinde wächst blätterig-ästig mit abgerundeten keilförmigen Lappen. Wenn man es frisch aus dem Meere bekommt, ist es ein sanftes schwammiges Gewebe, welches einen fischigen Geruch führet, getrocknet aber, wird es steif und hornartig, bekommt eine aschgraue Farbe mit einigem Glanze, als ob es gewürkte Seide wäre, siehet aber sonst einem dürren ästigen Blat ähnlich. Beyde Oberflächen, sowohl an der einen als andern Seite, sind ganz und gar mit eins ums andere aneinander schliessenden bogigen Zellen auf das allerordentlichste und niedlichste besetzt, und ob es gleich so dünne wie Papier ist, so siehet man doch

doch auf dem Schnitte, wie die Zellen von jeder der beyden Flächen, durch eine noch dazwischenkommende äusserst dünne häutige Lage von einander unterschieden sind, so wie der obere Staub der Papillonsflügel von dem untern durch das pergamentartige Flügelhäutchen getrennet ist. A. Zweyseitige.

Die Zellen sind, wie gesagt, bogig, aber nur an ihrem obern Theile, und die Schenkel oder Seitenwände biegen sich etwas nach einander, um für den Bogen der untern Zelle, der zwischen zwey obere einschließt, Platz zu machen. Diese Seitenwände scheinen dornig zu seyn, und der Eingang einer jeden Zelle ist gleich unter dem Bogen in der Mitte. An diesen Eingängen fand der Herr **Ellis** kleine schaalige Körperchen in Gestalt einer Doubletmuschel von durchsichtiger Bernsteinfarbe, und diese waren die todten Thierchen.

Der Herr Jußieu beschreibet nun diese Thierchen, daß sie nur zur Helfte mit ihrem Körper zum Vorschein kommen. Der Kopf sey eine kleine Erhöhung, welche mit zehen feinen Hörnern umgeben, durch ihre Stellung zusammen eine Trichtergestalt machen. Zerreißt man nun einen Lappen dieses Gewächses, so werden gelegenheitlich etliche Zellen ganz geöfnet, und da siehet man die Thierchen durch das Vergrößerungsglas ganz, in Gestalt kleiner weisser Würmchen, deren Untertheil am Boden der Zelle festsitzet. Diese Würmerchen sind dann kleine Polypen, die ohngefehr eine halbe Linie lang sind, und haben oben am Kopfe besagte zehen Arme.

In welcher Gestalt nun dieses blätterige Rindengewächse zu wachsen pflege, solches lässet sich aus der Abbildung Tab. XXX. fig. 1. schliessen, woselbst ein dergleichen, daß hin und wieder noch Tab. XXX. fig. 1.

mit einer weissen Coralline bewachsen ist, vorgestellet wird.

Diese Art wächset an der engelländischen Küste, wird oft einen halben Schuh hoch, und ist im Wuchs der Blätter etwas verschieden.

Ellis Corall. Tab. XXIX. fig. a. A.

2. Die Meisselrinde. Flustra truncata.

2. Meisselrinde. Truncata. Fast von nämlicher Beschaffenheit ist eine andere Art Blätterrinde, welche einigermassen gabelförmig wächst, aber an den Blättern eine meisselförmige Gestalt annimmt, indem die Blätter allmählich breiter werden, und oben gerade abgeschnitten sind. Noch ein Unterschied zeiget sich in der Lage und Gestalt der Zellen, denn sie sind nicht dornig, oder länglich viereckig, und stehen nicht eins ums andere, sondern nach der Schnur in Reihen. Bey Herrn Pallas heißt es Eschara securiformis, und eignet demselben unten wurzelartige Stielchen zu. Dieses Gewächse des europäischen Oceans ist etwa fünf Zoll hoch, blaßgrau, dünn, mürbe und glänzend, als ob ein Firniß darauf läge.

Ellis Corall. Tab. XXVIII. fig. a. A.

3. Die Haarrinde. Flustra pilosa.

3. Haarrinde. Pilosa. Tab. XXX. fig. 2. Dieses Gewächse ist blätterig, und auf verschiedene Art ästig. Die Zellen sind länglichrund, liegen eins ums andere auf der Oberfläche, und sind jede am untern Theile mit einem hervorstechenden borstenartigen Häschen versehen. Es wird als eine ungemein feine und zarte Rinde, um den gemeinen Seetang und andere Seegewächse, häufig in der Nordsee, und also auch an der englischen und niederländischen Küste gefunden, so wie solches in der Abbildung Tab. XXX. fig. 2. unten

santen an dem gemeinen Seetang oder Meerlinde sitzend vorgestellet wird, denn das übrige, was dieses Gewächse als Fäden besetzt, ist eine Coralline. Eine vergrösserte Figur aber, die den Bau deutlicher darstellet, ist beym Ellis zu sehen. A. Zweyseitige.

Ellis Corall. Tab. XXXI. fig. 2. A.

Jedoch wir müssen auch erwähnen, was man an diesem Gewächse in Absicht auf die einwohnenden Thierchen oder Polypen entdeckt hat: Vorerst sagt Herr Pallas, daß der Polype aus jeder Zelle, als aus einer Scheide oder Vorhaut hervor krieche, und zwanzig Arme ausstrecke, welche zusammen die Gestalt einer Glocke annehmen, die so lang als der ganze Körper des Thieres ist. Der Herr Löfling hingegen hat seine Entdeckungen viel weiter getrieben, und die Fortpflanzung der Polypen wahrgenommen, indem die äussern Seitenzellen neue Sprößlinge bekamen, die wieder vollkommene Zellen werden müßten, in welchen ein Polype wäre. Zuweilen kamen zwey junge Zellen aus einer Zelle, aber nicht zwey Polypen zugleich, und auf solche Art fand er, daß sich die Reihen der Zellen verdoppelten, und das Gewächse breiter machten. Da er nun in den mittelsten Zellen gar keine Polypen fand, so glaubte er, daß sie nur ein gewisses Alter erreichten, und dann abstürben. Er bemerkte auch, daß wenn man einen Polypen anrührte, die andern kein Gefühl davon hätten, und wenn sie einmahl alle durch einen verursachten Schrecken zurücke gewichen wären, so wären sie hernach doch nicht alle zum Vorschein gekommen, bey dem Hervorkriechen aber erst ihre Scheide, und sodann nach und nach ihre Arme ausstreckten, und damit beständig schleuderten.

B. See-

B. Einseitige.

B. Seerinden, die nur an einer Seite porös sind.

4. Die Papierrinde. Flustra papyracea.

4. Papierrinde. Papyracea. Sie ist platt, geblättert und ästig angewachsen, die Zellen befinden sich nur an der einen Seite, und sind würfelartig. Es hat dieses Seeproduct einige Aehnlichkeit mit dem genabelten Erdmooß, wächst horizontal, und wie eine Haut, hat eine gelbe Farbe, und die Seite, an welcher sich keine Zellen befinden, ist rauh, und frey. Der Aufenthalt ist im mittelländischen Meere. Der Herr Pallas hat es mit einer Nebenart ähnlich gefunden, welche er

* Die Laubrinde, Flustra, (oder Eschara) frondiculosa.

Laubrinde. Frondiculosa. nennet. Diese bestehet in Kneueln zu einer halben Faust groß, sehr dick, mit laubartiger Rinde, die vielfältig vertheilet, und mit Reihen weisser Zellen versehen, besetzet ist. Diese kommt aus Indien. Ellis Corall. Tab. XXXVIII. fig. 8. O. P.

5. Die Hautrinde. Flustra membranacea.

5. Hautrinde. Membranacea. Sie ist häutigdünn, flachblätterig und dicht angewachsen. Die eine Seite ist nur mit länglichviereckigen Zellen besetzt, die an den Ecken auf beyden Seiten eine hervorstechende Spitze haben, übrigens aber mit den Zellen der oben No. 2. beschriebenen Nesselrinde ziemlich überein kommen. Der Aufenthalt ist an Seepflanzen, Steinen und kalchartigen Massen der Ostsee, welche öfters damit überzogen gefunden werden.

6. Die

B. Einseitige.

6. Die Streifrinde. Flustra lineata.

6. Streifrinde. Lineata

Noch findet man an dem Tang und Meergräsern, oder Fucis des Oceans, eine andere Art Meerrinde, die zwar auch, wie die vorige, sehr dünne, flachgeblättert, ungetheilet und angewachsen ist, aber die Zellen, die sich auch nur an der einen Seite befinden, sind oval, und stehen in Querlinien dichte aneinander, jedoch so, daß zwischen jeder Querlinie ein Raum übrig bleibt, der eben so breit ist, als die Zellen sind. Die Zellen sind an dem Rande mit ohngefehr acht Härchen gezähnelt.

---

345. Geschlecht. Seeköcher.

Zoophyta: Tubularia.

Geschl. Benennung. Sowohl der Herr Pallas als der Ritter von Linne gebrauchen diese Benennung, um damit ein gewisses inwendig hohles Meergewächse anzudeuten, welches vom Herrn Boddaert : ypkorallyn, vom Herrn Houttuin aber Pypgewas, oder Pfeifengewächse genennet wird, wir können keinen schicklichern Namen als Seeköcher finden.

Geschl. Kennzeichen. Es ist ein angewurzeltes Gewächse, welches einen dratförmigen Köcher macht, aus dessen Ende ein einiger Polype in Gestalt einer Blume hervor tritt. Man hält aber das innere Mark für den Körper dieses Polypen, wovon wir bey den Arten reden werden, deren wir achte zu betrachten finden:

1. Der Cylinderköcher. Tubularia indivisa.

1. Cylinderköcher. Indivisa. Dieser ungetheilte Seeköcher bestehet aus einzelnen Halmen, mit gedreheten Absätzen. Herr Pallas hat es unter dem Namen Tubularia calamaris; Herr Boddaert nennet es die Schreibfeder. Sonst hieß es vergüldetes Seevenushaar, weil die Blüthen einige Aehnlichkeit mit selbigen zu haben scheinen. Ludius war der erste, welcher glaubte, daß sich an dieser Pflanze etwas thierisches befände, weil sich die Blumen hervorstreckten, und

auch wieder zurücke zogen. Nach dem, was uns die Herren Jußieu und Ellis davon berichten, so sind es Bündel von verschiedenen häutigen Röhrchen, die ziemlich steif und gelblich sind, deren Länge sich wohl auf fünf bis sechs Zoll erstreckt, in der Dicke aber sind sie einem Strohhalm ähnlich, doch diese ganze Länge entstehet erst aus nach und nach wachsenden Aufsätzen, welche die gedreheten Knie oder Gelenke oder Glieder abgeben. Unten stehen diese cylinderchen dichte beysammen, sind dünne, und oft verworren, oben weichen sie voneinander ab, und haben denn besagte Dicke, wie aus der Abbildung Tab XXX. fig. 3. zu ersehen ist. Tab. XXX. fig. 3.

Wenn man diese Köcher frisch aus dem Meere bekommt, so nimmt man in ihrer Höhlung eine rothe Feuchtigkeit wahr, und oben sind sie mit einem dunkelrothen Körper verstopft. Legt man sie aber gleich wieder in Seewasser ein, so verwandelt sich der obere Körper, der den Köcher verschließt, in ein hervorragendes Köpfchen. Dieses wird nach und nach größer, steiget mehr in die Höhe, und breitet sich aus, alsdann kommen dünne weisse Hörner an selbigen zum Vorschein, die sich als Strahlen ausbreiten, und gleichsam das Köpfchen in zwey gleiche Theile abtheilen, davon der obere Theil etwas kegelförmig, und mit vielen kleineren fleischfärbigen Fühlerchen besetzt ist. Diese obern Fühlerchen breiten sich mannichmal auch wie ein Federbusch aus, mannichmal aber stehen sie wie ein Pinsel dicht beysammen. Der untere Theil des Köpfchens ist eine Halbkugel, ringsherum mit den längern Fühlerchen umgeben, und stehet auf einem Halse, dessen Fuß an dem obern Theile des Köchers befestiget ist.

Erschüttert man nun das Wasser, so ziehen sich diese Armchen, und endlich auch die Köpfchen ein. Wird das Wasser stinkend, so fallen sie heraus,

aus, und liegen der Länge nach auf dem Boden des Gefäßes gestreckt. Das können ja wohl nun nichts anders als Polypen seyn! Ja, sie sollen es auch bleiben, bis wir mit unsern Beschreibungen aller Thierpflanzen und Pflanzenthiere zu Ende sind. Man trift diese Gewächse auf Austern, Muscheln und auch auf Sand und Klippen in dem Ocean an, und eben dergleichen wurden uns auch aus Curacao unter dem Namen Flos animalis in Kilduivel, oder Zuckerbrandtwein gesand.

Ellis Corall. Tab. XVI. fig. C. b.

2. Der Astköcher. Tubularia ramosa.

2. Astköcher. Ramosa

Gegenwärtige Art ist von der obigen nicht viel unterschieden, denn der ganze Unterschied zeiget sich vorzüglich in dem wichtigen Umstande, daß sie nicht, wie vorige, aus einzelnen aufsteigenden Köchern bestehet, sondern nach baumart ästig ist. Sie ist auch viel feiner und dünner, und bekleidet andere Seegewächse dergestalt, daß selbige oft dadurch wie haarig erscheinen. Aus dem Grunde nennet es auch der Herr **Boddaert** Hair Pypje; bey Herrn **Pallas** führet es den Namen Tubularia Trichoides. Die Polype ist fast die nämliche. Die Aeste gehen eins ums andere heraus. Das Vaterland ist im Canal zwischen **Frankreich** und **Engelland**.

Ellis Corall. Tab. XVII. fig. a. A.

3. Der Röhrenköcher. Tubularia fistulosa.

3. Röhrenköcher. Fistulosa.

Weil dieses ein steiniges Meergewächse ist, so hat es der Herr **Pallas** unter seine Cellularias, mit dem Zunamen Salicornia, (nach dem **Kali** oder Salzkraut,) gesteckt, der Herr **Ellis** hingegen ordnet es mit dem Namen Bugle-Coralline, (weil

(weil die Glieder dieses Krauts gewissen länglichen Glaßcorallen gleichen,) unter die Corallenmoose, nach dem Linne aber ist es eine Tubularia.

Es ist ein zartes Gewächse, etwa drey Zoll hoch, mit fadenförmigen Stielchen, die aus einem Stamme von Haarröhrchen entstehen, und länglich gegliedert sind.

Diese Glieder sind aus reihenweise stehenden, schiefgeschobenen viereckigen Zellen zusammengesetzt, und durch Köcher miteinander verbunden, die hornartig häutig sind. Wenn dieses Gewächse verdorret, wird es weiß und hart. Man findet es an den europäischen Küsten.

Ellis Corall. Tab. XXIII. fig 2. A.

4. Der Kalchköcher. Tubularia fragilis.

Diese Art ist des Herrn Pallas Corallina tubulosa. Sie ist in der Dicke wie Graßstengel, gabelförmig röhrig, mit gedruckten Gelenken, kalchartig weiß, so dünne wie Papier, und ungemein zerbrechlich. Man findet sie in America. 4. Kalchköcher. Fragilis

5. Der Mooßköcher. Tubularia muscoides.

Das äusserliche mooßartige Ansehen, verschaft diesem Meerproducte obige Benennungen. Es bestehet aus sehr dünnen fadenförmigen, etwas ästigen Stielchen, die allenthalben mit ringförmigen Runzeln gedeckt sind, und eine Hornfarbe haben. Doch mangelten diese Ringel an den Ellisischen Exemplarien, die er an der Mündung der Themse, und auch an Schiffen fand. Herr Pallas sagt, sie seyen nur auf gewissen Abstand geringelt, und Herr Houttuin hat es auch so an seinen Exemplarien gefunden. Es wächst 5. Mooßköcher. Muscoides.

auch am niederländischen Strande, etwa einen Zoll hoch.

Der Polypus ist incarnatfärbig, hat zweyerley, nämlich große und kleine Arme, welche sich um einen birnförmigen Körper ausbreiten. Herr Baster fand, daß diese Arme rauh wären, wie Corduan, oder Schagrinleder, und nahm auch traubenförmig-aneinanderhangende Bläschen wahr, die er für den Eyerstock hielte.

Die ferner gemachten Entdeckungen zeigten, daß sich diese Polypen absonderten, und alle aus ihren Köchern herausfielen, daß nach neun bis zehn Tagen wieder neue Blumenpolypen hervorkamen, welche Hervorbringung etwa drey bis vier Tage währte, und also ein und zwanzig Tage fortdauerte, wornach diese neue Polypen wieder abfielen, und Platz für die neue Bruth machten, die auf ähnliche Weise nach kam, bis auf den Winter, da die Pflanze ganz ohne solchen Polypen war, und erst im Frühjahr wieder zu blühen anfieng.

Ellis Corall. Tab. XVI. fig. b.

6. Der Nabelköcher. Tubularia acetabulum.

6. Nabelköcher. Acetabulum.

Gegenwärtiges schöne Seegewächse bestehet aus einfachen dratförmigen, dünnen, und etwa fingerlangen Röhren, die oben am Ende mit einem runden gestreiften und gestrahlten kalchartigen Schildlein ausgehen. Dieses Schildlein hat Anlaß zu der Benennung Acetabulum gegeben, da es im frischen Zustande eine etwas becherartige Gestalt hat, aber getrocknet flach wird, und alsdann grünlichweiß aussiehet. Mitten aus dem Becherchen kömmt ein erhabener Punct zum Vorschein, unter welchem der Stiel, mit einem Rande umgeben, einge-

eingesenkt ist. Man findet dieses Gewächse im mittelländischen und americanischen Meere auf den Felsen und runden Kieseln, wo oft ein ganzes Gebüsche, ohne sichtbare Wurzeln, aus den Poris des Steins aufsteiget. In den Cabinetten sind sie eine Seltenheit, weil sie so brüchig sind, und die obern Schälchen gerne verliehren. Die Holländer nennen es genaveld Pypgewas, und darum haben wir den Namen Nabelköcher gewählet, ob man wohl auch acetabulum durch Eßigschälchen übersetzt hat. Exemplaria, die wir aus Curacao erhielten, waren Gebüsche von mehr als hundert Stielchen, die alle fingerlang waren. Eine Abbildung ist Tab. XXX. fig. 4. zu sehen. Herr Pallas hat den botanischen Namen des Bauhins behalten, und es Corallina Antrosace genennet. Tab. XXX. fig. 4.

7. Der Haarköcher. Tubularia splachnea.

7. Haarköcher. Splachnea.

In dem mittelländischen Meere wird noch ein dergleichen Gewächse gefunden, dessen Stielchen ebenfalls einfach, nicht dicker wie ein Pferdehaar, und oben auch mit einem solchen, aber glatten, und ungestreiften Schildlein gedeckt sind. Es wird zwey Zoll hoch, und ist hornfärbig.

8. Der Glockenköcher. Tubularia campanulata.

8. Glockenköcher. Campanulata.

Unter dieser Art wird ein Product der süssen Wasser verstanden, welches Trempley zuerst entdeckte, und es Polypus a Pannache nennete. Sie sind bey uns unter dem Namen Büschelpolypen bekannt. Der Herr Backer nannte dieses Product Bell-Flower-Animal, oder Glockenblumenthier, daher unsere Benennungen genommen sind. Es kriecht als ein sanftes durchsichtiges Wesen zu großen Klumpen fort, und steckt glockenförmige Röhrchen aus. Der Stamm ist häutig bläulich, vieltheilig und gleichsam in Finger abgetheilet, aus jeder Abtheilung tritt eine Schelde hervor, deren Spitze ein halbmondförmiges Köpfchen unterstützet, dieses ist mit gleichweitigen Haarstrahlen umsteckt, welche umgekrümmte Spitzen haben. Aus dem Stamme kommen neue Auswüchse von jungen Polypen, diese sondern sich ganz ab, und suchen einen andern Wohnplatz aus, und alsdann haben sie die Gestalt einer Glocke. Wegen der Durchsichtigkeit haben sie bey Herrn Pallas den Namen Tubularia Crystallina erhalten. Derselbige giebt noch folgende Arten an:

* Der Federbuschpolype. Tubularia gelatinosa.

Feder-busch-polype. Gelatinosa.

Dieser sogenannte Federbuschpolype siehet aus wie ein ästiges dratförmiges feines Gewächse. Die Ende der Aeste sind abgestutzt, und geben aus der gerandeten Oefnung einen federbuschartigen Polypen aus, davon beym Rösel mit mehrerem nachzusehen ist.

Rösel Inf. Polyp. Tom. III. p. 447. Tab. LXXIII. LXXIV. LXXV.

* Der Pinselköcher. Tubularia penicillus.

Pinsel-köcher. Penicillus.

Es sind einfache beysammenstehende Röhrchen, aus deren Oberende ein Pinsel entstehet, woselbst die junge Polypenbruth fortgepflanzet wird. Die Röhrchen stehen, nach des Herrn Pallas Bericht, dichte beysammen, und zwar etliche in einer Reihe, sie sind unten dünner und in verschiedenen Würzelchen ästig, welche miteinander verwirrt, einen

Kneuel

Kneuel machen. Ferner sind die Köcher über einen Zoll lang, aus einem weissen durchsichtigen häutigen Wesen zusammengesetzt, einen Strohhalm dicke, allenthalben dünne geringelt, und fast wie die Lungenröhre eines kleinen Vogels gestaltet. Die kurzen Röhren haben eine stumpfe Spitze und sind verschlossen, die ältern Köcher aber sind oben rauh, und endigen sich in einen kolbenartigen moosigen Pinsel ohngefehr in der Grösse einer Erbse. Dieser Pinsel bestehet in einer Menge dichte beysammenstehender Haarröhrchen, die oben dicht sind, und das nämliche Bestandwesen als die vorbesagten großen Röhren haben, jedoch waren alle diese Köcherchen, die Herr Pallas gesehen, leer, und mehrentheils zusammengefallen. Sie sollen haufenweise auf den Corallenfelsen um Curacao wachsen, doch unter den vielen Meergewächsen, die wir von daher erhielten, waren wir nicht so glücklich, auch nur ein einziges Exemplar zu bekommen.

* Der Papierköcher. Tubularia papyracea.

Papierköcher. Papyracea.

Endlich erwähnet der Herr Pallas noch eines Seeköchers, welcher in einer großen papierartigen und eins ums andere mit Aesten besetzten Röhre bestehet. Diese Köcher sind so dicke wie ein Federkiel, stehen gerade, breiten ihre Aeste weit auseinander, haben allenthalben einerley Dicke, sind auswendig rauh und höckerig, inwendig aber glatt und sehr weiß. Die äussere Spitze der ganzen Aeste ist mit einem Häutchen verschlossen, und das Bestandwesen ist papierartig, so wie die Wespennester, nur aber weiß. Es giebt wohl dergleichen Köcher, welche so dick wie ein kleiner Finger sind. Man bringt sie aus Ostindien, besonders von Ceilon und Sumatra.

346. Geschlecht. Corallenmoose.

Zoophyta: Corallina.

Geschl. Benennung. Da die officinelle Coralline unter dem Namen Corallenmooß bekannt ist, so behalten wir diese Benennung für das ganze Geschlecht. Inzwischen sind die Corallenmoose von dem Herrn Pallas angefochten worden, indem er sie nicht vor Thiere hat erkennen wollen, und sie nur aus Gnaden, ganz hinten, zum Beschluß seiner Thierpflanzen gesetzet hat.

Er hat dreyzehn Arten, wie folget.

Corallina 1) pavonia,
2) opuntia, } Linn. Corallina No. 1.
3) nodularia, }
4) officinalis, Linn. Corallina No. 2.
5) corniculata, Linn. Corallina No. 4.
6) cristata, } Linn. Corallina No. 3.
7) rubens, }
8) terrestris, Linn. Corallina No. 8.
9) barbata, Linn. Corallina No. 6.
10) penicillus, Linn. Corallina No. 7.
11) rigens, Linn. Corallina fragilissima No 5.
12) tubulosa, Linn. Tubularia fragilis.
13) antrosace, Linn. Tubularia acetabulum.

Von diesen hat der Ritter nur acht als Hauptarten in dieses Geschlecht angenommen, die zwey letztern aber in das vorige Geschlecht gebracht, und die erste in das Pflanzenreich verwiesen. Daß aber Herr Pallas

Pallas sie alle zu den Pflanzen rechnet, dazu giebt er folgende Gründe an:

1) In ihrer Verbrennung riechen sie nicht animalisch, sondern der Geruch ist pflanzenartig.
2) In der See haben sie nie ein Zeichen des Lebens gegeben.
3) Man findet keinen schleimigen Polypenüberzug.
4) Die Pori sind so klein, daß keine Polypen darinnen wohnen können.
5) Die Poros, welche Herr Ellis als groß genug angebe, wären nur in Exemplaren gezeiget, die schon durch Eßig verdorben waren.
6) Die Erdcoralline, welche eine wahre Coralline sey, und doch auf dem Lande wachse, zeige deutlich, daß die Corallinen alle miteinander Pflanzen wären.
7) Sie haben Saamenknöpfchen, und kommen theils mit den Fucis, theils mit den Confervis überein.

Der Herr Ellis, dem dieses Spolium seines Thiergartens gar nicht gefällt, vertheidigt die thierische Natur der Corallinen folgender Gestalt:

1) Ihre Structur sey ganz cellulös.
2) In der chimischen Bearbeitung liefere die officinelle Coralline die nämlichen Grundstoffe, welche man bey Thieren, und deren Theilen antrift.
3) Ihre Pori seyen nicht kleiner, als an verschiedenen Arten der Kalchcoralle.
4) Die von dem Herrn Pallas sogenannten Saamenknöpfchen, kämen vielmehr mit den Bläschen, Zellen, und Ovariis der Polypen überein, als mit pflanzenartigen Saamenknöpfchen.
5) Die Corallinenmoose wären ein Mittelding zwischen den Sertularien und Conferven.

Wie! Wenn wir nun sagten: Herr Pallas und Herr Ellis haben beyde Recht? Doch wir wollen mit unserer Meynung zurück halten, und erst unsern Linne ausreden lassen, und hören, was derselbe von diesem und allen fernern Geschlechtern sagt.

Die Kennzeichen des jetzigen Geschlechts bestehen also darinnen:

Geschl. Kennzeichen. Der Stamm ist gewurzelt, fadenförmig, aus lauter Gelenken bestehend, und von einer kalchartigen Natur, Polypenblüthen aber sind noch nicht entdeckt. Ihre kalchartige Beschaffenheit ist indessen eine hinlängliche Ursache, die jetzigen Corallenmose von den Corallinen oder Sertulariis, die im folgenden Geschlechte vorkommen, zu unterscheiden.

Daß die Corallenmose sehr ästig und ausgebreitet sind, ohne daß jedoch bey ihrem Wachsthum der Stamm merklich dicker wird, will zwar von einigen als ein Beweiß wider einen Pflanzenartigen Wachsthum angesehen werden; allein dieser Beweiß wäre gar nicht einer der stärksten, eben so wenig, als die Pori der Oberfläche einen so starken Beweiß für ihre thierische Natur abgeben sollten: denn wenn diese Beweise von einiger Gültigkeit seyn sollten, so muß dargethan werden, daß keine Pflanze ästig seyn könne, ohne einen verdickten Stamm zu bekommen, und keine Pflanze auswendige Poros und Zellen besitze, und daß endlich in den Höhlungen, Köchern oder Zellen keiner einzigen Pflanze ein flüßiges, sich bewegendes Wesen, angetroffen werde.

Inzwischen sind die Pori der Corallenmose so klein, daß man sie frisch aus dem Meer, gleich mit dem Vergrösserungsglase suchen muß, denn durch das trocknen der kalchichen Mose fallen sie gleich zusammen.

Es sind folgende acht Arten zu betrachten:

Das

1. Das Feigenmooß. Corallina opuntia.

Die Aehnlichkeit, welche die Blätterchen dieser Seepflanze, sowohl als ihre Verbindung aneinander, mit der indianischen Feigenpflanze haben, welche man Opuntia nennet, und worauf die Cochenille eingeerndet wird, (Siehe den fünften Theil pag. 145.) hat obige Benennungen veranlasset. 1. Feigenmooß. Opuntia.

Es ist ein gleichsam in drey abgetheiltes Gewächse, welches aus flachen nierenartigen oder vielmehr runden fecherförmigen Gliedern aneinander gesetzt ist. Diese Glieder gehen von unten an bis oben aus, und verästen sich so häufig, daß man Büschel und Ballen davon, in der Größe eines Huths antrift. Will man diese Büschel auf Papier auflegen, so bekommt man der Aeste so viel übereinander, daß man keinen Platz für sie findet. Der Anfang ist eine Reihe solcher fast fecherförmig runden Glieder, diese Reihe gehet sodann in drey Reihen aus, und jede wieder in drey Reihen, die sich dann abermals in drey Reihen zertheilen, so daß zulezt ein ganzer Büschel herauskommt, wie wir dergleichen zu verschiedenemalen in sehr ergiebigen Büscheln zur Länge eines halben Schuhes, aus Curacao erhielten. Sie sind kalchartig weiß, oder auch wohl grün angelaufen.

Der Herr Ellis weichte diese Art in Eßig ein, wodurch der kalchartige Ueberzug weggieng, und dann kamen die Zellen zum Vorschein, wodurch er die thierische Natur behauptet, und worüber eben der Herr Pallas sich aufhält. Die Glieder sind durch viele Fasern aneinander verbunden, und so groß wie die größten Linsen.

Ellis Corall. Tab. XXV. fig. B. b. a.

Im mittelländischen Meer befindet sich eine Art, deren Schilde so groß wie die Nägel am Finger sind, und die fast nur zweyästig ist, dahingegen eine kleinere vielästige Art, die sehr steinig ist, so wie Herr Pallas sagt, aus Westindien kommt.

2. Das Apotheker-Corallenmooß. Coralina officinalis.

2. Apothekercorallenmooß. Officinalis. Es wird französisch, englisch und lateinisch unter obigen Namen in den Apothecken gefunden, bestehet aus kräuselförmigen gedruckten Gelenken, steiget astförmig auf, und giebt gegen einander stehende Seitenzweige ab. Die Pori sind klein und cirkelrund. Der Farbe nach findet man sie an der engelländischen Küste, auf Klippen, Steinen und Conchylien roth, grün, aschgrau und weiß, sie werden aber alle an der Luft weiß, und es giebt davon etliche Verschiedenheiten, die bey dem Ellis zu sehen sind; denn der Anblick der Figuren ist weit unterrichtender, als eine mühsame Beschreibung, die doch keine deutlichen Begriffe giebet.

Ellis Corall. Tab. XXIV. fig. A. a. 1. 2. 3.

Eine besondere Verschiedenheit aber macht der Ritter namhaft, welche das schuppige Corallenmooß des Ellis ist.

Ellis Corall. Tab. XXIV. fig. C. 4.

Ceylonisch. Tab. XXI. fig. 1. Bey dieser Gelegenheit ist auch eine Art aus Ceylon in Betrachtung zu ziehen, welche Tab. XXXI. fig. 1. abgebildet ist. Es wird in verschiedenen Farben gefunden, man hat weiße, rothe und grüne. Das weiße ist gabelförmig vertheilet, und breitet sich fecherförmig aus. Das grüne und violetfärletfärbige wächst mehr Büschelweise. Eine bunte Art hat die Aeste doppelt besetzt, indem die abgegebene Aeste wiederum neue Aestchen austreten lassen. Dieses ist das längste, wird aber nicht über drey bis vier Zoll hoch, und ist auf dem Rande einer Patelle wachsend vorgestellet. Sonderbar ist es, daß man zuweilen an einem Stamme Gelenke von verschiedener Bauart findet.

3. Das Saamenmooß. Corallina rubens.

Es wächst gabelförmig, haarig in die Höhe und hat die obern Glieder erhaben oder hervorragend, und wird deßwegen Saamenmooß genennet, weil die letzten Glieder durch ihre Hervorragungen gleichsam Saamenknöpfchen vorstellen. Diese Art wäre dann des Herrn Pallas Corallina cristata, wächst einen halben Zoll hoch, siehet einem Federkamm ähnlich, und kommt in den mittelländischen, africanischen und nordischen Meeren vor. 3. Saamenmooß. Rubens.

Ellis Corall. Tab. XXIV. fig. F. n. 7. f.

Eine andere Art hat cylindrische Gelenke, ist sehr fein und weiß, wird aber von Herrn Pallas für den Anfang der vorigen Art gehalten.

Ellis Corall. Tab. XXIV. fig. G. n. 8. g.

Des Herrn Pallas Corallina rubens aber, die von dem Ritter hieher gezogen wird, hat dickere, rundere Gelenke, und ist an den obern Abtheilungen nicht abgestutzt. Man trift sie an der engelländischen Küste, und im mittelländischen Meer an.

Ellis Corall. Tab. XXIV. fig. e. E. n. 5. e.

4. Das Hörnermooß. Corallina corniculata.

4. Hörnermooß. Corniculata. Diese Art führet obige Benennungen, weil die Glieder der Aeste an ihren obern Theile gleichsam mit zwey Hörnern versehen sind. Es wächset dieses Corallenmooß gabelförmig, ist ungemein fein, am Stiel mit runden langen Gelenken versehen, und wird überhaupt kaum einen Zoll hoch, untenher ist es gleichsam geflügelt, und der Farbe nach röhlich oder weiß, es wächst unter dem Tang, an den engelländischen Küsten.

Ellis Corall. Tab. XXIV. fig. d. D. n. 6.

5. Das Stammmooß. Corallina fragilissima.

5. Stammmooß. Fragilissima. Dieses Corallenmooß wächst gerade, und steifstehend, in die Höhe, ist gabelförmig, mit weit ausstehenden Aesten, die aus langen zusammengefügten rollrunden Gelenken bestehen, durch welche eine weiche Senne läuft, die sie aneinander befestigt. Das Bestandwesen ist weiß und ausserordentlich mürbe, wächst zwey Zoll hoch, und wird in dem americanischen Meer gefunden. Es ist des Herrn Pallas Corallina rigens.

6. Das Bartmooß. Corallina barbata.

6. Bartmooß. Barbata. Es ist gabelförmig gewachsen, hat rollrunde Glieder, und zoten- oder bartartige Spitzen an den Aestchen. Die Aeste sind nicht dicker als ein Drath, jedoch wächst dieses Mooß über drey Zoll hoch, und wird in dem americanischen Meer gefunden.

Ellis Corall. Tab. XXV. fig. C. c.

7. Das

7. Das Pinselmooß. Corallina penicillus.

7. Pinselmooß. Penicillus.

Es bestehet dieses niedliche Gewächse aus einem dicken, und gleichsam mit einer lederartigen Haut überzogenen Stiele, der so dick wie eine Schreibfeder ist. Dieser Stiel ist oben mit einer grossen Menge langer ununterbrochener gabelförmiger Aestchen, die nicht dicker als eine Borste sind; pinselartig im Umfange, und wohl einen Zoll lang, wie ein runder Kehrwisch besetzt, wie solches aus der Abbildung Tab. XXXI. fig. 2. mit mehrern zu erkennen ist. Eben dieses abgebildete Exemplar des Herrn Houttuins war fleischfärbig, und Herr Pallas sagt, er habe sie büschweise beysammen stehen sehen, und ihr Aufenthalt sey in Westindien. Linneus giebt Ostindien, als das Vaterland an, vielleicht sind sie also in beyden Indien. Wir besitzen ein vier Zoll langes, und einen Federkiel dickes Exemplar aus Curacao, welches weißlich grün, an der Wurzel faserich, und an der Pinselcrone mit mehr als tausend Spitzchen besetzt ist.

Tab. XXXI. fig 2.

8. Das Erdcorallenmooß. Corrallina terrestris.

8. Erdcorallenmooß. Terrestris.

Dieses ist endlich das berüchtigte Corallenmoos, welches den Grund zu den Zweifeln des Herrn Pallas legte, denn es wurde nicht in der See, auch nicht unter dem Wasser, sondern auf der Bergumer Heyde, in der niederländischen Provinz Frießland, von dem Herrn Meese, ehemaligen Gärtner in Franecker, gefunden. Es hat gegeneinander über stehende Aeste, weiße kalchichte rollrunde Gelenke, und an deren Seiten quer gerunzelte Befruchtungstheilchen an Stielchen hängen. Es wächst nur einige Linien hoch und zwar mehr in die Breite als in die Höhe.

Weil

Weil nun dieses, den anfänglichen Berichten des Herrn Meese zufolge, eine Erdcoralline wäre, so schloß Herr Pallas um so williger daraus, daß alle Corallenmoose nur blose Pflanzen wären. Der hinkende Bothe aber kam hinten nach. Herr Meese nämlich schickte den Herrn Pallas einige Stückchen davon, und schrieb dabey: Daß diese Moose durch den Sturm vom Strande auf das feste Land geschlagen wären, und sich daselbst fest gesetzt hätten, daher er, als er selbige auf dem Lande gefunden, anfänglich geglaubet hätte, daß sie daselbst auch gewachsen, und folglich Erdpflanzen wären. Es sey ein Corallenmooß von einem röthlichen Corallengewächse. (Siehe Pallas Lyst der Plantdieren &c. durch Herrn Boddaert übersetzt. Anhang pag. 644. Mithin verfällt nun auch die obige Benennung, und das angegebene Vaterland. Wir sehen aber auch dabey, wie leicht es möglich sey, sich zu irren, und Scheingründe für wahre, zu Behauptung eines gewissen Satzes anzunehmen, oder durch übereilte Schlüsse, die man aus neuen vorgebenen Entdeckungen ziehet, anf unrichtige Vorstellungen geführet zu werden.

347. Geschlecht. Corallinen.
Zoophyta: Sertulariae.

Sertularia kommt, als ein neues Wort, vom italiänischen Sertolara her, womit Imperatus die Opuntia marina, (No. 1. des vorigen Geschlechts) betitelte, und dieses stammt wohl vom lateinischen Sertum, oder Sertula, welches eine Krone oder einen Kranz bedeutet. Mit dieser Benennung zielet der Ritter auf eine gewisse Art Seegewächse, die beym Ellis den Namen Corallinae führen, davon nur etliche in dem vorigen Geschlechte vorkamen. Da nun diese letzte Benennung schon von alten Zeiten üblich war, und die Holländer diese Gewächse auch noch Korallynen nennen, so haben wir den Namen Coralline behalten, wie die Engelländer und Franzosen auch thun. Geschl. Benennung.

Sowohl der Herr Ellis als Herr Baster halten diese Gewächse mit dem Ritter für Thierpflanzen. Herr Baster hält sie für Pflanzen, die Polypen hervor bringen, und also ein thierisches Leben haben; Herr Ellis aber hält sie für Polypen, die dieses pflanzenähnliche Gewächse selber machen und bauen, und der Ritter giebt folgende Kennzeichen an:

Der Stamm ist mit hervortretenden Wurzelfasern gewurzelt, faserhaft, nackt und gegliedert, aus jedem Glied kommt nur eine Blume hervor, und diese Blume ist ein Polype, so wie der Herr Ellis

Ellis davon nach seinen Wahrnehmungen die Abbildungen gegeben hat:

Ellis Corall. Tab. V. fig. A.
Tab. IX. fig. C.
Tab. X. fig A.
Tab. XX. fig. C.

Ferner ist die Meynung des Ritters, daß diese Blumen ihre Bewegung nicht von aussen, oder von dem Winde, sondern als Thierchen aus einem eigenen willkührlichen Trieb erhalten. Herr Baster, und mit ihm Herr Pallas, stimmen auch darinne überein, daß das ganze Mark thierisch sey, und die Polypen abgebe.

Nun giebt es allerdings noch einen Unterschied, wodurch eine Unterabtheilung entstehet. Einige Corallinen nämlich haben gewisse Knospen oder Blasen in gewissen Entfernungen, die sich durch ihre Größe von dem übrigen Theile der Pflanze unterscheiden. In selbigen fand Herr Ellis gewisse Polypen und Eyer, so daß er sie für Eyernester hielte, in welchen sich traubenförmige Eyerbüschlein an einer Schnur befinden, die an dem thierischen Mark festsitzen, und darum heissen nun die Bläschen Ovaria.

Andere Corallinen scheinen ganz und gar aus Zellen und Saamenbehältern zu bestehen, und diese zusammen sind durch den Herrn Pallas unter ein eigenes Geschlecht gebracht, welches er Cellularia nennet. Wir haben also auf zwey Abtheilungen zu sehen:

A. Blasencorallinen, die in einigen Entfernungen gewisse größere Blasen hervorbringen. 29. Arten.

B. Zel-

B. Zellencorallinen, die aus lauter Zellen zusammen gesetzt scheinen. 13 Arten.

Folglich finden wir zusammen 42 Arten zu beschreiben, die übrigens fast alle ein moosartiges Ansehen haben und klein sind, wie nunmehro folget:

A. Blasencorallinen, die in einigen Entfernungen gewisse größere Blasen hervorbringen. A. Blasencorallinen.

1. Die Liliencoralle. Sertularia rosacea.

Es ist ein federartiges Gewächse, mit gegeneinander überstehenden abgestutzten Zähnchen, und eins ums andere gestellten Aesten, deren Eyerneste, oder hin und wieder hervorkommende Blasen, dornartig gekrönet sind. Eben diese Bläschen gaben zu verschiedenen Benennungen Anlaß. Herr Ellis nannte sie Granatblüthencoralline, hernach Liliencoralline, (dafür der Ritter Rosacea genommen.) Diese Benennung behält Herr Boddaert bey, obgleich Herr Pallas sie Nigellastrum genennet hatte. 1. Liliencoralle. Rosacea.

In dieser Pflanze nahm Herr Ellis zuerst ein thierisches Mark wahr, welches durch Stamm und Aeste gehet, zuletzt sich aber mit Armen ausbreitet. Diese Coralline wächst auf Conchylien und andern Cörpern gleich einem feinem Mooß an den europäischen Stranden, besonders an der engelländischen Küste, wo es Herr Ellis auf der Cypressencoralline fand.

Ellis Corall. Tab. IV. fig A. No. 7.

A. Blasencorall.

2. Die Zwergcoralline. Sertularia pumila.

2. Zwergcoralline. Pumila. Sie wird holländisch Zeerug-Korallyn, das ist, Tangcoralline genennet, weil sie darauf wächset, wie sie denn auch in länglichen Fädchen darauf sitzend, in natürlicher Größe auf der Tab. XXX. fig. 2. zu sehen ist; in einer vergrößerten Gestalt aber jetzo Tab. XXXI. fig. 3. vorkommt. Tab. XXXI. fig. 3. Warum sie aber Herr Boddaert Zee-Eike genennet hat, sehen wir nicht ein. Es ist fast einfach, oder einfädig, gegliedert, an dem obern Theile der Glieder die eine Bechergestalt haben, mit hervortretenden zurückgebogenen Spitzen gleichsam gezähnelt. Die Eyernester oder Bläschen sind einigermassen eyerförmig, und die Nebenäste kommen nur sparsam und ohne Ordnung hervor. In der Abbildung nimmt man nicht nur das fleischige Mark in den Gliederstamm wahr, sondern siehet auch, welche Gemeinschaft die Blasen mit selbigen haben, und wie endlich aus den Blasen eine Polypenblüthe hervor komme, so wie es Herr Ellis wahrgenommen hat. Diese Polypen der Bläschen sind die größten, kleinere aber kommen aus den gebogenen Spitzen der Gelenke heraus, und Herr Ellis nahm wahr, wie sie ihre Nahrung suchten, und paarweise in jedem Gelenke an dem Mark befestiget sassen, welches durch den ganzen Stamm gehet. Die Farbe dieser Pflanze ist braungelb, und sie fällt auf den schwarzen Tang (Tab. XXX. fig. 2,) sogleich in die Augen.

Ellis Corall. Tab. V. fig. A. No. 8.

3. Die Deckelcoralline. Sertularia operculata.

3. Deckelcoralline. Operculata. Holländisch Haair-Korallyn, nach des Pallas Benennung Sertularia Usneoides, Zee-Hair,

Hair, in Vergleichung mit den Haarmoosen alter Fichten und Tannen. Die Aestchen treten eins ums andere heraus. Die Zähnchen an den Aesten stehen gegeneinander über, sind spitzig und fast gerade. Die Eyernester oder Bläschen aber sind spitzig eyrund und mit einem Deckel versehen, woher obige Linneische und unsere Benennung genommen ist; und diese Art war es, welche von den alten Seemooß genennet wurde. Die Zähnchen, worunter die hervorstechende Ecken der Gelenke verstanden werden, sind schief abgeschnitten, zugespitzt, und haben inwendig ein bürstenartiges, gerade in die Höhe gerichtetes Zähnchen. Die Bläschen kommen willkührlich an den Aesten oder in deren Vergliederungen heraus. Man findet diese Art in den europäischen, mittelländischen, ost- und westindianischen Meeren. A. Blasencorall

Ellis Corall. Tab. III. fig. b. B. No. 6.

4. Die Seetamarinde. Sertularia tamarisca.

Die Zähnchen oder Ecken der Gelenke stehen fast gegeneinander über, sind einigermassen abgestutzt, jedoch noch spitzig. Die Bläschen sind länglich eyrund, (daher die Vergleichung mit der Tamarindenfrucht entstanden,) und zweyzähnig, die Aestchen aber treten eins ums andere hervor. Holländisch Tamarisch-Korallyn. Herr Ellis sagt, die Bläschen seyen einigermassen herzförmig, mit einer kurzen Röhre an der Spitze, die der Mündung einer abgeschnittenen Ader ähnlich siehet. Dieses Pflänzchen wurde an der irrländischen Küste gefunden, und wächst auf Conchylien. 4. Seetamarinde Tamarisca

Ellis Corall. Tab. I. No. 1. fig. A. a.

A. Blasencorall.

5. Die Tannencoralline. Sertularia abietina.

5. Tannencoralline. Abietina.

Die Ecken der Gelenke oder Zähnchen sind röhrig und stehen gerade gegen einander über. Die Bläschen sind eyrund, und die Aeste stehen eins ums andere. Man findet dieses Gewächse auf Austern und Mießmuscheln der Nordsee, und wird noch keinen halben Schuh hoch. Die Wurzeln sind röhrig, gedrehet, und steigen in verschiedenen Stämmen in die Höhe, welche durch die regelmäßig abgegebenen Aeste die Gestalt der Tannen oder des Farrenkrauts im kleinen etwas nachahmen. Die Bläschen haben, durch eine Oefnung im Boden, Gemeinschaft mit dem Mark. Der Hals der Bläschen ist enge, wie an den Wasserkrügen. Sie sind röthlich, und hangen zuweilen, wie Herr Ellis sagt, voll kleiner gewundener Schneckchen, wie Ammonshörner.

Ellis Corall. Tab. I. No. 2. fig. b. B.

6. Die Cypressencoralline. Sertularia cupressina.

6. Cypressencoralline. Cupressina.

Die Zähnchen stehen an den Aesten fast gegeneinander über, denn ihre Stellung ist doch einigermassen eins ums andere. Die sogenannten Eyernester sind oval, und die Aeste, die ein federartiges Ansehen haben, sind lang.

Es giebt aber zweyerley, die hieher gehören, als die eigentliche Cypressencoralline, und die Eichhornschwanzartige, welche der Ritter argentea, oder die Silberfärbige nennet, wiewohl Herr Pallas sie beyde für einerley hält. Es wächst wohl anderthalbe Schuh lang, in der Nordsee, auf allerhand Conchylien und Steinen. In den frischen

Exemplaren traf Herr Pallas in den Bläschen einen pomeranzenfärbigen Polypenschleim an, und sahe auch an der engelländischen Küste ein Exemplar, wo aus allen Zähnchen der Aeste lebendige Polypen hervortraten, doch Herrn Ellis ist diese Entdeckung nicht gelungen. A. Blasencorallinen.

Wer nun den Unterschied der Cypressen- und der Silbercoralline bemerken will, der vergleiche die Figuren des Herrn Ellis. Die erste ist:

Ellis Corall. Tab. III. fig. A. a. No. 5.

Die andere Art aber, welche dichter gewachsen ist, hat mehrere gabelförmige Aestchen, und länglichere Bläschen.

Ellis Corall. Tab. II. fig. C. c. No. 4.

7. Die Schneckencoralline. Sertularia rugosa.

Die Medica Cochleata, oder der Schneckenklee, ist Ursache an obiger deutschen Benennung, die nach der holländischen: Slakhoornkorallyn, gemacht ist, denn die Bläschen dieser Coralline sollen eine Aehnlichkeit mit den Saamengehäusen besagten Klees haben, obwohl die Medica Doliata ein näheres Recht zu dieser Vergleichung haben möchte. Inzwischen ist die Linneische Benennung von den Runzeln, welche die Bläschen haben, abgeleitet. Die Zähnchen sind fast wie ein Bläschen, aber sehr schwach, und eins ums andere gesetzt, die Aeste aber treten nur hin und wieder vor. Die Wurzeln sind röhrenförmig, und mit selbigen schlinget sich diese Coralline an der Blätterrinde, (Flustra foliacea) in der Nordsee. 7. Schneckencoralline. Rugosa.

Ellis Corall. Tab. XV. fig. A. a. No. 23.

A. Blasencorallinen.

8. Die Heringcoralline. Sertularia halecina.

8 Heringcoralline. Halecina. Die Benennung kommt daher, weil die Stielchen mit ihren feinen Aestchen viele Aehnlichkeit mit der Gräthe eines Herings haben. Die Zähnchen sind schwach, und stehen eins ums andere. Die Kelche oder Gelenke zeigen sich zweygliederig, die Eyernester oder Bläschen sind oval, und die Stielchen miteinander vereinigt: denn es bestehen dieselben aus etlichen aneinander gleichsam gekütteten Köcherchen, deren der Herr Ellis bey dem Durchschnitt wohl über hundert zählte. Alle diese Köcher nehmen ihren Ursprung aus den Wurzelfasern, und machen bey ihrer Vereinigung einen Stamm, der Aeste hat, woran sich zweygliederige Fortsätzchen zeigen. Aus diesen kommen die Polypen zum Vorschein, die mit dem untern Theile am fleischigen Marke befestiget sind, welches durch alle Köcher lauft. Dieses Gewächse ist fast in allen Meeren auf Conchylien und andern Körpern zu Hause, wird über einen halben Schuh hoch, indem es steif stehet, dahero aber auch, wenn es trocken wird, desto mürber ist. Die Bläschen sind mit einer gelben Masse angefüllet, beschreiben ein unregelmäßiges Oval, mit einem Köcherchen, welches aus dem Stielchen entspringt, an der einen Seite hinauf steiget, und sich etwas über der Spitze des Bläschens erhebt.

Ellis Corall. Tab. X. No. 15. fig. A. B.

9. Die Bürstencoralline. Sertularia thujia.

9. Bürstencoralline. Thujia. Thujia ist der sogenannte Lebensbaum, und nach diesem, oder sonst auch nach den Cypressen und Fichten, wird gegenwärtiges Gewächse genennet.

nennet. Herr Ellis aber berichtet, daß die engelländischen Fischer diese Coralline mit denjenigen, in einem eisernen Drath geflochtenen Bürsten verglichen, womit man Gefäße, die eine enge Mündung haben, inwendig sauber macht; daher denn auch in Holland die Benennung Kannewasser, oder Bottelschuijerkorallyn entstanden ist, wofür wir Bürstencoralline, nach unsern Drathbürsten, gewählet haben. Die Aeste sind mit einer doppelten Reihe Zähnchen versehen, die gegen selbige anliegen. Die Eyernester sind länglichrund, und gerandet, der Stiel aber hat an zwey Reihen gabelförmige Aeste. Die Wurzeln sind Röhrchen, mit welchen sich dies Gewächse auf Steinchen befestiget. Es wird einen halben Schuh hoch, ist bräunlich schwarz, und stehet gerade. Der Stamm ist gerunzelt, und zwischen den Aesten gebogen, die Aeste aber stehen auf dreyerley Art eins ums andere, und sind zwey bis dreymal gabelförmig. Die Zähnchen oder Kelche, welche gegen die Aeste anliegen, sind ebenfalls eins ums andere, in einer gedoppelten Reihe geordnet. Die Bläschen oder Eyernester hangen an Stielchen, und ihre Mündung hat einen Rand, ist aber nicht gedeckt. Die Nordsee und das mittelländische Meer bringen dieses Gewächse häufig genug fort. A. Blasencorallinen.

Ellis Corall. Tab. V. fig. B. b. No. 9.

10. Die Federcoralline. Sertularia Myriophyllum.

Nach den Ellisischen Vergleichungen, der sie zwar auch gefedert nennet, sollte sie Fasanenschwanz heissen, und Herr Donati, der die Kelche oder Zähnchen mit Anis Saamen vergleicht, nennet sie Anisocalyx. Es bestehet aber das ganze Gewächse aus Stielchen, die an der einen Sei- 10. Federcoralline. Myriophyllum.

A. Blasencoralline. te hie und da einen Höcker haben, an der andern Seite aber mit einen Federbarte von vielen Aestchen besetzt sind. Jedes Aestchen ist hernach an der innern Seite, die sich etwas sichelförmig krümmet, mit Zähnchen oder den so genannten Kelchen besetzt. Denn vor blossen Augen sind es nur feine Zähnchen, unter dem Vergrösserungsglase aber sind es bäuchige Krüge oder Kelche, welche der Ritter für die Eyernester hält, da weder Herr Pallas noch Herr Ellis einige andere daran gefunden. Diese Kelche sind an der einen Seite von einem spitzigen Blat begleitet. Die Wurzel scheinet ein schwammiges Gewebe zu seyn, und das Gewächse steiget bis über einen Schuh in die Höhe. Die Fischer hatten es in tiefem Wasser an der irrländischen Küste aufgezogen.

Ellis Coralle Tab. VIII, No. 13. fig. a. A.

11. Die Sichelcoralle. Sertularia falcata.

11. Sichelcoralle Falcata. Tab. XXXI. fig 4. Diese Art ist von der vorigen nicht viel unterschieden, der wesentliche Unterschied aber bestehet erstlich darinne, daß die Aestchen mehr sichelförmig gebogen sind, und daß die Zähnchen oder Kelche an denselben fast wie die Ziegel gegeneinander geschlichtet liegen, und auch mit keinem spitzigen Blat begleitet sind. Wie solches aus der Abbildung Tab. XXXI. fig. 4. am besten zu ersehen, davon die natürliche Grösse in der nämlichen Figur bey fig. * angegeben ist. Nur hat man zu merken, daß das übrige, was sich daran herumgeflochten hat, oben die Corallenwinde, No. 16. und unten die Flörencoralline No. 17. ist.

Diese Sichelcoralline steiget auf Conchylien und anderen Körpern aus einer Wurzel von gebogenen

genen Köchern, in einem geraden etwas wellenförmig gebogenen Stamme in die Höhe, der von unten bis oben aus, durch viele Aestchen federartig besetzt ist. Die Bläßchen sind eyrund, unten breit, oben spitzig. In den getrockneten trift man ein pomeranzenfärbiges leimeriches Wesen an, und aus den Zähnchen hat Herr Ellis Polypen vorkommen sehen. A. Blasencoralline.

Ellis Coral. Tab. VII No. 11 fig. a. A.
Tab. XXXVIII. fig. 5. 6. V. E. E.

12. Die Buschcoralline. Sertularia pluma.

Gegenwärtige Coralline hat glockenförmige Zähnchen, die in der Reihe aufeinander liegen, die Aestchen sind eins um andere ästig, und lauffen lanzetartig aus. Die Eyernester haben eine schotenförmige länglichrunde Gestalt, und kammartig gezackte Näthe, welche aufspringen, und auf diese Art laubähnlich werden. Dieses Gewächse schleudert sich mit den köcherartigen Wurzeln um den Tang, und andere Seegewächse. Daben merkt denn der Herr Pallas an, das aus der Verschiedenheit des Orts und der Meergewächse, worauf sich diese Coralline setzt, auch Verschiedenheiten entstehen. Sie wachsen etwa einen halben bis ganzen ja auch wohl zwey Zoll lang, je nachdem ihre Verschiedenheit ist, und der Caapsche Fucus Cartilagineus ist oft stark damit besetzt. In dem mittelländischen Meer; deßgleichen in Ostindien, trift man sie eben so, wie in dem nordischen Ocean an. 12. Buschcoralline. Pluma.

Ellis Corall. Tab. VII. No. 12. fig. b. B.

A. Blasencoralline.

13. Die Stachelcoralline. Sertularia echinata.

13. Stachelcoralline. Echinata.

An der schwedischen Küste wird eine Art gefunden, welche der vorigen fast gleich kommt, nur daß die Kelche oder Zähnchen an beyden Seiten der Aestchen stehen.

Eine gewisse Verschiedenheit, die man etwa zu dieser oder der vorigen Art rechnen könnte, wird bey Ceylon gefunden, und ist von dem Herrn Pallas angegeben unter dem Namen:

* Die Krauscoralline. Sertularia speciosa.

Krauscoralline. Speciosa.

Welche Herr Boddaert Zee Aegret nennet. Diese Art wächst steif in die Höhe, ist durch Aestchen geflügelt, welche sich sichelförmig biegen, und an der innern Seite ihre Zähnchen haben, die aus ausgebreiteten glockenförmigen Kelchen bestehen, welche gezähnelt sind, und mit einem schmalen Blätchen unterstützet werden. Die Wurzeln bestehen aus Röhrchen, welche sich um die Horncoralle flechten, der Stamm ist hornartig braun, und das Gebüsche erstreckt sich in der Länge bis auf vier Zoll. Die Flügeläste, oberhalb den Zähnchen, stehen gegeneinander über, biegen sich durch das trocknen nach der Seite, wo die Kelche stehen, sichelförmig krumm, und haben eine graue Farbe. Die Kelche liegen fast auf einander, haben an jeder Seite drey Zähnchen, wovon das mittelste verlängert ist, und sich nach aussen zu kehret; das Blätchen, welches die Kelche unterstützt, ist zweymal so lang, krumm, gestutzt, und macht mit selbigen ein Stück aus. Eyernester aber oder Bläßchen hat Herr Pallas niemals daran angetroffen.

14. Die Hörnercoralline. Sertularia antennina.

A. Blasencoralline. 14. Hörnercoralline. Antennina.

Es hat diese Coralline an den Aesten lauter Kränzchen von vier bürstenartigen Zähnchen, welche durch die Benennung Antennina, holländisch Spriet-Korallyn, mit den Fühlhörnern der Krebse oder Insecten verglichen wird, eben so gut aber könnte man auch diese Sträusse mit den Aehren der Gerste vergleichen. Die Eyernester sind eyerförmige Bläßchen, davon gleichsam das spitzige Ende schief abgeschnitten ist, und sie stehen ringsum die Aeste herum, die Stielchen aber sind fast einzeln, oder doch wenig ästig.

Die besagten Kränzchen zeigen sich an jedem Gelenke. Die Bürstchen sind nach dem Stamme zu etwas krumm gebogen, und haben feine Zähnchen, die Bläßchen enthalten mehrentheils ein schleimiges gelbes Bestandwesen, der Stamm, die Aeste und Stielchen derer, die am Ufer gefunden werden, zeigen sich alle hohl. Die Wurzeln machen ein schwammiges Gewebe, und kommen aus den Gelenken fort, und in den Zähnchen hat man lebendige Polypen gesehen.

Ellis Corall. Tab. IX. No. 14. fig. b. B.

Hiebey führet nun der Ritter noch eine Nebenart an, die sich in dem Ocean befindet, und nur einstämmig, etwa eine Spanne lang ist. Der Stamm ist rund, bürstenartig, und doch ziemlich steif, ringsherum mit vier Borstenspitzen, die gegliedert und kurz sind, als mit vielen Cränzchen umgeben. Die Bläßchen befinden sich sehr einzeln an den Gelenken der Bürsten an der innern Seite, die nach oben zu gekehret ist.

15. Die

A. Blasencoralline.

15. Die Cranzcoralline. Sentullaria verticillata.

15. Cranzcoralline Verticillata. Diese Roßschweifcoralline des Herrn Ellis hat einen fadenförmigen Stamm, der eins ums andere weitschichtig mit Aestchen versehen ist, die zuweilen gabelförmig ausgehen. Jedes Aestchen ist sowohl wie der Stamm schwach gezähnelt, und führet in gleichen Abtheilungen gewisse Kränzchen von fünf, oder nach Herrn Pallas, mehreren, langen, schraubenförmig gedrehten Stielchen, auf welchen, wiewohl nicht auf allen, offene, oben gezähnelte Bläßchen, wie Glöcklein stehen. Diese gedrehete Stielchen kommen aus den feinen Röhrchen her, welche zusammen gesetzt den Stamm außmachen, und da sie allezeit in gleicher Höhe aus den Stiel hervorkommen, so hat das Gewächse Aehnlichkeit mit dem Equisetum; und rechtfertigt die Ellisische Benennung, so wie die Linneische von den quirlförmigen Wuchs der Tannenwedeln oder ähnlichen Gestalten im Kräuterreiche genommen ist. Das Ellisische Exemplar ist fünf Zoll hoch. Nach Herrn Pallas aber sind hier wohl etliche Zoll nicht zu bestimmen.

Ellis Corall. Tab. XIII. No. 20. fig. a. A.

16. Die Corallenwinde. Sertularia volubilis.

16. Corallenwinde. Volubilis. Tab. XXXI. fig. 4. Wir haben oben bey No. 11. angezeiget, daß dasjenige Gewächse, welches sich in der Abbildung Tab. XXXI. fig. 4. um die daselbst beschriebene Sichelcoralline schlinge, oben eine Corallenwinde und unten eine Flötencoralline sey. Erstere ist dann jetzo der Gegenstand unserer Betrachtung, und letztere kommt in der folgenden Art vor.

In der natürlichen Grösse ist dieses kleine Gewächse kaum mit blossen Augen zu erkennen; vergrössert aber zeigt es sich wie eine um andere Gewächse sich hinschlingende Schnur, die auf gewundenen oder gedreheten Stielchen glockenförmige, offene und oben schwach gezähnelte Bläßchen führet. Auch in diesen hat man, wie die Figur zeiget, Polypen gefunden. Diese müssen dann wohl rechte Ritter seyn, wo auch ein gutes Microscop sie kaum sichtbar macht. Der Aufenthalt ist in den indianischen und europäischen Meeren, auf andern, mehrentheils aber Sichelcorallinen. Herr Pallas nennet sie Sertularia uniflora. A. Blasencoralline.

Ellis Corall. Tab. XIV. No. 21. fig a. A.

17. Die Flötencoralline. Sertularia syringa.

Die gegenwärtige Art, die mit der vorigen einerley Grösse und Beschaffenheit hat, wird vom Herrn Pallas Sertularia volubilis genennet, ohnerachtet sie sich nicht sehr zu winden scheinet. Sie ist ebenfalls an der Sichelcoralline Tab. XXXI. fig. 4. und zwar am untern Stamm abgebildet. Man ersiehet wohl sogleich aus der Figur, worinn der Unterschied zwischen dieser und der vorigen Art bestehe, denn erstlich sind die Eyernester oder Bläßchen länglich und rund, zweytens aber oben am Umfange nicht eingeschnitten, und nur sehr schwach gezähnelt, auch sind die gedrehten Stielchen viel kürzer, und das Bestandwesen ist, nach dem Herrn Pallas, gelblich, und mehr hornartig. Eine gewiße Verschiedenheit an der Küste von Cornwall stehet wie ein Bäumchen ganz gerade. Die linneische Benennung ist von der Syringa oder Flieder hergenommen, wiewohl Herr Houttuin meinet, 17. Flötencoralline. Syringa. Tab. XXXI. fig. 4.

A. Blasencoralline. net, daß sie von gewißen altmodischen Bechern, die wie Röhren aussehen, und holländisch Fluiten genennet werden, herstamme. Es kann aber beydes seyn, denn eins ist doch nach dem andern genennet, und darum sind wir auch bey der Benennung Flötencoralline geblieben.

Ellis Corall. Tab. XIV. fig. b. B.

18. Die Flachsseidencoralline. Sertularia cuscuta.

18. Flachsseittencoralline. Cuscuta. Die Aehnlichkeit dieser Pflanze mit dem Flachs-Seidenkraut hat die Benennung Cuscuta veranlasset. Sie ist schwach gezähnelt, hat in den Ecken der Verästungen eyrunde Eyernester oder Bläßchen. Die Aeste aber stehen einzeln gegeneinander über. Diese Coralline ist ungemein fein und kriechend. und wurde von Herrn Ellis nur auf den Schoten tragenden Tang gefunden. Herr Pallas hat nicht viel Lust diese Art in dem Thierreich aufzunehmen, sondern mögte sie gerne unter die Seemoose zählen. Sie heißt holländisch Viltkruidkorallyn.

Ellis Corall. Tab. XIV. No. 26. fig. c. C.

19. Die Traubencoralline. Sertularia uva.

19. Traubencoralline. Uva. Eine noch viel feinere Coralline, die noch feiner ist als ein dünnes Haar, wird auf der Blätterrinde (oder Flustra foliacea, Geschlecht 344. No. 1.) gefunden, die deßwegen die Traubencoralline genennet wird, weil die runden Bläßchen büschweise sitzen. Es hat dieses Gewächse sehr schwache Zähnchen und ausgebreitete Aestchen. Die Bläßchen werden vom Linne für Eyernester, und

von

vom Ellis für abgestorbene Polypen gehalten. A.
Nach dem Herrn Pallas, der dieses Gewächse Blasen-
Sertularia acinaria nennet, sind die Enden der coralli-
Aeste mit glockenförmigen Kelchen versehen, aus ne.
welchen Polypen zum Vorschein kommen. In den andern Bläßchen fand er einen schwarzen Punct wie ein Froschlaich. Die holländische Benennung ist Druifkorallyn.

Ellis Corall. Tab. XV. No. 25. fig. c. C.

20. Die Nüßcoralline. Sertularia lendigera.

Eine fast eben so kleine Coralline, holländisch Neetkorallyn, hat schwache Zähnchen, cylindrische Bläßchen, die wie Pans Flöte aneinander liegen, und drathförmige Stielchen. Die Wurzeln sind Köcherchen, welche in einen Stamm zusammen gehen und an andern Gewächsen hinan laufen, da denn die Bläßchen sich nur dem bloßen Auge wie Nüsse zeigen, mithin die ganze Pflanze wie ein Büschel verwirrter Haare, die mit Nüssen besetzt sind.

20. Nüßcoralline. Lendigera.

Ellis Corall. Tab. XV. No. 24. fig. B. b.

21. Die Knotencoralline. Sertularia geniculata.

Diese Coralline siehet, mit bloßen Augen betrachtet, wie ein Drath oder Faden aus, der mit Knoten geknüpft ist. Sie kriecht gerne mit ihren köcherartigen Wurzeln auf die Oberfläche des Schotentangs herum, und giebet Zoll lange Stielchen ab. Diese Stielchen sind eben dem geknüpften Drath ähnlich, gehen mehrentheils einzeln aus, und bestehen in Gelenken, an deren gebogenen Einsenkungen die Eyernester in Eyergestalt mit einer

21. Knotencoralline. Geniculata.

A. Blasencorallinen. einer Art einer Schnautze oder Hals, gleich den Oehlkrügen hervortreten, und neben sich ein gedrehetes Zähnchen hervorragend haben. Herr Löfling fand ein thierisches Mark darinne, welches in Polypen ausgehet. Der Aufenthalt ist in der Nordsee und im Canal.

Ellis Corall. Tab. XII. No. 19. fig. b. B.

* Die Gallertkoralle. Sertularia gelatinosa.

Gallertcoralle. Gelatinosa. Der Herr Pallas erwähnet noch dieser Art, welche nicht vorbey zu gehen ist. Sie ist im frischen Zustande wie eine Gallert, einen halben Schuh lang, dick und sehr ästig, und kommt aus einer köcherigen Rinde, welcher die Conchylien überziehet. Die Aeste sind an der Spitze mit glockenförmigen Bläschen besetzt, am Rande gekerbet oder gewunden, doch länglicher als an der Corallenwinde. Aus diesen Glocken kommen die Arme des Polypen zum Vorschein, die mit dem Mark in Verbindung stehen, und daselbst sowohl in den geschraubten Stielchen, als in dem Stamme zu gleicher Zeit eine Bewegung verursachen. Am nächsten kommt diese Art mit der folgenden Figur des Ellis überein.

Ellis Corall. Tab. XII. fig. c. C.

NB. Wir haben diese Art des Herrn Pallas gerne mit eingeschaltet, weil der Herr Houttuin meynet, daß unsere Zweifel wider den thierischen Ursprung der Coralle, eben durch des Herrn Pallas Beschreibung dieser Art, am vorzüglichsten widerlegt würden. Und einstweilen könnten wir dem Herrn Houttuin Recht geben, denn was könnte wohl (wenigstens in den Augen des Herrn Houttuins) überzeugender seyn, als wenn Herr Pallas sagt: Er habe die Arme der Polypen aus den Kelchen

chen hervor stossen sehen, um Nahrung zu suchen, und wahrgenommen, daß sie zur nämlichen Zeit ihre Kelche mit samt den geschraubten Stielchen bewegen, da sich denn auch sogar der ganze Rumpf, der inwendig in dem hornartigen Stamme steckt, bewegte. Wir glauben dem Herrn Pallas ganz gerne, und halten sogar dafür, daß es unmöglich anders seyn könne, und dennoch halten wir weder das Mark, noch die hervorkommenden Aermchen vor ein Thier, wie wir am Ende mit Gründen darthun wollen. Am allerwenigsten können wir hier dem Herr Houttuin Recht lassen, daß diese fortgepflanzte Bewegung in dem Marke der Stielchen und Aeste, das Daseyn eines Thiers oder Polypen beweise. Gewiß! Sie beweißt eben so wenig, als daß die fortgepflanzte Bewegung des Wassers, die von aussen an dem Schlauche einer Feuersprütze zu erkennen ist, das Daseyn eines Thieres in dem Schlauche, oder das Hervorkommen eines Polypen aus der Mündung der Sprütze, beweiset. Doch wir übergehen auch diesen Artikel, und sparen alle unsere Erinnerungen bis zuletzt.

A. Blasencorallinen.

12. Die Dratcoralline. Sertularia dichotoma.

Weil diese Coralline gabelförmig ist, nennet sie der Ritter Dichotoma. Weil sie fast einen Schuh lang wird, heisset sie bey Herrn Pallas Longissima. Ihre dünne fadenartige Gestalt aber, gab Herrn Ellis Anlaß, sie Seedrat zu nennen. Es ist also ein sehr dünnes fadenförmiges Gewächse, mit langen in Winkeln stehenden Gelenken oder

12. Dratcoralline. Dichotoma.

A. Blasencorallinen. Knien, die in gabelförmige Aeste ausgehen, an deren Zusammenfügungen sich eyrunde Eyernester befinden, davon die wahre Gestalt natürlich und auch vergrößert Tab. XXXII. fig. 1.* zu sehen ist.

Tab. XXXII. fig. 1.* Es zeigen sich da an den Enden gewisser gedreheten Stielchen einige Kelche, aus welchen Polypen hervor kommen. Was aber die Eyernester betrift, so hat man wahrgenommen, daß sich diese Eyerchen nach und nach in Polypen verwandelten, die ihre Arme hervorstreckten, mit einer Schnur aber an dem innern Mark befestigt wären, (so wie die Abbildung hin und wieder zeiget,) bis daß sich diese junge Polypenbruth ganz absonderte, auf den Boden des Glases niederfiel, und daselbst die Arme wieder aufs neue ausbreitete, so wie man das nämliche an den Polypen der süssen Wasser wahrgenommen. Der Aufenthalt ist in der Nordsee, wo oft ganze Büschel dieser Coralline an den Strand geworfen werden.

Ellis Corall. Tab. XII. No. 18. fig. a. A.
Tab. XXXVIII. fig. 3.

23. Die Seidencoralline. Sertularia spinosa.

23. Seidencoralline. Spinosa. Dieses Gewächse hat schwache Zähnchen, spitzig eyrunde Kelche, und gabelförmige, gedornte Aeste. Dieses rechtfertiget also die Linneische Benennung. Inzwischen aber ist das Gewächse ausserordentlich fein, und so sanft wie Seide, daher es vom Ellis die Seidencoralline genennet wurde.

Sie ist schlank und durchsichtig, sitzt mit vielen röhrigen Seidenfasern an Steinen und Conchylien feste, aus diesen Fasern entstehet bey ihrer Vereinigung ein Stamm, der viele lange Aeste abgiebt,

abgiebt, diese machen viele Bogen und Winkel, an welchen noch feinere kurze Aestchen seitwerts austreten, die an einer Seite mit regelmäßigen Höhlen besetzt sind, welche einen ordentlichen Rand haben, und jemehr die Aestchen sich verdünnen, je dichter stehen diese Höhlungen beysammen. A. Blasencorallinen.

Der Herr Ellis schöpfte dieses Seidengewächse an der Mündung der Themse frisch aus dem Wasser heraus, und fand daß in jeder Höhlung ein Bläschen stack, in welchem ein Polypus mit acht Armen wohnte. Er bemerkte auch, daß das innere Mark thierisch seyn müßte, weil dasselbe durch ihre Bewegung auch in Bewegung gerieth. Ja er sahe auch, daß sich die Eingeweide dieser Thierchen bewegten, bis daß das Wasser verdarb, da fielen nicht nur die Bläschen wie die Blüthen der Bäume ab, sondern es krämpfte sich auch die innere gallertartige Substanz so zusammen, daß man sie kaum mehr sehen konnte.

Herr Pallas sagt, dieses Gewächse würde oft acht Zoll lang, wiewohl man es mehrentheils nur vier Zoll lang finde. Der Aufenthalt ist sowohl in dem mittelländischen Meere, als in der Nordsee, an den europäischen Küsten.

Ellis Corall. Tab. XI. No. 17. fig. b. B.

24. Die Federbürstencoralline. Sertularia pinnata.

Der Herr Ellis nennet sie Bürstencoralline, und der Ritter die gefederte, nun haben wir oben No. 9. schon eine Bürstencoralline, und bekommen unten No. 26. eine Federcoralline, wir wollen uns also dadurch helfen, daß wir die gegenwärtige die Federbürste nennen, um zweyen Herren zu dienen. Sie hat schwache Zähnchen, 24. Federbürstencoralline. Pinnata

A. Blasencorallinen. längliche ovale Eyernester, und einen einfachen lanzetförmig gefederten Stamm, der im Zusammendorren eine kleine Bürste vorstellet. Die Zähnchen sind gewisse Kelche, die in Kästchen stehen, aus welchen die Polypen hervor kommen. Die Eyernester sind mit Eyern angefüllet, und haben eine röhrenförmige Mündung. Der Aufenthalt ist in der Nordsee, und im indianischen Meere, auf Muscheln.

Ellis Corall. Tab. XI. fig. a. No. 16.

25. Die Gürtelcoralline. Sertularia polyzonia.

25. Gürtelcoralline. Polyzoa. Am allerwenigsten schickt sich zu dieser Art die Ellisische Benennung, welche Groszahncoralline ist. Besser reimet sich der Name den ihr Herr Pallas gegeben, da er sie Ericoides, oder Heidekrautcoralline nennet, dem auch die Holländer mit Hey-Korallyn folgen. Allein wir sind nun Linneisch, und geben ihr obigen Namen, welcher von den Gürteln hergenommen ist, womit die Eyernester häufig gestreift sind. Das ganze Gewächse ist übrigens ästig, und die Zähnchen, die eins ums andere stehen, sind wiederum ein wenig gezähnelt.

Der Herr Ellis giebt zwey Arten an, eine die wenig ästig ist und auf Austern gerade stehend gefunden wird, dieselbe hat große Zähnchen, die sich in der Vergrößerung wie Krüge zeigen, aus welchen Polypen hervorkommen, die sich schnell bewegen. Die andere Art hingegen kriecht an andern Gewächsen in die Höhe, hat mehrere Aeste, und die Zähnchen sind weitmündiger. Beyde Arten aber haben Bläschen, welche in die Quere getunzelt sind. Aus dem mittelländischen Meere und vom Caap der guten Hofnung, desgleichen aus In-

Indien, kommen größere Exemplare als aus der Nordsee.

Ellis Corall. Tab. III. No. 5. fig. a. A.
Tab. XXXVIII. fig. 1.

A. Blasencorallinen.

26. Die Federcoralline. Sertularia pennaria.

Sie hat einen Stiel von anderthalbe Schuh hoch, ist rauh, gedrehet, und mit langen Aesten eins ums andere federartig besetzt. Diese Aeste haben wiederum ihre Strahlen, wie der Bart an den Federn. Diese Strahlen sind an der obern Seite rinnenförmig hohl, und an der Rückenseite rund. Diese Art kommt aus dem indianischen Meere.

26. Federcoralline. Pennaria.

Diejenige Art, welche von dem Ritter aus dem Pallas mit No. 98. angeführet wird, ist dieses Schriftstellers Sertularia Filicina, und nicht speciosa, (denn letztere haben wir schon oben, hinter No. 13. angeführet,) und diese seine Filicina oder Farrencoralline ist nur drey bis vier Zoll hoch, und in verschiedene Aeste abgetheilet, die deutlich röhrig, und in gewissen Entfernungen mit langen schmalen, abermahls gefederten Blätchen federartig besetzt sind.

27. Die Mooßcoralline. Sertularia lichenastrum.

Sie hat stumpfe Zähnchen, die schuppenweise in zwey Reihen liegen. Die Eyernester sind oval, klaffen, und stehen an einer Seite gleichweitig beysammen. Die Stiele sind federartig mit Aestchen besetzt, und die Aeste sind gabelförmig. Der Auf-

27. Mooßcoralline. Lichenastrum

A. Blasencorallinen. enthalt ist an Kamtschatka, Indien, Ceylon und in der Nordsee.

Ellis Corall. Tab. VI. fig. 10. a, A.

28. Die Cederncoralline. Sertularia cedrina.

28. Cederncoralline. Cedrina. Diese bey Kamtschatka gefundene Coralline hat lange schmutzige unansehnliche Stiele, öfters gegabelt, wird nach und nach, gegen den Spitzen zu dicker, und lauft stumpf aus. Sie ist ganz und gar mit einer vierfachen Reihe cylindrischer gelber Röhrchen besetzt, daher die Aeste fast viereckig erscheinen. Von der Bürstencoralline No. 9. unterscheidet sie sich darinne, daß die Schuppen nicht abgesondert sind, indem sie ganz übereinander liegen, und so in vier, selten in fünf, oder zwey Reihen liegen. Die Aeste sind an dieser Art nur hin und wieder zertheilet.

29. Die Purpurcoralline. Sertularia purpurea.

29. Purpurcoralline. Purpurea. Sie führet obige Benennung, weil sie ganz und gar dunkel purpurfärbig ist. Die Zähnchen sind eyrund-köcherartig, die Aeste sind gabelförmig, vierfach schuppig, und daher viereckig. Die Eyernester oder Bläschen haben eine Glockenfigur, und stehen gerade in die Höhe. Die Schuppen oder Zähnchen liegen nicht so dichte beysammen, als an der vorigen Art, denn sie berühren einander nicht. Es ist dieses Gewächse durch Herrn Steller (so wie die zwey vorigen Arten) bey Kamtschatka gefunden worden.

B. Zellencorallinen, deren Eyernester nicht offen, sondern innerhalb den Gelenken versteckt liegen.

B. Zellencorallinen.

Sie sind des Herrn Pallas Cellulariae, mehrentheils kalchartig, und ihre Polypen kommen aus einer Oefnung, am obern Theile eines jeden Gelenkes, zum Vorschein.

30. Die Taschencoralline. Sertularia bursaria.

30. Taschencoralline. Bursaria.

Sie hat ihre Benennung von der Bursaria oder Täschelkraut erhalten. Die Zähnchen stehen gegeneinander über, sind zusammengedruckt und gleichsam gekrönt, die Aeste aber steigen gabelförmig in die Höhe. Die ganze Pflanze ist perlenfärbig, und klebt mit kleinen Röhrchen an den Fucis, aus diesen Röhrchen erweitert sie sich von Glied zu Glied in Täschlein, die unten enge und oben breit sind, und paarweise gegen die Röhrchen, (das ist an jeder Seite eine,) liegen. Diese Täschlein sind nun die Zellen, die oben offen sind, und aus deren vielen ein gewisser Körper in Gestalt einer Tabakspfeife hervortritt, dessen dünneres Ende in der mittlern Röhre eingepflanzt zu seyn scheinet. Das Vaterland ist hin und wieder im Ocean.

Ellis Corall. Tab. XXII. No. 8. fig. a. A.

31. Die Panzercoralline. Sertularia loriculata.

31. Panzercoralline. Loriculata.

So wie die vorige Art mit taschenartigen Zellen versehen war, eben so haben die Zellen der jetzigen Art eine Panzergestalt, wenn man nämlich zwey, so wie sie paarweise gegen den Stiel ansetzen, zusammen rechnet. Gegen den Stiel nämlich

B. Zellencorallinen. erhebet sich eine unten spitzige und oben breite Zelle, die schief abgestutzt, und daselbst offen ist, wenn nun an der andern Seite des Stiels die zweyte Zelle dagegen kommt, so ist die Panzergestalt da, welche Herr Houttuin nicht unschicklich mit einer Schnürbrust vergleichet, und dahero diese Art die Keurslyf-Korallyn nennet. Wenn nun der Ritter sagt, daß die Zähnchen gegeneinander überstehen, so sind solche die schiefabgestutzten Oefnungen der Zellen, welche an dem Panzer oder Schnürbrust die Armlöcher vorstellen, denn vor den blossen Augen scheinen diese Hervorragungen nichts anders als Zähnchen zu seyn. Sie wächst in grossen Gebüschen mit gabelförmigen Aesten, die sanft und glänzend sind. Diese Aeste sind köcherförmig, und geben aus ihrem Mark die Zellen ab, in welchen man zu gewissen Zeiten kleine schwarze Punkte entdeckt, die ja nichts anders als die Polypen seyn können. Der Aufenthalt ist im Ocean.

Ellis Corall. Tab. XXI. No. 7. fig. b. B.

32. Die Kronencoralline. Sertularia fastigiata.

32. Kronencoralline. Fastigiata. Herr Ellis nennet sie sanfte Federcoralline, die Holländer Dons- (oder Pflaumenfeder) Korallyn. Es ist ein sehr feines sanftes Gewächse mit einer schönen Krone. Die Zähnchen stehen eins ums andere, und machen die halbrollrunden Zellen. Jeder Ast ist gabelförmig abgetheilt, und jede Abtheilung führet zwey Reihen Zellen, die oben eine scharfe Spitze haben. An dieser Spitze sahe Herr Ellis gewisse schnirkel- oder schneckenartige Körperchen, und fieng sogar an zu glauben, daß die Polypen sich hernach in Conchylien verwandelten. Freylich kann man es weit bringen, wenn man seiner Einbildungskraft alle Freyheit lässet,

lässet, ohne Rücksicht auf gewisse Grundsätze der Natur, und man hat also die Meynung der Alten, daß die Enten aus Muscheln an Bäumen wüchsen, nicht einmahl so auszuklatschen, denn neuere Naturforscher sind im Stande, größere Wunder in der Natur zu finden. Es heißt aber da oft: Mit Gewalt gefunden! — B. Zellencorallinen.

Ellis Corall. Tab. XVIII. No. 1. fig. A.

33. Die Vogelcoralline. Sertularia avicularia.

Zur Erläuterung obiger Benennung ist zuvörderst anzumerken, daß sich an diesem Gewächse gewisse Angehänge zeigen, welche einige Aehnlichkeit mit den Vogelköpfchen haben. Die Zähnchen oder Zellen stehen eins ums andere einander fast entgegen. Die Kelche sind kugelrund, und geben Polypen aus, welche schnell aus und ein gehen. Zuweilen vermannichfaltigen sich diese Zellen, und machen ein breites Blatt. Die anhangenden Vogelköpfchen bewegen sich gleichfalls, und öfnen ihre Schnäbel, ohne daß man ihre Bestimmung ausfündig machen können. Die Aeste sind gabelförmig, ungetheilt, und machen oben eine Krone. Eine Abbildung von dergleichen dreyfachen Zellen-Schichten- und beyhangenden Vögelköpfchen ist Tab. XXXII. fig. 2. zu sehen, woselbst fig. * die natürliche Größe zeiget. Herr Pallas hält diese Art für eine Mittelgattung zwischen der Eschara und Cellularia. Der Aufenthalt ist in der Nordsee. — 33. Vogelcoralline. Avicularia. Tab. XXXII. fig. 2.

Ellis Corall. Tab. XX. No. 20. fig. 2. A.

B. Zellencorallinen.

34. Die Neritencoralle. Sertularia neritea.

34. Neritencoralle. Neritea

Bey der Untersuchung gegenwärtiger Art, fiel der Herr Ellis zuerst auf die Gedanken, daß sich die Polypen in Conchylien verwandelten, oder doch diese Pflanze für ein Eyernest von kleinen Neriten zu halten wäre, denn es zeigten sich an den, eins ums andere geordneten Zellen, gewisse Käpchen, welche wie Neriten aussahen. Der Herr Pallas aber beschuldiget den Herrn Ellis, daß er durch das Microscop sey verführet worden, und daß die runden vermeyntlichen Neriten nichts als häutige Bläschen wären, die mit einer Querspitze klaffeten. Solche Vorwürfe machen allerdings die ganze Thierpflanzenlehre wankelbar. Nicht recht sehen! Nicht lange genug sehen! Zu wenig sehen! Zu viel sehen! Durch das Microscop verführet werden! und dergleichen Verweise mehr, erregen bey so undenklich kleinen Geschöpfen, und bey der Nachricht von der Art ihrer Bewegung, einen Zweifel um den andern, wievielmehr muß man denn an den Schlüssen, die aus diesem microscopischen Gesichtspuncte gefolgert werden, zweifeln? da man die Schlüsse als Schlüsse schon ohne Microscop beurtheilen, und ihre Ungewißheit erörtern kann. Uebrigens stehen die Aeste dieser Coralline gerade, sind ungleich und gabelförmig. Das Vaterland ist America.

Ellis Corall. Tab. XIX. fig. a. A.

35. Die Steincoralline. Sertularia scruposa.

35. Steincoralline. Scruposa.

Sie ist steinartig mürbe, setzt sich häufig an breitblätterige Seerinden an, ist eins ums andere mit Dornen besetzt, hat eckige Zähnchen, kriechende de und gabelförmige Aeste, und wird an der englischen Küste gefunden. In den Zellen traf Herr Ellis schwarze Puncte an, welche er für abgestorbene Polypen hielte, und ihre Verwandlung in Schneckchen glaubte. B. Zellencorallinen.

Ellis Corall. Tab. XX. N. 4. fig. c. C.

36. Die Kriechcoralline. Sertularia reptans.

Diese Art wird ebenfalls auf der breitblätterigen Seerinde gefunden. Sie kriecht dergestalt daran fort, daß die Aeste immer neue Wurzeln abgeben, wie die Erdbeeren, und andere kriechende Gewächse thun. Uebrigens sind die Aeste gabelförmig, und an beyden Seiten eins ums andere mit zweyzähnigen Zellen oder Zähnchen besetzt. Es haben nämlich die Zellen an der runden Mündung zwey Dornen, und scheinen umgekehrte Kegel zu seyn, da ihr unterer Theil sich mit einer Spitze in die Aeste senkt, so wie die Abbildung Tab. XXXII. fig. 3. in einer starken Vergrösserung zeiget. In jeder Zelle ist ein Punct abgebildet, und das sollen nun durchaus nichts anders als todte Polypen seyn. Ja, da Herr Ellis in den Mündungen der Zellen bey andern Exemplarien schon schaalige Kügelchen wahrgenommen, wie könnte denn nun noch ein Mensch in der Welt, er sey denn ein Thomas, wie wir, (so wie wir auch vom Herrn Houttuin davor gehalten werden, und uns gerne davor halten lassen,) daran zweifeln, daß sich hier schon die Polypen in Conchylien zu verwandeln angefangen haben. Der Herr Pallas versichert, daß dieses Gewächse nie höher als einen halben oder dreyviertels Zoll steige. Legt man diese Pflanze in Eßig, so brauset das kalchige Wesen herunter, und es bleibt eine köcherartige Haut übrig, woran Wurzel, Aeste und Zellen ununterbrochen aneinander hängen, wie

36. Kriechcoralline. Reptans.

Tab. XXXII. fig. 3.

B. Zellencorallinen. wie solches auch an andern Zellencorallinen wahrgenommen wird. Der Aufenthalt ist hin und wieder im Ocean.

Ellis Corall. Tab. XX. N. 3. fig. b. B.

37. Die Klebcoralline. Sertularia parasitica.

37. Klebcoralline. Parasitica. Eben deswegen, weil sich diese Coralline so sehr an dem rothen oder saamentragenden Corallenmmoß, (No. 3. des vorigen Geschlechts) im Ocean anhängt, daß man die Stielchen des letzteren für die Stielchen gegenwärtiger Art halten sollte, wird sie vom Ritter parasitica genennet, denn es bedeckt oft besagte Pflanze ganz, oder doch einige Aeste derselben.

Sie bestehet aus lauter aneinander gesetzten Kränzchen von fünf zusammengesetzten, weissen, durchsichtigen, etwas punctirten und geradestehenden kräuselartigen Zähnchen, die mit ihrem inneren Rande gegen das Corallenmooß angewachsen sind. Die Kelche sind mit geradestehenden Bürsten, als mit Augenhärchen, gerandet, diese Härchen sind so lang als die Kelche, und nur die innern zuweilen etwas kürzer. Auch ist der Rand der Kelche nach innen zu, gegen dem Corallenmooß etwas gewölbet, auswendig aber niedriger. Was die Gestalt der Zellen betrift, so hat sie viele Aehnlichkeit mit der Haarrinde No. 3. des 344. Geschlechts, ob sie gleich eine ganz verschiedene Art ist. Denn die Haarrinde legt sich wie eine aneinander hangende Rinde, diese Coralline aber in Kränzchen an.

38. Die Haarcoralline. Sertularia ciliata.

38. Haarcoralline. Ciliata. Es ist ein kleines geradestehendes ästiges Gewächse, mit trichterartigen eins ums andere stehenden

den Zellen, die mit dem dünnsten Ende an einander sitzen, oben aber eine weitklaffende Mündung haben, dessen Rand mit Wimpern oder feinen langen Härchen besetzt ist. Die Aestchen entstehen aus vereinigten köcherartigen Wurzeln. Durch das Microscop zeiget sich ein feines weisses Härchen, welches als das Mark durch alle Aeste gehet, und mit den Zellen Gemeinschaft hat. An dem obern Theile der Pflanze entdeckte Herr Ellis schaalige Körper, die wie Kappen der Helme gebildet sind, und an den Seiten von etlichen Zellen zeigten sich dem Herrn Ellis einige kleine Figuren wie Vogelköpfe, die Herr Pallas jedoch niemahls wahrgenommen. Der Aufenthalt ist an den englischen Küsten, wo es häufig am Seemooße, Schwämmen und Blasencorallinen als ein Nebengewächse, etwa einen halben Zoll hoch gefunden wird.

B. Zellencorallinen.

Ellis Corall. Tab. XX. No. 5. fig. d. D.

39. Die Elfenbeincoralline. Sertularia eburnea.

39. Elfenbeincoralline. Eburnea.

An gegenwärtiger Art ragen die Zähnchen eins ums andere hervor. Die Aeste stehen ausgebreitet, und die Eyernester zeigen sich wie bäuchige Bläschen, die mit einer Schnautze versehen sind. Das ganze Gewächse scheinet unter dem Microscop aus zusammengedruckten Kügelchen zu bestehen, die an irgend einem Seemooß geleget sind; denn in der Mitte solcher Kügelchen ist eine Oefnung, aus selbiger kommen ganz dünne gegliederte Röhrchen hervor, diese steigen ferner in Aeste auf, welche aus einer gedoppelten Reihe eins ums andere gestellten Köchern bestehen, deren Hervorragungen die oben nach der Linneischen Mundart erwehnte Zähnchen sind, und mit den Seiten gegeneinander anliegen. Aus den Seiten dieser Aestchen kommen

B. Zellencorallinen. men hin und wieder vorbesagte Bläschen hervor. Diese sind sehr mürbe, punctiret, und mit einem hervorstechenden Röhrchen versehen. Kraft dieser Bläschen aber scheinet diese Zellencoralline nahe mit den Blasencorallinen verwand zu seyn, denn es hat ja Herr Ellis darinne auch todte Polypen gefunden. Die Größe dieses Gewächses ist gemeiniglich nur ein Viertelszoll und erreicht höchstens einen Zoll. Man trift es auf der Blätterrinde (No. 1. des 344. Geschl.) und auf der Tannencoralline (No. 5. des 347. Geschl.) in dem Norder Ocean sehr häufig an. Die Farbe ist wie Elfenbein, daher obige Namen entstanden.

Ellis Corall. Tab. XXI. No. 6. fig. a, A.

40. Die Bockshorncoralline. Sertularia cornuta.

40. Bockshorncoralline. Cornuta. Die Zähnchen, welche eins ums andere stehen, sind etwas krumm gebogen, daher sie Cornuta, und Bockshorn, von Herrn Pallas aber Cellularia falcata, oder Schildförmige genennet wird. Inzwischen sind diese Zähnchen oben abgestutzt, und haben daselbst runde Oefnungen, die nach der inneren Seite, oder nach dem Stamme zu gekehret sind, an der andern Seite dieser Zellen aber erhebt sich ein feines Härchen. Die Aeste gehen auch eins ums andere auseinander, und hin und wieder zeigen sich ebenfalls blasige punctirte Eyernester, mit einer Schnautze oder Röhrchen, wie an der vorigen Art. Der Aufenthalt ist im Ocean, und auf den bunten Fucis des mittelländischen Meeres, so wie Herr Houttuin wahrgenommen hat.

Ellis Corall. Tab. XXI. No. 10. fig. c. C.

41. Die

B. Zellencorallinen.

41. Die Krebsscheerencoralline. Sertularia loricata.

41. Krebsscheerencorallin. Loricata.

Herr Ellis nennet diese Art wegen der Gestalt der Zähnchen oder Zellen, Ochsenhörnercoralline, und der Herr Houttuin folget dem Herrn Ellis mit Ossenhoornkorallyn. Der Ritter aber, der vermuthlich diese Benennung nicht schicklich fand, gab ihr in der zehnten Auflage seines Natursystems den Namen Chelata. Diesem folgte Herr Pallas, und nannte sie Cellularia chelata. Nun verändert der Ritter in der zwölften Ausgabe den ersten Namen in loricata, welche Veränderung gewiß nicht unter die Verbesserungen gehöret, denn die Zähnchen mit einem Harnisch zu vergleichen, wird einem jeden viel schwerer ankommen, als wenn er sie mit Krebsscheeren vergleicht, daher wir dieses letztere behalten haben.

Es bestehen nämlich die Aeste, welche nach innen zu krumm gebogen sind, in einer einfachen Reihe hörnerartiger Köcher, die an ihrer obern runden Mündung an der inneren Seite ein langes Horn, und an der andern Seite ein kurzes haben, welche der Ansatz zu neuen Köchern zu seyn scheinen, und in diesen langen und kurzen Zacken, nebst der bäuchigen Gestalt der Zähnchen, lieget die Aehnlichkeit mit den Krebsscheeren. Sie ist eine der allerkleinsten Corallinen, von schaaliger mürber Substanz, und läßt sich im Ocean und im mittelländischen Meere auf andern Seemoosen finden. Ellis Corall. Tab. XXII. No. 9. fig. b. B.

42. Die Ottercoralline. Sertularia anguina.

42. Ottercoralline. Anguina.

Dieses Gewächse macht nur einen geraden Stamm, aus welchem ohne weitere Zähnchen gewisse

B. Blasencorallinen.

wisse schlangen- und keulförmige Aestchen, in einem geraden Winkel sichelförmig austreten. Die keulförmige Dicke am Ende dieser Aestchen soll also den Otternkopf vorstellen, und da sich unten an der Seite desselben eine Oefnung befindet, so ist selbige gleichsam das Ottermaul. Der Stamm kriecht an andere Seegewächse oder Moose hinan, und wird öfters an den caapschen Knorpelpflanzen, (Fucis Cartilagineis, Linn.) gefunden. Sie ist weiß, und siehet vor blossen Augen nicht anders aus, als ob kurze, krumme, stumpfe Härchen gegen einen Stiel angesetzet wären.

Ellis Corall. Tab. XXII. No. 11. fig. c. C.

---

348. Ge-

348. Geschlecht. Seegallert.

Zoophyta: Vorticella.

Vorticella kommt von Vortex ein Wirbel, Wasserwirbel, oder Strudel, her. Mit dieser Benennung zielet der Ritter auf einen gewißen Umstand, der sich an diesen Geschöpfen ereignet, daß sie nämlich, da sie sich als Blumen ausbreiten, durch ihre Bewegung einen Wasserwirbel verursachen. Geschl. Benennung.

Wir haben sie Seegallert genennet, weil ihr Bestandwesen, ehe sie getrocknet werden, aus- und innwendig steif, gallertartig ist, und auch aus solchen Gelenken aneinander gesetzt zu seyn scheinen.

Der Herr Houttuin nennet sie Bastardpolypen, weil theils viele süße Wasserpolypen hieher gezogen werden, theils auch ihr gallertartiges Bestandwesen mit den sogenannten Polypen sehr übereinkommt, daher er auch dieses Geschlecht zu der folgenden Abtheilung der Phytozoa, oder Pflanzenthiere gerechnet hat, welches wir zwar nicht mißbilligen, (denn wir sehen doch die Kette dieser Geschöpfe aus einem ganz andern Geschichtspuncte an,) dennoch aber bey der linneischen Eintheilung bleiben wollen.

Der Herr Pallas nennet diese Geschöpfe Brachionus, wiewol er verschiedene andere hieher ziehet, und etliche dagegen wegläßet, welches alles anzuzeigen, uns unnöthig aufhalten, und den Leser verwirren würde. Es kommt dahero nur auf eine deutliche Beschreibung an, welche Geschöpfe man hier nach der Meynung des Ritters zu suchen habe.

Geschl. Kennzeichen. Es sind angewachsene oder an andern Körpern mit einem Stamm aufsitzende Geschöpfe, deren Blüthen einen Wirbel machen, indem sie aus ihren Armen eine Blume zusammen setzen, die einen Kelch darstellet, dessen Mündung mit Fasern als mit Härchen besetzt ist, und sich zusammen ziehen kann. Diese Blumen machen das Ende des Stammes aus, und ihre Verschiedenheit zeiget sich nicht nur in der sehr abweichenden Gestalt, sondern auch in den Orten des Aufenthalts; denn von den 14. Arten, die nun folgen, befinden sich nur fünfe im Meer, neun aber in süssen Wassern.

1. Die Seelilie. Vorticella encrinus.

1. Seelilie. Encrinus. Es ist den Liebhabern und Sammlern ohne Zweifel eine gewiße Versteinerung bekannt, welche man Encriniten oder Seelilien nennet; weniger bekannt aber wird vielen das Original dazu seyn, und gerade dieses ist es, wovon wir hier unter obigen Benennungen zu handeln finden.

Man fand nämlich im Jahr 1752. im Norder Ocean auf der Breite von neun und siebenzig Graden, und zwar fünf und zwanzig Meilen von der grönländischen Küste, in einer Tiefe von etwa zweyhundert und sechs und dreyßig Faden oder Klaftern ein Geschöpf, welches durch das Senkbley aufgezogen wurde. Dieses Geschöpf bekam vom Herrn Ellis den Namen eines Buschpolypen, doch Herr Mylius nannte es eine Thier-

Thierpflanze, dessen Beschreibung in Knorr: Lapides Diluvii Testes zu finden ist.

Es ist nämlich ein Seegewächse, bestehend in einem langen Stiel und einer Krone. Der Stiel ist etliche Schuh lang, einigermassen knörpelich und bestehet aus gedrehten Scheiben. Er steckt unten in einer Scheide, und wird nach oben zu allmählich dünner. Auf diesem Stiel befindet sich oben ein Busch von zwanzig bis dreyßig Körpern, die fleischich sind und die Gestalt der Polypen haben. Sie sind rund und gerunzelt, oben aber ringsherum mit acht Armen, die auch aus Gliedern bestehen, umgeben. Diese Arme breiten sich wie eine Glockenblume aus, und sind am Rande faserig. Stirbt dieses Thier, (wenn es ein Thier seyn soll) so ziehet es die Arme in eine Spitze zusammen, wie sich etwa die Jerichorose oder die Medusa krämpft, und dann ist die Gestalt des Liliensteins oder Encriniten, welche von Unwissenden für eine versteinerte Kolbe des türkischen Korns gehalten wird,) da. Beym Aufschneiden fand Herr Ellis, daß die Substanz in einer Muscul bestund, die wellenförmig in Ringel gedrehet war, dessen innere Höhlung gewisse saamenartige Körperchen enthielte. Herr Pallas hat sie, als ob sie nicht gewurzelt wäre, unter die Pennatulas gerechnet. Daß es inzwischen Verschiedenheiten gebe, daran ist nicht zu zweifeln.

Ellis Corall. Tab. XXXXVII.

2. Die Seepolype. Vorticella polypina.

Dieses Geschöpfe bestehet in einem fingerartigen federigen Stiel und aneinander verbundenen Blumen. Es ist ungemein klein, und muß durch ein 2. Seepolype. Polypina.

ein Vergrösserungsglas betrachtet werden. Unter demselben zeigete es sich dem Herrn Ellis als ein Häuflein kleiner Kügelchen, die an einem Aestchen sitzen, er sah aber, daß es sich erhob, und sich vor seinen Augen als ein regelmäßiges baumartiges Gewächse mit Aestchen ausbreitete, an welchen birnförmige Bläßchen sassen. Jedes Bläßchen hatte einen Polypen und würkte besonders, ohne Gemeinschaft mit den übrigen, ja er nahm wahr, daß jeder Polype fleißig vor sich nach Futter umsuchte, soweit es die Länge des Stiels zuließ. Am allerwunderbarsten aber war, daß sich alle Polypen, gleichsam als ob sie es mit einander abgeredet hätten, oder als auf ein gegebenes Zeichen, sich miteinander zugleich zurücke zogen, sich einkrämpften, und die Gestalt einer Maulbeere oder eines Traubenbusches annahmen, nach etlichen Secunden aber sich wiederum baumartig ausbreiteten, und dann wiederum wie vorher, einkrämpften, welche abwechslende Bewegung so in einem fortdaurete, so lange Herr Ellis seine Wahrnehmung fortsetzte. Der Aufenthalt ist im europäischen besonders aber im mittelländischen Meer.

Ellis Corall. Tab. XIII. No. 22. fig. b. B. c. C

3. Die Buschpolype. Vorticella anastatica.

3. Busch-polype. Anastatica.

Der Ritter hat dieses Product des süssen Wassers, wegen des sich ausbreitenden und einkrämpfenden Vermögens nach der sogenannten Jerichorose, anastatica genannt. Man nennet diese und dergleichen ähnliche Arten mit einander Busch- oder Büschelpolypen, holländisch Tros-Polypen, französisch Polypes a Bouquet, nach dem Trempley, und von selbigen sind schon viele von Herrn Rösel, Schäfer, Baster, Brady,

Brady und andern entdecket worden, darunter sich diejenige sehr heraus nimmt, welche Herr Brady bey Brüssel entdeckte, und welche allhier in einer sehr starken Vergrösserung Tab. XXXIII. fig. 1. abgebildet worden: denn die eigentliche Größe ist nur zwischen anderthalb und zwey Linien, mithin erst durch das Vergrößerungsglas genau zu erkennen. Der Körper ist weiß und durchsichtig, und die in der vollkommensten Ruhe ausgebreitete Gestalt einem Baume mit glockenartigen Blumen ähnlich. Sobald ein Geräusch enstehet, oder an das Glas, worinne man es betrachtet, gestossen wird, so krämpft sich das ganze Geschöpf in der Geschwindigkeit zusammen, braucht aber eine längere Zeit, um sich wiederum erst traubenförmig, und so nach und nach baumförmig zu entwickeln. Nach zehn Tagen fallen die Glocken ab, und bewegen sich dann noch einzeln, siehe fig. 2.

Tab. XXXIII fig. 1.

fig. 2.

Man nennet diese Art, welche eben nicht allezeit baumförmig und mit Glöcklein erscheint, und an Verschiedenheiten ziemlich reich ist, deßwegen Büschelpolypen, weil ihrer viele beysammen an einem einzigen Gegenstande gefunden werden, es sey an den Wurzeln oder Blättern der sogenannten Wasserlinsen, oder auf andern Pflanzen und Conchylien, welche von denen darauf erstorbenen und angebackenen Buschpolypen oft rauh erscheinen. Ausser den Glocken findet man auch hin und wieder etliche runde Bläßchen, welche Herr Trembley für die Saamenhäuschen oder Eyernester hielte. Der englische Gesande Herr Mitschell, nahm um diese Bläßchen gewiße sich drehende Kränzchen wahr, so wie auch der Rand der Glocken damit versehen ist, und womit diese Geschöpfe eine wirbelige Bewegung im Wasser machen. Ja sogar sahe derselbe, wie die Speisen in dem Stamme durch einen Canal hinunter giengen?

Der Herr de Geer entdeckte ähnliche kleine Buschpolypen, die mit bloßen Augen kaum zu sehen sind, unter dem Microscop aber zweyerley Bewegung verrahten, eine nämlich, kraft welcher sie die obern Theile des Körpers in sich ziehen, so daß eine Höhlung entstehet, wie in einer Schale; die andere, daß sie sich schnell nach dem Körper biegen, jedoch sich allemal langsam wieder herstellen. Die durch ein Messer abgesonderte länglich eyrunde Körperchen, bewegten sich hernach im Wasser vor sich alleine, welzeten sich um, oder drehten sich wie ein Rad, oder zogen sich ganz ein, woraus man ihre thierische Art muthmaßte. Der Körper endlich, aus welchem die Aeste kommen, ist vermittelst eines langen Schwanzes an andere Gegenstände befestiget.

Bey einigen sehen die Glocken mehr den Beeren gleich, bey andern haben die Aeste eine andere Gestalt und Richtung, welche jedoch alle feiner als ein Haar, und ungemein klein sind. Herr Boddaert hat sie beym Pallas Thlaspus Bloem übersetzt. Man kann übrigens des Hrrn Rath Schäfers Beobachtung hiebey zu Rathe ziehen.

Schäfer Polyp. 1754. Tab. 1. fig. 3. 4.
Rösel Inf. III. Tab. XCVII. fig. 1. 2. 3.

4. Die Pinselgallert. Vorticella conglomerata.

4. Pinselgallert. Conglomerata. Diese Art wäre wohl nach der ersten die gröste, denn der Stamm ist so dicke wie ein Federkiel einer Taube, und hat viele, gleichsam abgenagte Blumen. Die Länge beträgt etwa einen Zoll, die Aeste zertheilen sich unregelmäßig, und sind an den Enden dick. Der Aufenthalt ist im ostindischen

schen Meer, und wird von Herrn Pallas zu seiner Corallina penicillus gerechnet.

5. Die Birngallert. Vorticella pyraria.

Sie ist ebenfalls ästig, und trägt stumpf eyrunde Blumen, die mit ein paar Spitzchen am Rande versehen sind. Die birnartige Gestalt der Blumen oder sogenannten Polypen, hat Anlaß zur obigen Benennung gegeben. Der Herr Rösel fand dieses sehr kleine Geschöpf an Schneckchen und am Schwanz der Wasserläuse sitzen. Es kommen nämlich aus einem Stamme dünne Stielchen hervor, an deren Spitzen die birnförmigen Blumen sitzen, welche eine gerandete Mündung mit zweyen Spitzen an jeder Seite haben. Diese Spitzen oder Fäserchen stehen in beständiger Bewegung und schießen wie eine Otterzunge aus. Wenn die Mündung enger zugezogen wird, verschwinden besagte Fäserchen, und durch Einkrämpfung ziehet das sogenannte Thier seine Nahrung an sich, denn alle dergleichen Bewegungen als ausbreiten, einkrämpfen, drehen, hervorstrecken der Fasern, zurücke ziehen derselben, und dergleichen, sind den neuern Naturforschern sattsame Beweise, daß diese vor blossen Augen unsichtbare Körperchen, Thiere sind. Wir aber nehmen alle diese Erscheinungen gar nicht als Beweise an, wie wir hinten näher erörtern wollen. Der Aufenthalt ist in süßen Wassern.

5. Birngallert. Pyraria.

Rösel Ins. III. pag. 606. Tab. XCVIII. fig. 2. dd. e.

6. Vogelbeerwirbel. Crategaria.

6. Der Vogelbeerwirbel. Vorticella crategaria.

Diejenigen Polypen, welche Herr Backer mit den Maulbeeren vergliche, werden von dem Ritter mit dem Namen Vogelbeer belegt, und Rösel findet einige Aehnlichkeit zwischen selbigen und dem Traubenhyacinth. Es lauft aber alles auf eins hinaus, denn es sind runde Körperchen an sehr kurzen Stielen, die buschweise wie eine Maulbeere, oder Hohlbeere zusammen sitzen.

An dem Rande dieser Körperchen haben sie an jeder Seite ein Härchen oder Fühlerchen, welches sich bald heraus begiebt, bald wieder einziehet, oder eine zitternde Bewegung macht. Ausserdem nimmt man ein beständiges Saugen durch Zusammenziehung des Körpers wahr, wo sich eine Oefnung durch ein vertieftes Eindrucken zeiget, die sich verengert, indem sich oben besagte Härchen oder Fühlerchen einziehen, und dann endlich eine gänzliche Verschliessung der Mündung zuwege bringen, bis sie sich wieder öffnen. Und eben diese Bewegung ist es, welche im Wasser einen Wirbel verursachet. Besonders aber ist es, daß man wahrgenommen, wie sich diese Körperchen von ihren Stielchen, die an dem Hauptstamme sitzen bleiben, absondern, und eines nach dem andern, davon schwimmmen, (so wie sich vielleicht die Melonen von ihrem Stiel scheiden, wenn sie überreif sind) und bald gerade, bald krumm, bald in einer schlangenlinie, und bald in einem Wirbel fortfahren.

Rösel Jns. III. p. 604. Tab. XCVIII. fig. 2. a. fig. 3.

Ledermüller Micros. Tab. LXXXVIII. fig. o. p.

7. Der

7. Der Deckelwirbel. Vorticella opercularis.

Dieses, aus vielen zusammengesetzte Geschöpfe hat einen ästigen Stamm mit eyerförmigen Blumen, die mit einem Deckel geschlossen sind, an dessen Rande viele Härchen oder Fühlerchen sitzen. Herr Backer fand dergleichen in den süssen Wassern Engellands, und Herr Rösel in Deutschland. Jene waren etwas länglicher, diese hingegen hatten längere Stielchen, und waren mehr buschförmig, und wenn die Bläschen die Mündung schlossen, nahmen sie eine Citronengestalt an. Wenn sich die Deckel öfnen, so stossen sie gerade vor sich mit ihrer ganzen Fläche hervor, indem sie unten in der Mitte an einem Stiele sitzen, welcher in dem innern Theile oder an dem Boden der Bläschen befestiget ist, und alsdann steigen die Fühlerchen am Rande hinauf, vermittelst besagten Stiels ziehet sich der Deckel, der in dieser Gestalt einem gezähnelten Rande ähnlich siehet, wiederum herunter, bis innerhalb den Rand des Bläschens, so daß man als in eine Glocke hinein sehen kann. Diese Bläschen endlich, lösen sich auch ab, wie ja die reifen Blüthen auch abfallen, und machen mit einer freyen Bewegung Wirbel im Wasser; so wie ja auch wohl die herumschwebenden Blüthen in der Luft thun. Die Farbe ist gelblichweiß, und weniger durchsichtig, indem sich in der Mitte der Bläschen ein dunkler Flecken und körniges Wesen zeiget, welches Herr Rösel für Eyer und junge Polypenbruth hält, gerade, als ob nicht das nämliche in den Frucht- oder Blüthenknospen der Pflanzen auch statt finde. Gewiß, wir finden bey allen diesen wunderbaren Polypengeschichten auch keinen einzigen Umstand, der nicht in seiner Art in dem Pflanzenreiche statt hätte, denn

7 Deckelwirbel. Opercularis.

wir haben ja auch Blumen mit ordentlichen Deckeln. Wir haben Pflanzen und Theile von Pflanzen, welche eben die einzelnen und zusammengesetzten Gestalten führen, als alle sogenannte Thierpflanzen immer haben können. Wir haben endlich alle Bewegungen der sogenannten Polypen auch im Pflanzenreiche, nur daß sie daselbst wegen mehr verdickter und verbundener Masse träger von statten gehen, als in einem flüßigen Elemente, und ihre Undurchsichtigkeit uns verhindert, ihr mit dem Gesichte zu folgen. Doch wohin verirren wir uns? Wir haben noch mehr Thierpflanzen zu beschreiben. Wer inzwischen die jetzige Art, die doch mit blossen Augen nicht zu erkennen ist, näher betrachten will, der ziehe folgende geschickte Microscopisten zu Rathe.

Rösel Ins. III. p. 609. Tab. XCVIII. fig. 5. 6.
Ledermüller Mic. Tab. LXXXVIII. fig. W.

8 Der Sonnenschirmwirbel. Vorticella umbellata.

8. Sonnenschirmwirbel. Umbellata.

Auf einem langen Stiele breiten sich oben im Umfange kürzere einfache fadenförmige Stielchen aus, an deren Enden eine gleichsam mit Körnern angefüllte Beere sitzt, die bey ihrer Oefnung auf ihrem Stielchen eben so die Gestalt eines Sonnenschirms nachahmet, als alle Stielchen zusammen mit ihren Köpfchen an dem großen Stiel. Der körnige Umstand der Beere veranlassete, daß Herr Pallas sie Brachionus acinosus nennete. Die Ausbreitung der kleinen Stielchen an den großen, wird durch die Linneische Benennung umbellata angezeiget, und da jedes Stielchen mit seinem Köpfchen auch einen Sonnenschirm macht, so sind wohl alle Benennungen, bis auf den Namen Polype gerechtfertigt. Es zeiget sich aber, daß die

die runden Knöpfchen oben eine Mündung haben, diese erweitert sich und giebt Fasern aus. Was wäre denn dieses wohl anders als ein Polype? auch sind schwarze Puncte wie Beere in den Knöpfchen, das sind ja natürlicher Weise die Eyer! Endlich scheiden sich die Knöpfchen ab, und schwimmen in verschiedenen runden Gestalten in dem Glase herum. Das kann ja kein anderer Körper in der Welt thun, als ein Thier! Geduld! Am Ende wird sichs zeigen.

Uebrigens ist dieses Product der süssen Wasser ungemein klein, man muß es durch ein gutes Microscop suchen, und dann zeiget es sich weißlich gelb und durchsichtig. Die Durchsichtigkeit der Körper aber ist bey den Vergrösserungsgläsern ein unangenehmer Umstand, denn da höret alles Zuschauen und alle fernere Entdeckung auf einmal auf, und giebt der Einbildung freyen Platz. Jedoch wollen wir dieses den großen Microscopisten unserer Zeit nicht zur Last legen. Es ist genug, wenn sie sich untereinander beschuldigen, nicht Recht, oder zu viel, oder zu wenig gesehen zu haben, besonders was den Artikel der willkührlichen Bewegung betrift.

Rösel Ins III. pag. 674. Tab. C. suppl.

Ledermüller Microsc. Tab. LXXXVIII. fig. t. u.

9. Der Reiselbeerwirbel. Vorticella berberina.

Die Blumen sind stumpf eyförmig, und sitzen zusammengesetzt an einem ästigen Stamme. Der Herr Rösel fand sie am After eines Wasserkäfers sitzen. Die Stielchen werden nach unten zu dünner, und kommen ihrer zwey, drey oder vier aus einem andern Stiele hervor. Die Bläschen oder Blumen sind mit schwarzen Puncten als mit Beerenkernen angefüllet,

9. Reiselbeerwirbel. Berberina.

gefüllet, und haben in der Mitte einen weissen Flecken. (Sollte dieser weisse Flecken nicht wohl der Eyerstock seyn, an welchem die schwarzen Pünctchen mit einer Nabelschnur als junge Bruth, oder als noch unausgebrüthete Eyer festsitzen?) Wir wollen wenigstens gerne helfen, damit doch endlich ein **Thier**, und aus dem Ganzen ein **Pflanzenthier** heraus kommt. Doch was bedarf es unserer Hülfe, die Bläschen sondern sich ja ab, und schwimmen hernach eigenmächtig in Schnirkelzügen herum.

Rösel Ins III. pag. 673. Tab. XCIX.
Ledermüller Microsc. Tab. LXXXVIII. fig. q. s.

10. Der Dutenwirbel. Vorticella digitalis.

10. Dutenwirbel. Digitalis.

Dieses Geschöpf ist ebenfalls in einen ästigen Stamm zusammengesetzt, und führet an den Enden der Stielchen cylindrische, unten verengerte, und also dutenähnliche Blumen mit einer Spalte oben an der Mündung. Diesen Duten des **Rösels** haben **Linneus** und **Pallas** eine Fingerhuthgestalt zugeeignet, und sie digitalis genennet; im **holländischen** aber heissen sie nach den Duten: Peper-Huis-Diertjes. Sie werden im Frühjahr auf den Wasserläusen gefunden, und kommen bald buschweise, bald einzeln vor. Die Mündungen können sich verengern und erweitern, wodurch ein Wirbel im Wasser entstehet. Auch diese Blumen sondern sich ab, und schwimmen hernach im Schnirkel herum. Die zurückgebliebenen Stielchen zeigen dann keine Bewegung mehr, bringen auch keine neue Blumen, und die Wasserinsecten, woran man solche Geschöpfe gefunden, sterben bald hernach.

Rösel Ins. III. p. 607. Tab. XCVIII. fig. 4.

11. Der Glockenwirbel. Vorticella convallaria.

In der Abbildung Tab. XXXIII. fig. 2. siehet man eine stark vergrösserte Gestalt derjenigen Glockenpolypen, die sich in faulen süssen Wassern aufhalten, und hier gemeynet werden. Sie sind einzeln oder auch buschweise mit Stielchen an andere Körper befestiget, und haben an dem Umfange der Mündung an jeder Seite ein gedoppeltes Zähnchen, das sich beständig bewegt. Da nun Herr Backer eine große Menge dieser Zähnchen oder Fasern abbildet, so beschuldiget ihn Herr Houttuin, er habe sich vermuthlich dadurch geirret, daß sich das Thierchen gedrehet habe, wie ein Rad, und es den Augen also vorgekommen wäre, als ob eine große Menge solcher Fasern vorhanden wären. Inzwischen zeiget die eine Glocke mit gespanntem Stiel die natürliche Stellung, die andere aber soll einen Begrif geben, wie sich das arme Thierchen schraubenförmig zusammen ziehet, wenn man es plagt. Der Körper ist eine weisse, durchsichtige, körnige Gallert. Der Stiel ist in der stärksten Vergrößerung erst so dicke wie ein feines Haar, mit selbigem schwimmen sie frey herum, und setzen sich auch wieder feste.

11. Glockenwirbel. Convallaria. Tab. XXXIII. fig. 2.

Rösel Inf. III. pag. 597. Tab. XCVII.
Ledermüller Micr. Tab. LXXXVIII. fig. L.

12. Der Krugwirbel. Vorticella urceolaris.

Herr Pallas nennet diese Art Brachionus capsuliflorus, oder gleichsam aus einer Schachtel hervorblühend. Es ist nur ein einfacher Polype mit einem Kelche, und platten Köcher, der hinten gezähnelt, und dessen obere Lippe des Mündchens

12. Krugwirbel. Urceolaris.

chens mit sechs Zähnchen besetzt ist. Dieser Köcher ist durchsichtig, oben erhabenrund, hinten bäuchiger. Von den sechs Zähnchen sind die zwey mittleren, die beysammen stehen, am längsten. Der untere Rand ist eingeschnitten, und hat eine Spalte. Das Thier wird vom Herrn Backer ein schaaliges Räderthierchen genennet, und die räderartigen Werkzeuge kommen auch würklich aus dem Köcher zum Vorschein, hinten aber aus der Spalte tritt das Schwänzchen hervor; das am Ende gespalten ist, und an den Seiten dicke eyrunde Eyernester führet. Dieses Geschöpfe schwimmt mit dem Schwanze schief herunter hangend, womit es sich anheftet, und es bewegt den Körper hin und wieder, und ziehet die Räderchen oder Fasern aus und ein. Der Aufenthalt ist in europäischen stehenden Wassern.

Schäfer Polyp. 1755. Tab. I. fig. 8. h. k.
Tab. II. fig. 7-9.

13. Der Sternwirbel. Vorticella stellata.

13. Sternwirbel. Stellata

Ein gewisses einfaches Gewächse, welches kriecht, selten mehr als ein oder zwey Aeste ausgiebt, und sternförmige Blumen hat, wird in gegenwärtiger Art gemeynet. Das Gewächse, oder der Stiel des Thierchens stehet gerade, ist etwa einen Viertelszoll lang, fein, und nicht dicker als ein Haar. Die Blume oder der Körper hat eine glockenförmige Gestalt, und ist bis über die Mitte sternförmig in zehn Theile abgetheilet, ohngefehr so groß wie ein Thymiaussaame. Man trift es in dem africanischen Ocean unter der Oberfläche des Meeres auf den Seepflanzen an.

14. Der Eyerwirbel. Vorticella ovifera.

Dieses Geschöpfe bestehet in einem einzigen rauhen Stiel, welcher einen Schuh lang, und strohhalms dick ist. Die Bruth sitzt an dem Ende, und macht einen eyrunden Klumpen, so groß wie eine Zwetschke oder Pflaume. An dem Wirbel klaft dieser Klumpe mit einer Sternfigur, und an der Wurzel dieses Klumpens zeiget sich zur Seiten eine Oefnung. Der Aufenthalt ist in America.

14. Eyerwirbel. Ovifera.

Man hat es nämlich in der Bay von St. Laurenz im Jahr 1759 mit einer Fischerschnur aufgezogen. Die ganze Masse war elastisch, glatt und silberfärbig grau. Der Stiel war zehn Zoll lang, blaßbraun, rund, hohl, rauh und faserig wie Leder, und saß an einem Steine fest angewachsen. Die obere Decke des Körpers bestund aus einem netzartigen Gewebe von Fasern, die in der Mundöfnung und am After ausliefen. Der Körper war ein Beutel, welcher etwas in sich enthielte, das seine eigene Bewegung zu haben schien. Als man es in Spiritus gethan hatte, fand man ein därmerähnliches Bestandwesen inwendig gegen die äussere Rinde ankleben.

Hiebey fällt uns die vor wenig Jahren von unserm werthesten Gönner und Freunde, dem Herrn D. und Stadtphysicus Bolten in Hamburg bekanntgemachte Thierpflanze ein; wir werden aber von solcher, so wie von andern neueren Geschöpfen, in dem Supplementsbande ausführliche Nachricht an seinem Orte ertheilen, und beschliessen einstweilen hiemit die erste Abtheilung, welche die Thierpflanzen, so angewachsen sind, (Zoophyta fixata) enthielte.

Zweyte Abtheilung.

Pflanzenthiere.

Man verstehet hier solche Geschöpfe, die nicht angewachsen sind, und sich frey herum bewegen, auch ein pflanzenartiges Leben haben, dennoch aber von den neuern für Thiere gehalten werden, so wie solches aus den folgenden sechs Geschlechtern erhellen wird. Der Ritter nennet sie Zoophyta locomotiva, welches zum Unterschied der ersten Abtheilung, mit dem einzigen Worte

Phytozoa

kann angedeutet werden.

349. Geschlecht. Polypen.

Zoophyta oder Phytozoa: Hydra.

Wenn die mehresten Arten des vorigen Geschlechts Polypen genennet werden, so geschiehet es auf eine uneigentliche Art, daher sie auch nur für Bastardpolypen anzusehen sind. Diejenigen Geschöpfe aber, die in diesem Geschlechte vorkommen, sind die eigentlichen Polypen der berühmtesten Wahrnehmer, als Jußieu, Trembley, Backer, Rösel, und andere, und werden sowohl französisch als englisch und holländisch mit den nämlichen Namen belegt. Sie heissen also Polypen, nach einem gewissen Seegeschöpfe, welches acht Arme hat, (siehe den vorigen Band pag. 113. Saepia octopodia,) und von den Griechen Polypus, das ist, Vielfuß, genennet wurde: denn auch diese kleinen Geschöpfe der süssen Wasser haben sechs, sieben, zwölf und mehr Arme. Der Ritter aber ist von dieser gewöhnlichen Benennung abgegangen, und hat den Namen Hydra gewählet, welches auch Herr Pallas gethan. Bekanntermassen ist Hydra ein Fabelthier mit vielen Köpfen, die wieder nachwuchsen, wenn man sie herunter hieb; und in dieser Rucksicht zielet der Ritter auf die wunderbare Eigenschaft der Polypen, daß sie, abgerissen, wieder nachwachsen, durch Spaltung und Zerstückung sich vermehren, zur Seiten durch neue Knospen nach Art der Pflanzen auswachsen, und folglich ein zwangiges Pflanzenleben haben, ja sogar, wenn sie Geschl. Benennung.

getrocknet sind, wieder im frischen Wasser aufleben, sich durch Saamen fortpflanzen, Aeste ausschiessen, und dergleichen. Sie sind ungemein klein, und nur noch vor blossen und guten Augen sichtbar, von einem gallertartigen durchsichtigen Wesen, wachsen in frischen süssen Wassern an Wasserlinsen und andern Pflanzen, nehmen allerhand Gestalten durch Ausdehnung an, und erscheinen als ein Körnchen, in einem zusammengezogenen Zustande, aus welchem sie sich wiederum zu einer wunderbaren Länge dehnen können, so daß sie bald als ein Stern oder Blume, bald als ein Büschel Haare, bald aber mit kurzen Armen unter dem Vergrößerungsglase erscheinen, je nachdem ihre Art beschaffen ist. Insgemein aber giebt der Ritter folgende Kennzeichen an:

Geschl. Kennzeichen. Sie haben am Ende eine Mündung, welche mit bürstenartigen feinen Härchen umgeben ist. Der Stamm ist gallertartig, (von unbestimmter Richtung,) führet nur eine Blume, streift frey herum, und befestiget sich mit dem untern Ende an einen gewissen Gegenstand. Nach diesen angegebenen Merkmalen kommen nun folgende sieben Arten zu beschreiben vor.

1. Der grüne Polype. Hydra viridis.

1. Grüner Polype. Viridis. Tab. XXXIII fig. 3. Ehe wir etwas anders von diesem Geschöpfe sagen, als daß Rösel es schon den grünen Polypen nannte, weil er inwendig aus lauter grünen Körnern bestehet, da die auswendigen Körner vielmehr weiß und durchsichtig sind, so weisen wir den Leser auf die Abbildung Tab. XXXIII. fig. 3. und melden nur dabey, daß der Ritter diesem Polypen etwa zehn nicht sehr lange Arme zueignet.

Es

Es werden diese Polypen in reinen, jedoch stillestehenden Wassern gefunden, sie bestehen aus einem dicken, oben sich verdünnenden, und am Ende mit verschiedenen Armen umgebenen Stiel. Die Zahl dieser Arme ist eben so unbestimmt, als ihre Länge; sie dienen ihnen für Hände und Füße, denn sie gehen damit, und gebrauchen sie auch ihren Raub damit zu fangen, so wie es die Microscopisten erklären, und solchen dem Munde und der Kehle (welcher am Ende befindlich ist,) zuzuführen. Zuweilen verändern sie ihre Gestalt mit diesen Armen, bald sehen sie aus wie ein gestrahlter Stern, bald wie Blätter, bald sind es nur beyhangende Fasern, die den Kopf umgeben, bald sind sie alle miteinander, bald aber nur einige davon ausgestreckt, bald stehen die Strahlen gerade, bald machen sie Bogen oder Schlangenlinien. Zwischen den Armen steckt der Kopf, welcher eine Mündung hat, deren Lippen sich auf allerhand wunderliche Art verziehen. Das Bestandwesen des Körpers ist körnig, die inwendigen Körner sind unveränderlich gräßgrün, die auswendigen aber, welche die innern als eine Rinde umgeben, sind weiß, hell, und durchsichtig. Wann sich der Körper dehnet, ist er allenthalben gleich dicke, wirft sich aber in unzähliche mannichfaltige Gestalten, krämpfet sich der Körper zusammen, so wird er kurz und dicke, wie eine Rolle, Spindel, Kegel, Knopf oder Keule. Kurzgearmte dehnen den Körper lang, und oft wohl zu einem Zoll. Langgearmte aber kurz, und kaum bis zu einem Drittelszoll.

Sie knospen wie die Gewächse an den Seiten aus, und bekommen so junge Polypen. In ein paar Stunden siehet man aus den Knospen schon junge Stämme mit Armen hervortreten. Wenn diese Sprößlinge ihre Größe haben, reissen sie sich von der Mutter loß, und leben für sich, wie solches, obwohl mit längerer Zeit, auch bey den Pflanzen vor sich gehet. Wärme und nahrhaftes Wasser befördert dieses Geschäfte.

Man vermuthet, daß sie mit ihren Armen die kleinsten Wassergeschöpfe, (die man nicht mehr sehen kann,) an den Mund bringen, und davon leben, so daß sie von nichts zu leben scheinen. Sie leben etliche Monathe in einem Glas mit Wasser, sind unruhig und flüchtig, können auch die Kälte und das Erfrieren ertragen, denn bey der Aufthauung leben sie wieder fort, eben so, wie auch manche Gewächse das Erfrieren und Ausdürren vertragen, und durch zukommende Wärme und Feuchtigkeit wieder von neuen leben können. Der Aufenthalt ist unter den Wasserpflanzen.

Rösel Ins. III. pag. 531. Tab. LXXXVIII. und LXXXIX.

Schäfers grüne Polyp. Regensb. 1775.

2. Der Armpolype. Hydra fusca.

2. Armpolype. Fusca. Es ist ein brauner Polype, des Herrn Pallas Oligactis, und anderer Schriftsteller Armpolype. Er hat die längsten Arme, deren man ohngefehr achte zählet. Um aber alles auf das

Tab. XXXIV fig. 1. 2. 3. 4. deutlichste zu erklären, was Herr Trembley von diesen Geschöpfen entdeckt hat, und durch den Herrn Rath Schäfer ist bestättiget worden, so nehme man die Tab. XXXIV. zur Hand, und betrachte die fig. 1. 2. 3. 4. mit allen Buchstaben, wie folgt:

Fig. 1. der Armpolype in natürlicher Größe, mit allerhand angenommenen veränderlichen Gestalten, an einer Wasserpflanze vielfach vorgestellet.

Lit. a. die fortgehende Bewegung, da sie, nach Art der Spannenmesserraupen, den

den vördern Theil des Körpers mit den Armen in die Höhe heben.

Lit. b. sich sodann umkrümmen, und die Arme so weit als möglich nieder lassen, und ansetzen,

Lit. c. alsdann den Schwanz nach sich ziehen, und den Körper in einen Bogen biegen,

Lit d. sich sodann nach voriger Art wieder fortsetzen.

Dieses ist die erste Art ihres Fortschreitens. Die zweyte Art aber gehet auf eine andere Weise von statten. Denn

Lit. e. heben sie sich erst wie bey lit. a. in die Höhe,

Lit. f. setzen sich sodann, wie bey lit. b. geschehen ist, wieder nieder,

Lit. g. heben aber alsdann den Schwanz gerade über sich,

Lit. h. und taumeln also über sich, bis sie ihren Schwanz wieder an der andern Seite ansetzen können.

Wie sie aber nicht allezeit einzeln und allein, sondern in Gesellschaft gefunden werden, so zeiget

Lit. i. auf welche Art sie miteinander, theils mit langen Armen, beysammen wohnen, und

Lit. k. l. theils mit verkürzten Armen ansitzen.

In einem ruhigen Zustande nun, lassen sie ihre Arme erstaunlich lang fahren, so daß keine Spinnewebe endlich so fein seyn kann, als diese Arme, oder besonders deren Spitzen sind. Allein wenn

wenn man das Glas berühret, oder sie stöhret, so wird man gewahr, daß sie diese Arme durch Einziehen verkürzen, ja so gar fast ganz einziehen, wie solches erhellet aus

Fig. 2. woselbst sich die Arme alle miteinander ungemein kurz, der Körper hingegen dick und aufgeschwollen zeiget. Bey dieser Einziehung der Arme nehmen sie nun ebenfalls allerhand Gestalten an. Nämlich:

Lit. a. stellet sie als einen Kegel dar,

Lit. b. macht sie allenthalben fast gleich dicke,

Lit. c. bildet sie gleichsam mit einen Hals,

Lit. e. zeiget ihre Bewegung, wenn sie stille sitzen, und sich wie ein Posthorn krümmen, oder

Lit. f. sich mit einem Arme nur an ein Blat vom Schilfgrase anhangen.

Um nun aber diese Polypen noch genauer kennen zu lernen, so ist

Fig. 3. eine stark vergrößerte Abbildung davon gegeben.

Lit. a. ist der Kopf, der oben eine Spalte zur Mündung hat,

Lit. b. der Körper, welcher hohl ist, und den Magen vorstellet.

Lit. c. Der Schwanz, womit das Geschöpfe an einem andern Gegenstande ansitzet.

Lit. d. Ein langer Arm, der mit seiner äussersten Spitze vermittelst einer Klebrigkeit einen Wasserfloh packt.

Lit. e. e. Die übrigen Arme.

Man

Man wird nun begierig seyn, zu wissen, wie diese Polypen sich nähren, und solches zeigen die übrigen Abbildungen an.

Fig. 1. Daselbst nämlich siehet man den Polypen

Lit. m. ein Wasserwürmchen mit einem Arm packen, und in

Lit. n. wird ein Wasserinsect mit vielen Armen zugleich gefasset, endlich aber

Lit. o. ein Wasserfloh an das Maul gebracht, dergleichen

Lit. p. schon etliche mit den Armen angezogen, ins Maul gesteckt, und verspeiset werden, so daß der Körper oder Magen des Polypen schon aufgetrieben und ganz voll gefressen ist.

Ein ebenfalls merkwürdiger Umstand ist dieser, daß die Polypen das Vermögen haben, sich wie ein Strumpf umzukehren, bey welcher Gelegenheit man die Verschüttung einiger Körner beobachtet hat, und wovon man nach der nämlichen Fig. 1. einen Begrif bekommen kann, wenn man

Lit. q. zu rathe ziehet, woselbst dergleichen Körner, Eyerchen oder Kügelchen aus der Mündung fallen.

Lit. r. zeiget die Umkehrung des Polypen, so daß das inwendige auswärts komme.

Lit. s. endlich stellet eine anders ausgedehnte Gestalt und Verschüttung vor.

Es ist noch übrig, daß die wunderbare Fortpflanzung sowohl durch Zerschneidung als durch Knospen vorgestellet werde, und davon belehret uns

Fig. 4. Man nimmt nämlich, was das erste betrift, einen Polypen und spaltet ihn, alsdann siehet man

Lit. a. wie sich die gespaltenen Helften gleich umkrümmen,

Lit. b. wie sich diese Helften einige Zeit nach den Schnitt wieder ausdehnen,

Lit. c. wie jede Helfte schon wieder ganz gewachsen und rund geworden ist.

Lit. d. wie jeder neugewachsene Theil abermahl gespalten, und nun bereits zu einem sechsfachen Polypen angewachsen sey.

Lit. e. Wie ein alter Polype oder Polypenmutter durch Knospen neue Jungen bekommt.

Dieses sey genug zur Erklärung dessen, was man an diesen Geschöpfen wahrgenommen. So viel ist gewiß, daß sie aus lauter organischen Puncten bestehen, die ein sich selbst bildendes Vermögen haben, und aus diesem Satze folgern wir alle anscheinende Bewegungen, und glauben, daß ein Organismus mit einem Mechanismo verknüpft, bey Körpern, die so zart, so klein, so weich, und so sehr (ja aus viel hundert und tausend organischen Theilchen) zusammengesetzt sind, und welche den unmerklichen Trieben des Drucks, des Ansaugens, der steten und niemals ruhenden Bewegung der elementarischen Luft und Feuertheilchen, sogleich folgen, alle die Erscheinungen hervor bringen können, welche an diesen Polypen von den Naturforschern, ein Anpacken des Raubes, ein Essen und Verzehren derselben genennet werden, ohne daß man nöthig habe, sie für Thiere zu halten, da sich alle das nämliche im Pflanzenreiche zeigen würde, wenn

wenn nicht ein verhärtetes Wesen den Umlauf ihrer organischen Säfte und Theilchen in gewissen Schranken hielte, und uns die Beobachtung derselben unmöglich machte.

Jedoch wir wollen unsere Gedanken hierüber erst hinten in unsern allgemeinen Anmerkungen über die Thierpflanzen vortragen, um jetzo nicht allzusehr von unserm Zwecke abzuweichen, und die Ordnung unserer Beschreibung nicht zu unterbrechen.

Wir haben aber von der gegenwärtigen Polypenart nichts weiter anzumerken, als daß sie eben nicht allezeit braun ist, wie sie von dem Ritter genennet wird, sondern auch wohl durchsichtig erscheinet, welches die Microscopisten von der Beschaffenheit des Futters oder Nahrung, oder auch von einem ausgehungerten Zustande herleiten; denn es sollen diese Polypen sehr lange Hunger leiden können, so wie man ja auch wohl Pflanzen hat, die sehr verarmen können, und sich doch hernach eben so gut wieder erhohlen, als ob es ihnen niemahls an Nahrungstheilchen gefehlet hätte.

Rös. Ins. III. pag. 505. Tab. LXXXIV. und LXXXV.

Schäfer Polyp. 1754. Tab. III. fig. 1.

3. Der gelbe Polype. Hydra grysea.

3. Gelbe Polype. Grysea.

Die gelbe Farbe ist zwar mehrentheils, jedoch nicht allezeit, an dieser Art befindlich, denn sie ist sehr vielen Veränderungen unterworfen, ziehet sich bald ins Blasse, bald ins pomeranzenartige, und bald ins rothe. In den mehresten Gegenden ist sie die gemeinste Art, hat ohngefehr sieben Arme, die eben nicht sehr kurz sind. Der Schwanz ist nicht so abgesondert, oder vom Körper unterschieden,

schieden, als an der vorigen Art, jedoch ist der Körper auch hohl, die Arme aber breiten sich keulförmig aus, wie solches die Abbildung Tab. XXXIII. fig. 4. mit mehrerem belehret. Der Fuß scheinet unten mit Fasern besetzet zu seyn, um sich damit anhalten zu können. Man giebt ihre Nahrung an, daß sie in schwarzen Wasserflöhen, Wasserschlangen und dergleichen kleinen Geschöpfen bestehe, und daß, wenn zwey Polypen ein Aaß zu packen bekommen, sie darum kämpfen, auch wohl ein Polype den andern verschlucke, ihn aber bald wieder von sich gebe. An dieser Art merkte Rösel, wie eine mannichfaltige Zerschneidung ein Grund der Vermehrung sey, indem die abgeschnittene Stücke nach und nach doch etwas langsam, wieder zu ganzen Polypen wuchsen. Ja sogar nahm er wahr, daß sie einer gewissen Läusekrankheit unterworfen waren, Blasen und Auswüchse bekamen, sich wie eine Kugel zusammen zogen, und dann sturben, worauf sie sich in einen durchsichtigen Schleim verwandelten. Die übrigen Umstände haben sie mit der vorigen Art gemein.

Tab. XXXIII fig. 4.

Rösel Jns. III. pag. 473. Tab. LXXVIII. bis LXXXIII.

4. Der blasse Polype. Hydra palleus.

4. Blasse Polype. Palleus

Tab. XXXIII fig. 5.

Er ist strohfärbig, hat ohngefehr sechs Arme, die wiederum etwas kürzer sind, als an der vorigen Art. Der Körper ist ein hohler Canal, nach unten zu am dicksten. Der Kopf ist ein runder Knopf zwischen den Armen. Die Arme können sich wie ein Schnirkel dehnen, und scheinen aus lauter durchsichtigen Kügelchen zusammengesetzt zu seyn. Die Abbildung Tab. XXXIII. fig. 5. zeiget einen dergleichen ziemlich zusammengezogenen, aber sehr stark vergrösserten Polypen. Derselbe kann

kann sich dergestalt einziehen, daß der Körper rund wird, und die Arme sich ganz verliehren.

Rösel Ins. III. pag. 465. Tab. LXXVI. und LXXVII.

6. Die Wasserblase. Hydra hydatula.

In dem Unterleibe vierfüßiger Thiere, besonders der Schaafe und Schweine, ja sogar zwischen dem Darmfell und den Gedärmern, auch im Netz, sind schon von Bartholin, Redi, Haller, und andern gewisse mit Wasser angefüllte Blasen gefunden worden, welche man endlich wegen ihrer Structur und Bewegung für thierisch erkannt, und nunmehro unter die Thierpflanzen geordnet hat, jedoch mit dem Unterschiede, daß sie vom Ritter unter die Polypen, vom Pallas aber mit der Benennung Taenia Hydatigena unter die Bandwürmer gesetzt sind. 6. Wasserblase. Hydatula.

Der Herr Tyson nahm dergleichen an einer von Aleppo geschickten Gazelle wahr. Diese Blase saß in einer Matrix, hatte einen eigenen Hals mit einer Mündung, um die Feuchtigkeit an sich zu saugen, und zeigte eine Bewegung, wodurch sich der Hals verlängerte und wiederum verkürzte. Unter dem Vergrößerungsglase zeigten sich an diesem Halse ringförmige Einschnitte, und inwendig zwey, oder nach Herrn Pallas nur ein Band, das in der Feuchtigkeit der Blase schwimmt. Die ganze Blase ist also der Magen, und das ganze Geschöpfe ein häutiger Wurm, der sich mit dem Halse fest ansauget, und zu seiner Nahrung sich rund und voll Feuchtigkeit säuft. Dieses Geschöpfe kommen in die Körper der Thiere, wenn die Thiere, (als Schaafe und Schweine, oder auch andere) aus unreinen Teichen oder Wassern trinken. Es sind gleichsam lebendige Sauger, die soviel Feuch-

Feuchtigkeit an sich ziehen, daß sie die Größe einer Nuß, eines Eyes, oder auch wohl einer Faust bekommen, und eben diese Feuchtigkeit scheinet zugleich zu ihrem Wachsthume zu dienen. In dem Halse bey der Mündung zeigen sich vier kaum sichtbare, und fast verloschene Fühlerchen die sich bewegen. Alles aber zusammen genommen, scheinet uns nichts mehr als ein organisches Wesen zu seyn, welches noch keinen Platz unter den Thieren verdienet. Daß sie aber mit unter den Polypen und dergleichen Naturproducten stehen, dawider haben wir nichts einzuwenden.

6. Der Wassertrichter. Hydra stentorea.

6. Wassertrichter. Stentorea.

Man denke sich hier ein Gehörrohr, nach der Linneischen Benennung, oder ein Sprachrohr, oder einen langen Trichter, nach Backers Vergleich, oder eine Schalmeye nach dem Rösel, oder auch eine Trompete und Flöte, nach dem Ledermüller, so wird es doch alles darauf herauskommen, daß sie oben eine weite Mündung, und ferner einen engen langen Hals oder Körper haben, der sich mit dem untern Theile ansauget. Sie sind kleiner als andere Polypen, und kaum einen Zwölftelszoll lang, können sich aber so einkrämpfen, daß man sie fast gar nicht mehr siehet. Wenn sie sich dehnen und ihre trompetenförmige Mündung öfnen, so ist der Rand mit lauter Fasern oder Härchen besetzt. Ziehen sie sich ein, so scheinen sie nur Kügelchen zu seyn.

Herr Trembley merkte ihre Vermehrung, daß sie in einer schiefen Theilung bestünde, wobey aus einem zwey wurden, deren einer zum alten Kopfe einen neuen Schwanz, und der andere zum alten

alten Schwanze einen neuen Kopf bekam, letzteren Anwuchs möchte man ihnen fast mißgönnen.

Rösel Ins. III. pag. 594. Tab. XCIV. fig. 7. 8.
Ledermüller Micr. Tab. LXXXVIII. fig. h. l.

7. Der Gesellschaftspolype. Hydra socialis.

7. Gesellschaftspolype. Socialis.

Tab. XXXIII fig. 6.

Es sind lange runzähliche kegelförmige Körper, die in großer Menge mit dem spitzigen Ende oder Fuße beysammen sitzen. Mit dem breiten Ende aber sich von einander ausbreiten. Das breite Ende ist die offene mit feinen Härchen besetzte Mündung, und die Abbildung Tab. XXXIII. fig. 6. giebt den besten Begrif davon. Mit diesen Mündungen drehen sie sich, und machen Wirbel, in welche ihr Aas eingezogen, und dann so verschluckt wird. Wenn sie in Gesellschaft sitzen, so drehet bald der eine, bald der andere, bald zwey oder drey zugleich den Wirbel, jedoch können sie sich auch absondern, und einzeln herum schwimmen, oder sich irgendwo festsetzen. Dieses thut besonders die junge Bruth, welche sich eigene Colonien macht, denn gleich und gleich gesellt sich gerne.

Durch eine sechs bis siebentausendfältige Vergrößerung fand Rösel auch die Härchen am Rande, sodann gewisse rothe Puncte, und andere eyförmige Körperchen. Ob nun diese Körperchen würkliche Eyerchen oder nur Nahrungstheilchen seyn sollen, solches ist unter den Herren Microscopisten noch nicht ausgemacht.

Wegen der Wirbel, die diese und die vorige Art macht, scheinen beyde zum vorigen Geschlechte; wegen

wegen des freyen Herumschwimmens aber zu diesem Geschlechte zu gehören. Vielleicht können sie ein eigenes Geschlecht zwischen beyden ausmachen.

Rösel Ins. III. pag 584. Tab. XCIV. fig. 1—6. Tab. XCV. und XCVI.

Ledermüller Micr. Tab. LXXXVIII. fig. F.

---

350. Ge=

350. Geschlecht. Seefeder.

Zoophyta: (oder Phytozoa) Pennatula.

Die federartige Gestalt dieser Geschöpfe, die gleichsam in einem Kiel bestehen, der an den Seiten mit einem Barte versehen ist, hat Anlaß zu obiger Benennung gegeben, und sie führen auch deßwegen im Holländischen den Namen Zee-Pennen, so wie sie sonst im Lateinischen auch Penna marina heissen. Geschl. Benennung.

Der Herr Pallas nennet sie gleicherweise Pennatula, welches durch Herrn Boddaert Zee-Scaft gegeben ist. Es werden aber bey belobtem Schriftsteller verschiedene Arten hieher gezogen, die von dem Ritter schon unter andere Geschlechter gebracht sind.

Die Kennzeichen bestehen darinne, daß der Stamm frey ist, einen Federkiel vorstellet, und an der Spitze an beyden oder nur an einer Seite einen Bart hat. Die Polypenblumen kommen an dem gezähnelten Rande der Fasern heraus, welche den besagten Bart machen, und das Geschöpfe bewegt sich ziemlich geschwinde mit der Spitze voraus im Meer. Geschl. Kennzeichen.

Es sind folgende sieben Arten zu betrachten.

1. Die

1. Dornfeder. Grisea.

1. Die Dornfeder. Pennatula grisea.

Der Herr Bohadsch traf im adriatischen Meer, an der neapolitanischen Küste, dieses Geschöpfe an, es war im frischen Zustande grau, (denn getrocknet sind sie braun, oder in Weingeist, wo die Farbe ausgezogen ist, weiß) hatte die Länge von acht Zoll, indem fünf ein halber Zoll mit einem Barte versehen, der übrige Theil aber von zwey einen halben Zoll kahl war.

Unten an der Spitze befindet sich eine Spalte, der dickere Theil des Kiels hat einige Runzeln, der Bart bestehet aus mehr als dreysig Strahlen. Jeder Strahl ist etwas sichelförmig, und giebt am Rande verschiedene gezähnelte Lappen ab, die an der Seite eine Menge kelchartige Höhlungen haben, welche in der Mitte mit verschiedenen scharfen hervorragenden Beinchen versehen sind.

Die Substanz des Kiels und des Bartes ist lederartig hart, und bestehet aus einem netzartigen Gewebe verschiedener Fasern, zwischen welchen sich ein weiches Bestandwesen befindet, welches, wenn es sich etwas zusammen ziehet, die würffelartigen Höhlungen der Fasern zurücke lässet, so daß die Haut oder Oberfläche dadurch rauh erscheinet. Besagte Fasern sind graublau, die Zwischenräume aber weißlich. Inwendig steckt ein langes feines und scharfes Bein, welches weißlich ist.

Aus den Zähnchen des Bartes kommen viele kleine Polypen zum Vorschein, und Her Pallas schreibet ihnen auch Eyer zu.

2. Die

2. Die Leuchte. Pennatula phosphorea.

2. Leuchte. Phosphorea. Tab. XXXV fig. 1.

Sie ist Tab. XXXV. fig. 1. abgebildet, und kann auch einigermassen zur Erläuterung der vorigen Art dienen. Der Kiel ist häutig, der Stiel rauh, und die Zähnchen liegen übereinander. Wenn sich dieses Geschöpf im Ocean auf dem Boden befindet, so erleuchtet es denselben durch ein phosphorescirendes Licht, daher obige Benennungen entstanden sind.

Sie sind vier bis acht Zoll lang. Der Kiel ist rund, und weiß, das übrige woran der Bart sitzt, platt und röthlich. Der Bart bestehet an beyden Seiten aus vier und zwanzig und mehr Strahlen, die in der Mitte am längsten, unten und oben aber kürzer sind.

Ein jeder Strahl des Bartes ist mit Köchern besetzt, die oben gezähnelt sind. Jeder Köcher giebt einen Polypen mit acht Armen aus, so daß man diese Köcher mit den Zähnchen der Corallinen vergleichen kann. Ein solcher Strahl vergrössert, ist Tab. XXXV. fig. 2. mit den Polypen darinnen zu sehen. fig. 2.

3. Die Drathfeder. Pennatula filosa.

3. Drathfeder. Filosa.

Der Kiel ist fleischich, der Stiel an beyden Seiten mit einem Barte versehen, der aber nach Verhältniß der Länge kurz ist, und gleich beym Anfange zwey sehr lange Drathfasern abgiebet. Die ganze Länge ist vier bis sechs Zoll. Der Kiel ist ganz unten glatt und weiß, weiter hinauf aber undurchsichtig, lederarartig, und in die Quere gerunzelt. Der Bart hatte eine Menge durcheinander geflochtener Fasern, die einen Federbusch darstellen. Die langen Drathfasern aber, die gleich zu Anfang des Barts hervortreten, sind länger als der Kiel und knörpelartig. Diese Art bohret sich in die Haut der Schwerdfische, und sauget sie aus, denn sie sind inwendig hohl, und haben vier darmartige Gefässe, die gleichsam als eine Pumpe dienen, die Säfte abzuziehen. Dahingegen fand auch Boccone an einem solchen Geschöpfe eine Laus sitzen, die bey fig. * angedeutet ist, und vielleicht eine kleine Meereichel kann gewesen seyn.

Tab. XXXV fig. 3.

4. Die rothe Feder. Pennatula rubra.

4. Rothe Feder. Rubra. Tab. XXXV fig. 4.

Der Herr Pallas, ziehet diese Art, als eine Verschiedenheit, zu obiger No. 2. Allein die Abbildung, welche Tab. XXXV. fig. 4. vorkommt, verglichen mit der fig. 1. der nämlichen Tafel, zeiget schon einen sehr grosen Unterschied.

Der Kiel ist ist fleischich, und dicht mit kleinen röthlichen Wärzchen besetzt. Der Stiel ist gefedert, und die übereinander liegenden Bartstrahlen sind glatt. Der Körper ist geschwollen, und hat die Gestalt einer länglichen Eichel, an selbigem befindet sich der Bart, welcher roth ist. Er bestehet aus lederartigen Strahlen, die in der Mitte wohl einen Zoll lang sind, und eine sichelförmige Gestalt haben. An der einen Seite dieser Strahlen zeiget sich erst eine einfache, und nach der Spitze zu eine gedoppelte Reihe kleiner herüber und hinüber gebogenen Cylinder, die jede acht bewegliche weisse Fasern abgeben, und dadurch ein polypenartiges Wesen anzeigen. Einen solchen Strahl mit seinen Zähnchen siehet man Fig.* besonders und vergrössert abgebildet.

fig. *.

Der

Der Körper dieses Geschöpfes ist zwischen dem Barte mit vielen weißen Puncten besetzt, an welchen sich, nach der Abbildung des houttuinischen Exemplars, noch drey weise Federchen zeigen. Der Herr Houttuin nämlich meynet, es mögte etwa auf jedem Punct ein solches Federchen gesessen haben, die wohl die junge Bruth seyn könnte, welche sich von der Mutter abgesondert habe, und wovon diese drey nur übrig geblieben wären.

Uebrigens ist der Stiel hohl und mit salzigem Wasser angefüllet. In der Gegend des Bartes aber, befinden sich im Stiele, zwischen der obern lederartigen und innern dünnen Haut, eine große Menge gelblicher Eyerchen. Und in dem übrigen hohlen Theile des Stiels trift man nur ein etwa zwey Zoll langes und sehr dünnes Beinchen an, welches mit einem gelblichen, durchsichtigen Häutchen umgeben ist, dessen verlängerte Enden unten und oben in den Spitzen des ganzen Stiels eingepflanzet sind.

Diese Seefedern schiessen im Wasser vor sich, ziehen sich oft mit dem Kiel krumm, wodurch die Farbe mehr roth wird, indem sich die röthlichen Wärzchen dichter aneinander begeben, uud während dem Krummziehen, siehet man dunkelfärbige Purpurringe von unten auf in dem Kiele bis zum Barte in die Höhe steigen, und daselbst den Körper schwellend machen. Wie aber alles dieses organische Maschinenwerk vor sich gehe? Dazu haben wir noch viel zu wenige Entdeckungen und Einsichten.

5. Die Zahnfeder. Pennatula mirabilis.

Der Stiel ist drathförmig an zwey Seiten gefedert, mit halmondförmigen Strahlen, die eins ums andere und weit von einander stehen. Die Farbe

5. Zahnfeder. Mirabilis.

Farbe ist weiß. Der Aufenthalt ist im nordischen und americanischen Meer. Die Länge gehet über einen halben Schuh, der Herr Pallas sagt, daß die Kelche je zwey und zwey eins um andere geordnet, und alle nach einer Seite zu umgebogen sind. Ihre Mündungen sind mit acht Zähnchen besetzt. Die Abbildung, die jedoch nicht alle angeführte Merkmale deutlich genug zu erkennen

Tab. XXXV fig. 5. giebet, ist Tab. XXXV. fig. 5. zusehen.

6. Die Pfeilfeder. Pennatulla sagitta.

6. Pfeilfeder. Sagitta. Der Kiel ist drathförmig, der Stiel an beyden Seiten dicht gefedert, und die obere Spitze kahl. Die Länge ist kaum daumensbreit, und man findet sie mannichmal an den Seiten kleiner Fischlein stecken. Tab. XXXV. fig. 6.

Tab. XXXV fig. 6. Rumpf redet auch von Pfeilfedern an der Küste von Ceram, die wohl anderthalbe Schuh lang sind, und in einem dicken Wurme stecken, welcher sich bey der Ebbe im Sande verkriecht, so daß man sie bey hohem Wasser durch einen geschwinden Rucker herausziehen müsse. Ihre Farbe sey weiß. Auch gebe es schwarze zu zwey bis dritthalb Schuh lang, deren hervorragendes Ende mit zweyen Reihen feiner Kämme besetzt sey, die sich im Wasser wie eine Blume mit verschiedenen Ferben ausbreiten, und eine brennende Eigenschaft haben. Inzwischen sind diese Geschöpfe noch zu wenig bekannt, um etwas ausführliches, oder zuverläßiges davon zu melden.

7. Die Borstenfeder. Pennatula antennina.

7. Borstenfeder. Antennina. Der Kiel bestehet in einem fast viereckigen bürstenartigen Stiel, welcher an der einen Seite mit

mit Zähnchen und dicht aneinander stehenden Blumen besetzt ist, wie solches aus der Abbildung Tab. XXXV. fig. 7. am besten schließen lässet. Tab. XXXV. fig. 7. Dieses Geschöpfe kommt aus dem mittelländischen Meer, ist beinig, etwa gegen drey Schuh lang und dabey mürbe. Außwendig ist es mit einer gelblichen dünnen Haut überzogen, und der Fühlerchen zählet man an dreyen Seiten über dreyzehnhundert. Sie stehen reihenweise in schiefen Linien, und wo sie abstreifen, bleiben doch Merkmale in der lederartigen Haut zurück. Aus allem diesen wäre also soviel zu schließen, daß es ein aus vielen Polypen zusammen gesetztes Geschöpfesen, von dessen übrigem Verhalten und Lebensart auch noch wenig bekannt ist.

---

351. Geschlecht. Bandwürmer.

Zoophyta: (oder Phytozoa) Tænia.

Geschl. Benennung.

Diejenigen Geschöpfe, welche in diesem Geschlecht vorkommen, sind von den Alten unter die Würmer gezehlet, und zwar unter diejenigen, die in dem Körper der Menschen vorkommen. Man unterscheidete sie aber von andern Würmen der Menschen und Thiere, durch das Wort Tænia, und verstund darunter solche platte Würmer, die wegen ihrer Dünne und Breite Landwürmer, holländisch Lintworm genennet werden. Da nun diese Würmer aus lauter Gelenken bestehen, deren jedes am füglichsten mit einem Kürbis= oder Kümmerlings= Saamenkern kann verglichen werden, so gab man ihnen auch den unterscheidenden Namen Vermes curcubitini, wovon die Franzosen noch ihr Vers Curcubitins behalten haben. Man hat also diese Landwürmer von den Bindwürmern, die wir oben pag. 42. in dem 278. Geschlecht (Intestina fascicula) abgehandelt haben, wohl zu unterscheiden.

Diese wunderbare Geschöpfe nehmen in den Eingeweiden der Menschen und Thiere aus einem undenklich feinen Puncte ihren Anfang, und bestehen aus aneinander hangenden Gelenken oder Gliedern, davon jedes sein eigen origanisches Leben mit den dazu gehörigen Werkzeugen hat. In so weit nun der erste Punct den Anfang zu dieser Kette macht, in soweit wäre derselbe gleichsam und

uneigent=

uneigentlich als der Kopf anzusehen, denn die abgerissene Kette wächset immer wieder nach, so lange der erste Punct nicht ausgerottet oder ganz erstorben ist, welchen zu tödten, oder ganz aus dem Menschen heraus zu bringen, eine der allerschweresten Kuren ist. Man muß sich dahero nicht wundern, wenn Personen, die damit behaftet sind, achtzig, hundert und mehr Elen durch den Stuhlgang auf einmal abgeben, ja nach und nach etliche hundert Elen in abgerissenen Stücken ablösen, je nachdem die Krankheit viele Jahre dauret: denn sie wachsen, wie der Ritter sagt, nach Art der Quecken ins unendliche fort, und werden an einem Ende immer so jung, wie sie am andern alt werden.

Man erkläret also ihren Wachsthum wie den Wuchs der zusammen gesetzten Polypen in den Corallinen, und bringt sie aus dem Grunde allhier mit unter die Thierpflanzen oder Pflanzenthiere. Wie aber diese Würmer in die Körper der Menschen und Thiere kommen, ist eine andere Frage. Jedoch ist wohl zu vermuthen, daß solches am leichtesten durch die Getränke, oder unreinen Wasser geschehe, indem man schon dergleichen, obwohl ganz kleine, in schlammigem Wasser gefunden hat. Setzet sich also ein solcher verschluckter Punct an einen bequemen Ort im Körper fest, so ist der Bandwurm da, und erreget nach Maaßgabe seines Wachsthums unangenehme Zufälle, als Magen und Darmschmerzen, Ohnmachten, Eckel, Durchfall, Hundshunger, verlohrne Eßlust, Erbrechen, Verstopfung und dergleichen, wogegen man mit Stahl-Mercurial- und abführenden Mitteln, vornämlich aber mit Steinöl, Hülfe zu leisten sucht.

Es sind dergleichen Bandwürmer, so wie bey Menschen also auch bey Thieren, z. E. in Schaa-

 fen

fen, Katzen, Straußvögeln, Lachsen, Weißfischen, Brachsemen und dergleichen gefunden worden, jedoch wohl mit einiger Verschiedenheit in der Gestalt und Größe der Art.

Der Ritter giebt folgende allgemeine Geschlechtsmerkmahle an: Der Stamm sey ein freyer gegliederter Körper, der nur eine einfache Kette ausmache, davon ein jedes Glied seinen eigenen Mund und eigene Eingeweide habe.

Ihr Unterschied aber bestehet in den längeren oder kürzeren, schmäleren oder breiteren Gliedern, desgleichen in der Anzahl und der Richtung der Mündungen, so daß man wenigstens folgende vier Hauptarten zählen kann;

1. Der einmündige Bandwurm. Taenia solium.

1. Einmündiger Bandwurm. Solium.

Warum der Ritter diese Art Solium nenne, können wir nicht entscheiden. Die Franzosen nennen solche Würmer Vers solitaire, oder einsame Würmer, und Herr Pallas hat diese Art unter dem Namen Taenia cucurbitina; holländisch Kauwoerde-Zaatsworm vorgestellet. Ihr bestes Unterscheidungsmerkmahl ist, daß sie nur einen Mund zur Seite an jedem Gelenke hat, daher wir sie einmündig genennet haben. Sie sind einigermassen aufgetrieben, doch mannichmahl auch ziemlich platt, allenthalben gestreift und weiß. Jedes Gelenke ist oval, etwas gedruckt, mit zwölf Strichen der Länge nach gefurcht, und in der Mitte durchbohret. Der obere Rand raget etwas hervor und ist ein wenig ausgeschnitten, der untere Theil aber ist abgestutzt, und hat in der Mitte der Fläche eine Hervorragung.

Von

Von den zusammen gesetzten Gliedern also, kann man sich keinen bessern Begrif machen, als wenn man sich eine lange Reihe plattgedruckter und ineinander gesteckter Becher denkt, davon immer einer grösser wird, als der andere, so wie auch die Abbildung Tab. XXXVI. fig. 1. die Sache sogleich erläutern wird. Es stellet nämlich erwehnte Figur einen dergleichen Bandwurm aus einem Hunde dar, und in Lit. A. ist ein Stück eines solchen Wurms aus einem Menschen vorgestellet, um den etwaigen Unterschied in der Bildung, und die Stellung der Mündungen zu bemerken. Tab. XXXVI fig. 1. Lit. A.

Es zeiget sich nämlich, daß jedes Gelenke an einer Seite nur eine Mündung habe, doch sind die Mündungen nicht alle an der nämlichen Seite befindlich, indem die Gelenke wechseln, so daß das eine den Mund an der rechten, das andere aber an der linken Seite führet.

Diese Mündungen nun an einem andern Kürbisbandwurme genauer zu sehen, so sind Lit. B. drey andere abgesonderte Gelenke, die man Kürbissaamen nennet, einzeln und etwas vergrößert, abgebildet. Es zeiget sich nämlich aus solcher Abbildung, daß ein jeder Mund in einem röhrigen Saugewerkzeuge bestehe, und dieses macht die Art des Wachsthums begreiflich. Lit. B.

Vermuthlich bereitet jedes Gelenke als ein organisches Werkzeug sein eigenes Junges, welches, nach Art der Ableger an den Pflanzen, anfänglich theils von der Mutter lebt, theils durch seinen eigenen Mund Nahrung an sich sauget, bis es keiner Nahrung mehr von der Mutter bedarf, und an diesem unwürksamen Theile zwar abstirbt, aber doch befestiget bleibet.

2. Der zweymündige Bandwurm. Taenia vulgaris.

2. Zweymündiger Bandwurm. Vulgaris.

Da dieser Bandwurm in den Menschen sehr gemein ist, so wird er Vulgaris genennet, wiewohl er beym Pallas, mit Verwerfung der Linneischen Benennung, Grisea heißt, das wäre also weißgrau.

Von einem kleinen und geringen Anfang erhebt sich dieser Wurm in sehr platten und immer breiteren Gelenken, so daß die Gelenke zuletzt fast die Breite eines Daumens, oder doch eines Fingers erhalten. Die Seiten und Ecken der Gelenke sind scharf, und da immer das schmälere Ende des obern Gelenkes auf der Breite des untern stehet, so treten die obern Rände der Gelenke sägeförmig hervor. Jedes Gelenke ist einigermassen viereckig platt, mehr breit als lang, und darum wird dieser Wurm im eigentlichen Verstande unter dem Namen Band- oder Riemenwurm gemennet. Auf der einen flachen Seite der Gelenke befinden sich zwey Mündungen: die eine ist unten, ohnweit der Einsenkung, und bestehet aus einer deutlichen Oefnung mit einem Sauger. Die andere Mündung ist oberhalb der ersten, etwa in der Mitte des Gelenkes, und bestehet in einer fast unsichtbaren Oefnung, die mit einer Spalte klaft. Beym Fortkriechen dehnen sie die Gelenke etwas in die Länge, und gegen das Licht betrachtet, enthält jedes Gelenke seine eigene darmartige Werkzeuge, so wie alles in der Abbildung Tab. XXXVI. fig. 2. und in einiger Vergrößerung Lit. C. zu sehen ist.

Tab. XXXVI fig. 2. Lit. C.

Der Sitz dieser Würmer ist in menschlichen und andern thierischen Körpern, bald höher bald niedriger, und sie gehen dahero bald unten, bald

oben

oben ab, wie solches letztere unter andern aus dem Exempel eines Bauern in Holland erhellet, welcher bey einem nachlassenden Fieber eine Ueblichkeit und Würgen bekam, worauf ihm von einem Wundarzt ein Brechmittel gegeben wurde, welches auch seine Würkung that, indem ein solcher Wurm zum Halse heraus kam. Da aber der Bauer dieses für ein Stück seiner Därmer hielte, bat er den Wundarzt flehentlich, ihm den Darm wieder hinein zu stecken, der Wundarzt aber wollte nicht hören, sondern zog allgemach den Wurm bis zu einer Länge von vierzig Ellen hervor. Allein die Angst die der Bauer empfand, über der Furcht, er möchte alle seine Därmer auf diese Art verliehren, führte ihn auf den ihm selbst so schädlichen Entschluß, diesen vermeintlichen Darm abzubeissen, welches er denn auch unversehens bewerkstelligte.

Der Ritter hat nebst sieben Reisegefährden diesen Bandwurm, jedoch kleiner, in einem schwedischen Brunnen im Ockerschlamm; und Herr Unzer dergleichen Gelenke und Glieder, wohl zwey Hände breit zusammen, auch in einem Brunnen gefunden. Wir sehen also gar nicht ein, warum Herr Pallas noch an der Richtigkeit dieser Entdeckung zweifelt.

3. Der breite Bandwurm. Taenia lata.

Dieser weisse Bandwurm, welcher sich durch seine Breite von allen andern hinlänglich unterscheidet, ist Tab. XXXVI. fig. 3. vorgestellet, und wird ebenfalls bey Menschen und Thieren gefunden. Die Gelenke sind sehr breit, aber desto kürzer, und dabey platt. Das Bestandwesen scheinet häutig zu seyn, und ist in die Quere gerunzelt,

3. Breiter Bandwurm. Lata.

Tab. XXXVI fig. 3.

gerunzelt, denn man zählet auf jedem Gelenke an der breiten Seite wohl fünf Runzelstriche. Dichte bey der Einsenkung befindet sich nur eine einzige Mündung, auf einer drüsenartigen Erhöhung, und gegen das Licht gehalten, zeigen sich nur ein bis zwey dunkle Puncte, oder auch wohl gar keines, und von andern darmartigen Werkzeugen siehet man gar nichts. Am spitzigen Ende will der Herr Bonnet einen Kopf gefunden haben, allein es wird das erste Glied im kleinen wohl eben so aussehen, als das letzte im grossen. Vermuthlich aber ist bey dessen Anklebung an den innern Theilen der Gedärme, etwas durch die Abreissung oder Trennung an diesem spitzigen Ende hängen blieben, welches man etwa für Theile desselben kann gehalten haben. Unterdessen giebt es von dieser Art noch manche Verschiedenheiten, die vielleicht nach genauer Betrachtung wohl eigene Arten ausmachen mögen, als zum Exempel, der breite Bandwurm aus einem Hasen, davon wir ein Stück bey Lit. D. abgebildet sehen.

Lit. D.

4. Der schmale Bandwurm. Taenia canina.

4. Schmaler Bandwurm. Canina.

Tab. XXXVI fig. 4.

Obgleich diese Art, bey dem Ritter sowohl als beym Pallas, der Hundswurm genennt wird, so ist doch der Aufenthalt derselben in allerhand Arten der säugenden Thiere. Da sie aber nicht dicker als ein Drat und dennoch platt sind, wie die Abbildung Tab. XXXVI. fig. 4. zeiget, so unterscheiden wir sie durch die Benennung schmaler Bandwurm. Sie sind hell, durchsichtig, aus etlichen, nur einen Zoll langen linealförmigen Gelenken zusammen gesetzt, und haben nicht

auf

auf der Fläche, sondern an jeder Seite eine, und also zwey gegeneinander über gesetzte Mündungen, davon die eine sehr klein, und fast nicht sichtbar ist. Es haben auch allerhand Fische dergleichen schmale Bandwürmer, ob sie aber alle gegliedert sind, und hieher, oder vielmehr zum 278. Geschlecht der Bindwürmer gehören, solches ist noch nicht genugsam untersucht worden.

---

352. Geschlecht. Kugelthierchen.

Zoophyta: (oder Phytoyoa) Volvox.

Geschl. Benennung

Das Volvox ein Wälzen andeuten soll, ist wohl nicht nöthig zu erinnern, und schickt sich also zu diesem Geschlechte ganz gut, weil die Geschöpfe, die hier zu betrachten sind, allezeit in einer wälzenden Bewegung angetroffen werden. Ihre mehrentheils runde Gestalt aber hat ihnen schon längst den Namen **Kugelthierchen**; **holländisch** Klootdiertjes erworben.

Geschl. Kennzeichen.

Sie haben einen freyen, gallertartigen, runden Körper ohne Gliedmassen, der sich im Wirbel drehet. Die Jungen sind gleichfalls rund, stecken in den Poris der Alten, und liegen durch deren Körper zerstreuet, so daß sie ihre Kinder und Kindskinder bis ins fünfte Glied in sich selbst erzeugen, so wie die Bandwürmer des vorigen Geschlechts ihre Enkel und Urenkel ausser sich in einer Kette ohne Ende hervorbringen. Es sind in diesem Geschlecht abermahls vier Arten zu betrachten, wie folget.

1. Der Eyerkugel. Volvox Beroë.

1. Eyerkugel. Beroë.

Boeroë war der Name einer Säugamme des Bachus, ob aber Broune in seiner Geschichte diesem Geschöpfe in solcher Absicht den Namen Beroë beylegt, stehet dahin. Wenigstens, als

Herr

Herr Baster am seeländischen Strand ein ähnliches Geschöpfe fand, nennete er es auch so, und der Ritter folget diesen beyden.

Es ist ein, nach Art der Quallen (siehe den vorigen Band pag. 120.) gallertartiger, aber eyrunder Körper, in der Größe eines Taubeneyes, hat (wie in dem Brownischen Exemplar,) acht, oder (wie in dem Basterischen Exemplar) neun Rippen, die den Umfang begränzen, und mit einer unzähligen Menge kleiner Fasern besetzt sind. Man kann schon mit blossen Augen in der inneren Substanz gewisse Röhrchen, und dergleichen entdecken, übrigens aber weiß man nichts davon anzugeben, als daß es sich und die Fasern beständig drehet, beweget, oder wälzet, also ein gewisses starkes Leben zeiget, und ein Einwohner des Oceans zwischen Europa und America ist. Man findet sie im Monat April in dem Hafen von Zirkzee, und Herr Houttuin nennet sie gehaairde Beroë.

2. Das Achteck. Volvox bicaudata.

Der Herr Gronovius entdeckte am holländischen Strande eine andere Art, welche der Ritter hier erörtert, und sie doppelt geschwänzt nennet, wovon die Ursache sogleich erhellen wird, und schon vorläufig aus der Abbildung Tab. XXXVII. fig. 1. wird zu erkennen seyn. 2. Achteck. Bicaudata. Tab. XXXVII fig. 1.

Die ganze Größe dieses Geschöpfes ist fast wie eine Erbse, vollkommen rund, aber wie eine Melone geript, so daß daraus eine achteckige Rundung entstehet. Diese acht Eintheilungen sind nur Erhöhungen, die durch eben so viel Furchen, oder Segmenten verursachet werden. Alle Erhöhungen sind mit einer ganz unzähligen Menge feiner

Här-

Härchen oder Fasern besetzt, welche miteinander dem Geschöpfe zum Schwimmen dienen.

Während dem Fortschwimmen ist der Wirbel vorwärts gekehret, indem sich an dem entgegen gesetzten Polus dieser Kugel, oder am After zwey lange Federfasern wie Schwänze befinden, die an der innern Seite mit unzähligen Härchen besetzt sind, und also den Fühlhörnern mancher Insecten ziemlich ähnlich sehen. Diese Schwänze sind un-
Lit. A. gemein lang, wie aus der Abbildung Lit. A. zu sehen ist, indem sie wohl zehnmahl die Länge des Körpers annehmen können, dem ohnerachtet haben sie auch die Fähigkeit, sich dergestalt einzukürzen, daß man sie kaum mehr siehet, wie unter andern
Lit. B. aus der Figur bey Lit. B. erhellet.

Der ganze Körper ist übrigens gallertartig, und halb durchsichtig; inzwischen besitzt derselbe doch eine sehr merkliche Elasticität, die sich mit dem Tode verliehret, denn da verschmelzt die ganze Kugel zu einem flüßigen Schleime.

Ein ganz besonderer Umstand aber, den man an diesem Geschöpfe wahrnahm, bestunde darinne, daß es unter dem Schwimmen an der Oberfläche des Wassers eine Menge Kügelchen oder Bläschen auswarf, die sich sogleich ebenfalls auf dem Wasser herumdreheten, und in der Mitte einen dunkeln Punct hatten, so wie man in den großen Kugeln auch ein blutrothes Eingeweide fand, welches alles die starke Vermuthung befestiget, daß diese kleine Kügelchen die Eyer oder Jungen der Alten gewesen sind. NB. **Wir vermeiden mit Fleiß den Ausdruck Thier, weil wir sie so wenig als die andern Geschöpfe dieser Ordnung dafür erkennen.**

3. Der

3. Der Wälzer. Volvox globator.

Dieses Geschöpfe ist vollkommen rund, ohne alle äusserliche Gliedmassen, und wälzet sich dahero nach allen Seiten. Die Abbildung desselben ist Tab. XXXVII. fig. 2. zu sehen, woselbst es in vielerley Größen vorgestellet wird, obgleich die natürliche Größe nur wie ein Kohlsaamen ist, und man daher recht gute Vergrößerungsgläser zur Hülfe nehmen muß, alles dasjenige daran zu sehen, was bereits von großen Naturforschern, als besonders dem Herrn Backer, Rösel, und Herrn Geer ist entdeckt worden. 3. Wälzer. Globator. Tab. XXXVII. fig. 2.

Ihre Farbe ist vorerst wie das lautere Wasser, und ziehet nur etwas ins grüne, oder, nach der Rößlerischen Illumination, ins gelbe, das Bestandwesen ist gallertartig, so daß man sie kaum anfassen kann, ohne sie zu zerstören. Ihre Bewegung bestehet entweder in einem Wälzen oder Rollen, es sey nach einer geraden oder krummen Richtung, oder in einem Fortschieben ohne Wälzung, oder auch in einem Drehen um die Axe. Zuweilen aber stehen sie im Wasser ganz stille. Der Umfang der Oberfläche ist mit unzähligen punctähnlichen Körnern besetzt.

Inwendig wird man nichts von Eingeweiden oder dem ähnlichen Theilen gewahr, als nur acht, zehn, zwölf und mehr kleinere Kugeln, von der nämlichen Beschaffenheit wie die große ist, welche wegen ihrer meergrünen oder dunklern Farbe durchscheinen, aber ohne Ordnung und ohne Bewegung in der Mutter liegen. Von dieser Lage und von der verschiedenen Anzahl und Größe dieser kleinen Kugeln, welche die Jungen sind, kann man sich aus der oben angezeigten fig. 2. der Tab. XXXVII. belehren, woselbst

Lit. a. Eine Mutterkugel mit zwanzig,
Lit. b. Eine andere mit fünf, und
Lit. c. Eine dritte mit acht Jungen vorstellet.

Diese junge Kugeln haben wieder kleinere in sich, und diese wiederum andere, so, daß man sie durch die Vergrößerung schon bis auf das fünfte Geschlecht in einander steckend gefunden hat.

Wenn die Stunde der Geburt kommt, dringen die jungen Kugeln (siehe die angeführte Figur lit. d.) durch eine Ritze langsam und bedächtlich nach einander heraus, so daß man acht in einer Stunde herauskommen sahe. Die heraus gekommenen Jungen gehen sogleich drehend und wälzend ihrer Wege, die Mutter aber fällt zusammen, wird eckig und runzelig, und stirbt als eine fast unsichtbare Faser.

Rösel Ins. III. pag. 617. Tab. CI. fig. 1. 2. 3.

4. Die Halbkugel. Volvox dimidiatus.

4. Halbkugel. Dimidiatus.

Dieses eben so wunderbare Geschöpfe wird oft an den Fröschen, und an den Schwänzen der Eydechsen gefunden. Es ist klein, rund, gallertartig, und von der nämlichen Art, als die vorbeschriebenen Kugelthierchen, nur macht es im Fortgehen in dem Wasser eine Halbkugel, und wenn es ruhet, bildet es sich rund, gerade also das Gegentheil von dem was man erwarten sollte.

353. Geschlecht. Höllendrache.

Zoophyta: (oder Phytozoa) Furia.

In diesem Geschlechte kommt ein den Menschen schädliches Geschöpfe vor, welches, wenn es den Menschen trift, ihm unleidliche Schmerzen verursacht, daß er fast toll darüber wird, darum hat der Ritter diesem Geschlecht den Namen Furia gegeben. Wenn wir nun an die höllischen Furien gedenken, und von diesem Geschöpfe beschrieben finden, daß es aus der Luft fällt, ohne zu wissen woher es komme, so dünkt uns, kann man es wohl Höllendrache nennen. Geschl. Benennung.

Der Körper ist frey, allenthalben wie eine Linie gleich schmal und gleich, doch an beyden Seiten mit Härchen besetzt, und mit umgebogenen Stacheln, die gegen den Körper angedruckt sind, gewafnet. Es giebt nur folgende einzige Art: Geschl. Kennzeichen.

1. Der Tollwurm. Furia infernalis.

In den wüsten Torfmorästen des nördlichen Schwedens fällt zuweilen ein wunderbares Geschöpfe auf Menschen und Thiere, welches in einem Augenblicke in die Haut und den Körper dringet, und höllische Schmerzen verursacht, die oft in einer Viertelstunde den Tod nach sich ziehen. Der Ritter selbst wurde im Jahr 1728 in Lund dadurch angefochten, und Herr Solander hat es beschrieben; doch der Ritter hat nur ein getrocknetes Exemplar gesehen, welches nicht anders, als eine kleine 1. Tollwurm. Infernalis.

Faser aussahe, und einem Prediger Erwast in Kiemi, in die Schüssel gefallen war, der es dem Ritter zugeschickt hatte.

Soviel ist vom Avelin angegeben, daß man in Finnland, wenn die Moräste in heissen Sommern austrocknen, glaubt, es zöge die Sonne etwas schädliches an sich, welches, wenn es auf Menschen oder Thiere herunter falle, dieselben grausam quäle, und ihnen den Tod verursache. So bald man dahero etwas gewahr werde, mache man gleich einen Einschnitt an den verletzten Ort, und treffe einen braunen Punct an, auf welchen man ein Stück jungen Käs legte, da denn hernach ein kleiner Wurm von einem Sechtelszoll lang in den Käse kröche, und also glücklich herausgezogen würde.

Diejenigen, die in heissen Ländern wohnen, erzehlen, daß ihnen in freyer Luft des Abends ein starkes Jucken und Brennen im Gesicht anfalle, welches aber schnell vorüber gehet. Vielleicht sind es ähnliche Geschöpfe der Luft, die dieses verursachen, und, wie Würmer, durch die Haut in den Körper hinein dringen können, solches ist von dem Fadenwurm oder Gordius (siehe den vorigen Band pag. 30. bis 33.) hinlänglich angezeiget worden.

---

354. Ge-

354. Geschlecht. Infusionsthierchen.
Zoophyta: (oder Phytozoa) Choas.

Dieses letzte Geschlecht enthält solche Geschöpfe, die man durch das Microscop mit einer eigenthümlichen Bewegung in verschiedenen Wassern und Feuchtigkeiten herumschwimmen siehet, und von welchen man kaum weiß, was man davon zu halten habe. Der Ritter nennet dieses Geschlecht daher ein Chaos. Es sey, daß es ihm als ein Chaos der Verwirrung vorkomme, oder als ein Urstoff, woraus fernere Bildungen entstehen. Weil nun die, jetzt je länger, je mehr, berüchtigte Infusionsthierchen dazu kommen, so haben wir das ganze Geschlecht mit diesen Namen belegt, da sie nach ihrer Art alle dafür können angesehen werden. Der Herr Houttuin hat sie Wardiertjes, das ist, Thiere der Verwirrung genennet. Geschl. Benennung.

Es sind nämlich freye, einförmige, auflebende Körperchen, an welchen man weder Gliedmassen, noch gewisse Werkzeuge der Sinne, äusserlich antrift. Sie sind ungemein klein, und nur microscopische Gegenstände; davon der Ritter folgende fünf Arten angegeben hat: Geschl. Kennzeichen.

1. Der Kleisteraal. Chaos redivivum.

1. Kleisteraal Redivivum.

Unter dieser Art werden alle diejenigen Geschöpfe verstanden, welche in verdorbenem Eßig, im im Buchbinderkleister, Stärke, Sauerteig, Brandkorn und dergleichen, gleichsam durch eine lebendig machende Kraft aus einem vieljährigen Tode oder Ruhestande, nach vorhergehender Einweichung, Erwärmung und Gährung entstehen. Man wird nämlich alsdann gewahr, daß sich gewiße fadenförmige, an beyden Seiten zugespitzte Schlängelchen und Aelchen, die zuvor nicht gesehen wurden, hervorthun, sich unter dem Microscop in einem Tropfen Wasser, wie in einer See, gleich den Fischen, Schlangen und Aalen bewegen, hurtig herum schwimmen, und ein wunderbares Schauspiel darstellen; ja was mehr ist, Eyer und lebendige Jungen abgeben, und sich also unter den Augen vermehren, und sobald sie erstorben und trucken geworden sind, wohl nach zweyen und mehr Jahren, durch zugethane Feuchtigkeit und Gährung, wieder aufs neue leben.

Wenn man diese Aelchen durchschneidet, verschütten sie oft hundert Junge, die jede in ihrem Häutchen, als in einem Ey eingeschlossen sind, gleich aber herauskriechen, und gleich den Alten fortleben, sich bewegen, herumschwimmen, und wachsen.

Dieses sind nun einige allgemeine Bemerkungen, denn die besondern Gestalten ereignen sich in besondern Verschiedenheiten, als zum Exempel, daß die Eßigaale, sehr lang, und aus zweyen parallellen dunkeln Linien mit dazwischen kommenden durchsichtigen Körper zu bestehen scheinen, und so weiter. Bey den Wahrnehmungen der Verschiedenheiten war nun freylich immer ein Microscopist glücklicher, als der andere, und am ähnlichen Geschöpfen, die Gestalt, die Anzahl der Eyer und lebendigen Jungen, die zugleich zur Welt kommen, die gedoppelten Schwänze, die Lebensart, und was dergleichen mehr ist, zu entdecken,

decken; worinnen man allerdings den jetztlebenden und neuern Microscopisten den Vorzug lassen, ihren Fleiß und Genauigkeit bewundern, und ihre Entdeckungen hoch schätzen muß. Denn sie es sämtlich, die uns den Weg bahnen, um etwas gegründetes und höchst wahrscheinliches von den Würkungen der Natur zu erfahren, und aus dem Grunde nehmen wir gerne alle ihre glaubwürdige Nachrichten mit der nöthigen Behutsamkeit an, obgleich wir ihren allzeit fertigen Schlüssen auf die thierische Natur ihrer entdeckten Körperchen, gar nicht fertig beypflichten, sondern alles aus einem ganz andern Gesichtspuncte, wie sich am Ende zeigen wird, betrachten. Da nun aber die microscopischen Wahrnehmungen über allerhand microscopische Gegenstände heutiges Tages in jedermanns Händen sind, und die wißbegierige Welt nicht nur ältere Schriftsteller, als **Löwenhöck**, **Schwammerdam**, **Backer**, **Needham**, **Rösel**, **Ledermüller**, sondern auch die Werke der Neuern, und zwar zuversichtlich scharf sehenden und scharf denkenden Wahrnehmer, als des Herrn geheimen Raths von Gleichen, des Herrn Justitzraths **Müllers**, des Herrn Pastor Götze und mehrerer anderer nicht minder berühmter Männer vor sich hat, so tragen wir Bedenken, diesen unsern kurzgefaßten Commentar, welcher nur das wesentliche und nöthigste enthalten soll, mit jenen ausführlichen Nachrichten der mancherley Beobachtungen, unnöthiger Weise anzufüllen, und wir glauben daher, von gegenwärtiger Art vor jetzo bereits genug gesagt zu haben. Wer aber etwas von besagten Geschöpfen in einem vergrösserten und zugleich illuminirten Zustande sehen will, der vergleiche ausser andern Schriftstellern, nachfolgende Anweisung:

Ledermüller Microsc. p. 32. Tab. XVII.

 2. Der

2. Unbestand. Protheus.

2. Der Unbestand. Chaos Protheus.

Proteus ist in der Fabelgeschichte ein Meergott, und Sohn des Oceans, der zugleich aber ein Sinnbild der Wankelmüthigkeit und Unbeständigkeit, so wie das Meer und die Wasserwogen unbeständig sind. In dieser Rücksicht hat der Ritter gegenwärtige Art mit diesem Namen belegt, weil es ein gallertartiges Geschöpf ist, das sich zu keiner festen Figur bestimmt, sondern tausend verschiedene und unregelmäßige Gestalten mit der größten Geschwindigkeit annimmt, welches also durch unsere Benennung **Unbestand**, eben so gut ausgedruckt wird.

Dieses Geschöpfe bestehet aus einer Versammlung von lauter großen und kleinen Kügelchen von heller und durchsichtiger Beschaffenheit, die alle mit einander wunderbar durcheinander gekugelt werden, eben dadurch aber dem ganzen eine immer unbeständige Figur zuwege bringen. Bald siehet also die Masse, die in natürlicher Größe einen Senfkorn gleich kommt, einem Kleblat, bald einem Hirschgewelhe, bald irgend einer andern Figur ähnlich. Sie erweitert sich, dehnet sich in die Länge, krämpft sich wieder ein, theilet sich in zwey Haupttheile, oder macht sich wieder zu einer Kugel, mit einem Halse, aus welcher ein Strohm von kleinern Kügelchen, in Gestalt einer brennenden Granate oder Bombe, herausfahren, wie solches alles aus der Abbildung Tab. XXXVII. fig. 3. lit. a. b. c. d. e. f. zu sehen ist.

Tab. XXXVII fig. 3. lit a. b. c. d. e. f.

Hier zweifelt der Herr Houttuin selbst, ob er diese Geschöpfe für Thierchen halten solle? Da es fast nichts als Bläßchen sind, die lebendige Küchelchen in sich zu enthalten scheinen, die, wenn sie verschüttet sind, verursachen, daß der ganze Protheus verschwindet. Er meynet nämlich, es bestünden diese Kügelchen nur aus einer, aus dem Pflanzenreiche abgesonderten öhlichen Materie, die durch Fäulniß in Wärme, und durch die Wärme in Bewegung gerathen wäre, glaubt aber dem allem unerachtet, daß sie mit Recht hier unter die Wasserthierchen geordnet wären. Wie sich aber Ideen zusammen reimen, ist uns viel zu hoch, um sie zu begreifen.

Rösel Ins. III. Tab. CI. fig. A. — T.
Ledermüller Micr. Tab. LXXXVIII. fig. 48.

3. Der Schwammstaub. Chaos fungorum.

Dieser Staub ist ein Saame, welcher sich, wie der Saame des Schimmels, Bovist, Schwämme und dergleichen, in der Mutter aufhält, bis er sich zerstreuet. Wenn dieser Saame nun in das Wasser kommt, so lebt er, nach des Herrn von Münchhausen Wahrnehmung, und beweget sich, setzt sich endlich irgendswo feste, und wächst wiederum in einen Schwamm auf. 3. Schwammstaub. Fungorum.

Der Ritter macht hierauf diese Anmerkung: daß, gleichwie die Thierpflanzen durch Veränderung, aus dem Pflanzenreiche in das Thierreich übergehen, also gehen die Schwämme aus dem Thierreiche in das Pflanzenreich über. Daß man aber wirklich nicht nöthig habe, der Natur so viele Gewalt anzuthun, weil ein viel kürzerer Weg vorhanden ist, solches werden wir am Ende in unsern Anmerkungen vortragen.

4. Brand- korn. Ustila- go.

4. Das Brandkorn. Chaos ustilago.

Man findet zuweilen auf dem Felde in der Gerste, im Weitzen, in Graßpflanzen, Bocks- bart und Scorzoner ganz versengte, und zu einem schwarzen Pulver gleichsam verbrannte Aehren, die gemeiniglich Brandkorn genennet werden. Dieses Pulver etliche Zeit in warmen Wasser geweicht, verändert sich, nach des Herrn von Münchhau- sen Wahrnehmung, in längliche durchsichtige Thier- chen, die wie die Fische im Wasser spielen, wenn man sie mit dem Vergrösserungsglase betrachtet.

Dieses ist aber der einzige Fall nicht, wo sich dergleichen Erscheinungen zeigen. Man darf nur die innere weiße Substanz des sogenannten schwarzen Mutterkorns einweichen, so wird man aus diesen Faserchen längliche Aelchen entstehen sehen, das ist, sie bewegen sich wie die Aelchen, nach Herrn Backers Beobachtung.

Der Ritter merkt auch noch an, daß wenn man runde und eingekrämpfte Weizenkörner, die verschiedene Jahre trucken bewahret worden, in lau- lichem Wasser aufweicht, sich alsdann innerhalb einer Stunde Würmerchen wie Maden zeigen, hier aber zweifelt der Ritter selbst, ob er sie wohl für Thierchen halten dürfe?

5. Die Infusionsthierchen. Chaos infusorium.

5. Infu- sions- thier- chen. Infuso- rium.

Hierunter verstehet man alle übrigen Geschöp- fe, die unter dem Vergrösserungsglase entdeckt werden, wenn man auf gewiße Sachen, als Ger- ste, Getraide, Blätter, Blumen, Graß, Heu, Früchte und dergleichen, etwas Wasser schüttet, es es einige Zeit an einem laulichen Orte stehen lässet, und dann einen Tropfen davon unter das Microscop bringet, da sich denn ein ganzes Meer voller Wunder zeiget, nämlich Geschöpfe, die oft millionenmal kleiner als ein Sandkörnchen sind, und nichts destoweniger schnell durcheinander fahren, wieder um kehren, sich wälzen, aneinander anhangen, wieder loßreissen, und was dergleichen mehr ist.

Alle diese sogenannten Infusionsthierchen haben eine nicht viel von einander verschiedene Gestalt, mehr Verschiedenheit aber findet man in ihrer Bewegung, aber ihre Durchsichtigkeit macht öfters, daß sie verschwinden. Man muß recht und gut, und geduldig sehen, wenn man wesentliche Entdeckungen machen will, und dann mögte es einem gelingen, wie dem **Leeuwenhoeck**, um in einer Infusion auf gestossenen Pfeffer Geschöpfe zu finden, die tausend millionenmal kleiner als ein Sandkorn sind. So wie es inzwischen auf ein gutes Microscop, und auf einen geschickten Wahrnehmer ankommt; eben so liegt auch viel an der rechten Zubereitung der Infusion, oder vielmehr an dem bestimmten Grade der Fäulniß und Gährung, welcher erfordert wird, diese Geschöpfe erst aus ihrem trockenen Zustande zu entbinden, und frey zu machen, daß sie der Bewegung und Sichtbarkeit fähig sind.

Das Pflanzenreich ist es indessen nicht alleine, welches dergleichen Geschöpfe enthält. Die Infusionen auf Theile von Thieren, bringen ähnliche Geschöpfe hervor. Es erhellet solches aus derjenigen Infusion, welche der **Engelländer Edward Wright** im Jahr 1752. auf getrocknete Asselwürmer machte, davon eine Abbildung Tab. XXXVII. Lit. A.

Tab. XXXVII fig. 4.

XXXVII. fig. 4. Lit. A. zu sehen ist. Es wimmelte nämlich in selbiger von länglichen Körperchen, die dünne, platt und durchsichtig waren.

Needham und **Büffon** fanden die Geschöpfe in dem männlichen Saamen fast von ähnlicher Beschaffenheit, als in der Kräuterinfusion, wie solches aus der Figur Lit. B. zu sehen ist.

Lit. B.

Besonders versuchte Herr **Needham**, ob sich auch diese Geschöpfe aus dem Pflanzenreiche zeigen würden, während der Zeit, daß die Pflanze in ihrem Wachsthume begriffen wäre. Er steckte deswegen ein Gerstenkorn in eine durchlöcherte Korkscheibe, und legte sie auf das Wasser, so daß der Keim oben stund, unten aber die Würzelchen ins Wasser wuchsen. Er schnitte sodann die untere Spitze mit den Wurzeln ab, und brachte sie unter das Vergrößerungsglas, wie die Abbildung Lit. C. zeiget. Daselbst fand er dann, daß etliche Wurzelfasern Kolben hatten, und eine Menge solcher kleiner Theilchen abgaben, dergleichen sonst in den Infusionen herum zu schwimmen pflegen, wie solches noch in einer stärkern Vergrößerung bey Lit. D. vorgestellet ist.

Lit C.

Lit. D.

Wir müssen jedoch hiebey erinnern, daß die sogenannten Infusionsthierchen nicht allezeit rund, oder länglich rund sind, sondern daß man auch längliche, dratförmige, ringelartige, desgleichen traubenförmig miteinander verbundene Geschöpfe darinne finde, die theils mehr, theils weniger durchsichtig sind, und allerhand rollende, wälzende, zitternde, fortschiessende, schlängelnde, tauchende und schwimmende Bewegungen machen.

Uebrigens nimmt der Herr Houttuin einen Anstand, diese Bewegung für thierisch zu erkennen, indem er glaubt, es könne eine Bewegung ohne Leben, nämlich, ohne thierisches Leben, seyn, und darinne pflichten wir ihm bey, verwundern uns aber nicht wenig, daß er diesen Körperchen das thierische Leben abspricht, da er doch die Polypen (vielleicht weil sie größer sind,) für Thiere erkennet: denn wenn die thierische Natur der Polypen aus der Bewegung soll geschlossen werden, so sind die Infusionsthierchen gewiß Thiere, weil ihre Bewegung viel lebhafter als die Bewegung der Polypen ist, und weit mehr auf eine Willkührlichkeit Anspruch macht, als alle Bewegungen der Polypen.

Wir erinnern dieses nicht ohne Ursache; denn es ist uns nicht unbekannt, daß die Herren Microscopisten sich über den Unglauben so vieler Liebhaber der Natur beschweren, da es hin und wieder noch etliche giebt, welche die Coralle nicht für Thiere, und die Infusionsthierchen nicht für beseelet halten wollen. Sie glauben daher, daß alle diese Zweifler, oder, Thomasse, (mit welchem Namen der Herr Houttuin uns beschenket hat,) unfähig sind, über diese Sache zu urtheilen, weil sie keine Microscopisten sind, und dencken, daß alle Einwürfe, die ihnen gemacht werden, aus blosser Unwissenheit herstammen: denn sie meynen, daß alle diejenigen, welche den Infusionsthierchen und den Polypen das thierische Leben absprechen, von der Sache eben so urtheilen, wie der Blinde von den Farben; und zum Theil mögen sie auch nicht ganz unrecht haben. Aber wir verbitten es bey allen Herren Microscopisten recht sehr, uns nicht weit in die Classe hinein zu schieben.

Wir

Wir haben nicht nur Microscopa gesehen, sondern auch durch dieselben gesehen. Wir haben Beobachtungen über Saamen- und Infusionsthierchen angestellet, wir haben es gethan, sowohl allein, als auch in der angenehmsten Gesellschaft eines großen und berühmten Kenners des Microscops, nämlich des Herrn Geheimen Raths von Gleichen, dem die naturforschende Welt schon vieles zu danken hat, und dem sie noch ein weit mehreres wird zu danken haben, wenn sie mit den neuern Entdeckungen dieses so fleißigen Beobachters, (die gewiß die größte Aufmerksamkeit verdienen,) beschenket werden sollte, welches wir unsers Theils sehr wünschen.

In der Hauptsache reden wir also aus eigener Erfahrung, wir haben die Entdeckungen richtig befunden, wir sahen Körperchen herumschwimmen, mit großer Behendigkeit durch das Wasser fahren, sich wälzen, umwenden, Gegenstände vermeiden, sich einander herumjagen, kurz alles, was die Herren Microscopisten sahen, einige wenige Umstände ausgenommen, woran unser, oder anderer Auge, Schuld seyn mag.

Wir haben bey der Gelegenheit viele Einwürfe geprüfet, welche oft den Herren Beobachtern vorgeworfen werden: daß nämlich die Bewegung der Luft; die Wärme des Zimmers; die Feuchtigkeiten in dem Auge des Zuschauers; ein Stossen am Tische; die Einbildung, und was dergleichen mehr ist, solche Bewegungen hervor bringe, aber wir haben alle diese Einwürfe unrichtig befunden, ob wir gleich nicht allen Fehlern der Herren Beobachter hiedurch das Wort sprechen wollen. Wir sahen unter allen Proben immer standhaft das nämliche,

liche, und fanden die Nachrichten der Microscopisten, wenigstens in der Hauptsache, richtig. Wir sahen alles, was sie sahen, wir sahen das Leben, die Bewegung, die Gestalten, die anscheinende Willkührlichkeit, die Veränderungen, die Geburthen, und was dergleichen mehr ist, nur das einzige sahen wir nicht, nämlich den Schluß: daß diese Körperchen Thiere sind. Kein Wunder! denn der Schluß liegt nur in der Vorstellung des Beobachters, und nicht unter dem Microscop. Wir werden also den Schluß wohl ohne Microscop miteinander ausmachen können.

Der Herr **Justitzrath Müller** in Copenhagen, dessen Untersuchungen und Beobachtungen uns gewiß äusserst schätzbar sind, führt zwar triftige und annehmliche Gründe für das thierische Wesen dieser microscopistischen Körperchen an, wenn er von ihrem Bemühen, sich in den schon vertrocknenden Tropfen zu erhalten, von ihrer Aengstlichkeit gegen ihren Untergang, von ihrem matt werden und wieder Aufleben, von ihrer Vorsicht, Gefahren auszuweichen, und dergleichen redet; allein, sie haben uns noch nicht überreden können, da wir einen andern Grund vor uns sehen, diese Erscheinungen zu erklären, und wenigstens den Schluß, daß es deswegen Thierchen sind, für allzu voreilig halten.

Wir wollen uns aber gleich zu einer nähern Erörterung unserer Meinung anschicken, wenn wir zu förderst noch den Beschluß werden erwogen haben, welchen der Ritter auf alle diese wunderbaren Geschöpfe folgen lässet.

Es

Es glaubet nämlich dieser große Naturforscher, daß es noch verschiedene belebte Theilchen in der Welt gebe, welche vielleicht auch zu diesem Geschlechte gehören, aber noch nicht genug entdeckt oder untersucht worden sind, als da sind:

I. Die Ansteckung derjenigen Krankheiten, welche mit einem Ausschlage verknüpft sind.

II. Der Zunder der hitzigen Fieber.

III. Das Gift der Venusseuche.

IV. Die vom Leeuwenhoek entdeckte Saamenthierchen.

V. Das Flockengewebe, welches im Frühling in der Luft hängt. Wozu man denn auch wohl die Herbstfäden rechnen möchte.

VI. Endlich das, was die Gährung und Fäulniß verursacht.

Diese Anmerkungen des Ritters gründen sich ohne Zweifel auf verschiedene angenommene Sätze, als zum Exempel: daß alles in der Welt belebt sey; daß jeder microscopische Punct ein Urstoff zu einem Thier oder Thierchen enthalte; daß große thierische Körper eine lautere Composition von vielen Millionen Thierchen seyen, die mit-

miteinander erst ein anderes Ganzes machen, und sich nur zufällig, durch gewisse Umstände der Krankheiten entwickeln; daß alle Gährung nichts anders, als eine Entwickelung verborgener Thierchen sey; daß sich eine todte Masse zur Pflanze, und eine Pflanze zum Thiere hinan schwinge, und was dergleichen mehr ist.

Allein wir gestehen es, daß unsere Erkenntnis nicht hinreicht, irgend einen Ausweg in diesen Geheimnissen zu finden, vielmehr dünkt uns, daß wir da allenthalben anstossen, wir mögen diese Sätze so, oder anders erwägen; wenigstens ist es uns nicht gelungen, auch nur einen hinlänglichen Grad der Wahrscheinlichkeit für alle diese Sätze zu finden.

Inzwischen beschliessen wir hiemit das Thierreich, ohne was wir etwa noch in dem Supplementsbande werden nachzuholen finden. Wir zweifeln gar nicht, es werde ein jeder, so wie in den vorigen Theilen, also auch in diesem Bande, Stof genug gefunden haben, sich über die Größe des Schöpfers und aller seiner Werke zu verwundern. Wer hätte gedacht, daß in den Tiefen des grossen Oceans solche erstaunliche Schätze der Natur, solche Meisterstücke der Schöpfung stecken würden, dergleichen wir in den zwey Bänden dieses sechsten Theils zu betrachten Gelegenheit fanden? und wer wird glauben können, daß wir hiemit das Weltmeer erschöpfet haben? Wer weiß, welche Wunder noch durch die Zeit aus den Abgründen der See hervorsteigen, und sowohl den Verstand als das Auge der Naturforscher in die größte Entzückung versetzen werden? Ja wer weiß, ob nicht daselbst der Schlüssel zu allen Geheimnissen der Natur verborgen liege? Denn bis dahin ist nur der kleinste Theil der Seeproducte entdeckt, und wie viel ist wohl noch in diesem Elemente verborgen?

Jedoch, einstweilen vergnügt mit dem gegenwärtigen, betrachten wir den jetzt beschriebenen Vorrath der Stein- und Thierpflanzen in ihrem ganzen Umfange mit Lust, und wagen es, durch ihre Anführung nunmehro einen Blick in die Geheimnisse der Natur zu thun.

Allgemeine Anmerkungen
über die sogenannten
Stein- und Thierpflanzen,
und ihren
vermeintlichen thierischen Ursprung.

Es ist aus der Einleitung in die Geschichte der Coralle, (pag. 643. und folgende,) dann aus der Nachricht von den Horncorallen, (pag. 749. und folg.) endlich aber aus unserer ganzen Beschreibung aller Geschlechter und Arten, zur Genüge bekannt, wofür die neuern Naturforscher die in diesem Theile abgehandelten Geschöpfe halten, nämlich für Thiere. Diese Meinung ist nun so steif und feste von den meisten angenommen, daß man denjenigen gleichsam für unwissend hält, der es nicht augenblicklich zugiebt. Allgemeine Anmerkungen.

Dieses Schicksal mußten auch wir erfahren, da wir unsere Zweifel wider den thierischen Ursprung der Coralle an das Licht gaben, Herr Houttuin schien sogar der Meinung zu seyn, als ob uns die Ellissche und andere Entdeckungen gar nicht zur Genüge bekannt wären, und daß wir mit dem Microscop keinen besondern Umgang hätten;

 so

Allgemeine Anmerkungen.

so gewiß nämlich, glaubte derselbe, müßte man sonst überzeugt seyn, daß es Thiere und Thierpflanzen wären. Allein wir haben uns sowohl in oben erwehnter Einleitung, als auch jetzo am Schluß, bey der abgehandelten Art der Pflanzenthiere, und hin und wieder in der Beschreibung gerechtfertigt.

Nichts destoweniger also zweifeln wir dennoch an dem thierischen Ursprung, und halten alle in diesem Bande beschriebene Körper für wahre Pflanzen, oder pflanzenartige Geschöpfe, keinesweges aber für Thiere, bis daß solches aus stärkern Beweisen, als bisher geschehen ist, erwiesen werde. Welche Gründe wir aber für diese unsere Meinung haben, solches wollen wir jetzo kurz und deutlich entwickeln.

Wir geben nämlich, (um uns nicht in einen Streit über die Richtigkeit der microscopischen Wahrnehmungen einzulassen,) zuvörderst alles zu, was die verdienten Naturforscher uns berichten, gesehen zu haben, so und in der Maaße, wie wir es oben pag. 660. zugegeben haben, und läugnen nur die Richtigkeit des Schlusses: daß diese entdeckten Körper, welche man Polypen nennet, (und wider welche Benennung wir auch nicht streiten wollen,) Thiere, das ist, beseelte Gegenstände seyn sollen, welche ihre Bewegungen aus einem thierischen Instinct vornehmen.

Hier werden nun die Herren Microscopisten sagen: So schaue man in das Vergrößerungsglas hinein! was sind diese Körper anders als Thiere? Sie bewegen sich ja willkührlich, sie werden erschreckt, sie ziehen sich hinein, sie kriechen

chen heraus, sie packen ihren Raub, sie haben eine Art eines Mundes, sie stecken die Speise hinein, sie verzehren selbige, werden hungerig, und was dergleichen mehr ist.

Allgemeine Anmerkungen.

Wohlan! Wenn es ausgemacht ist, daß alle die Bewegungen, die wir unter dem Microscop sehen, thierische Bewegungen sind, und unmöglich von etwas anderem herrühren können, als von einem Thiere, so machen wir ihre thierische Natur nicht mehr streitig, aber dann sagen wir auch, daß alle Bäume, Pflanzen, Blumen und Gräser Thiere sind, und daß es keine Pflanzen mehr gäbe.

Es wird also auf den rechten Begriff von **Leben, Thier und Pflanze** ankommen, und wenn dieses entschieden ist, so wird sich auch bald zeigen was die Coralle? was die Polypen? was die Infusionskörperchen? was Pflanzen? und was Thiere sind?

Ehe wir aber weiter gehen, setzen wir zum voraus, daß man unsere **allgemeine Einleitung von dem vielfachen Leben der Creaturen,** welche wir dem dritten Theile von den Amphibien von pag. 15. bis 64. eben aus der Absicht, um uns jetzo darauf zu berufen, vorgesetzet haben, werde gelesen, erwogen, beurtheilt, und sich von ihrer Richtigkeit oder Unrichtigkeit eine vorläufige Vorstellung gemacht haben, und in dieser Vermuthung führen wir unsere Beweise folgender Gestalt:

*** *** ***

Allgemeine Anmerkungen.

Daß die Materie, als Materie, denken, sich von Gefahr oder Nutzen Vorstellungen machen, einen Willkühr zeigen, Maasregeln ergreifen, sich wiederum anders entschließen, und Mittel zur Vertheidigung oder Erhaltung wählen könne, solches hat noch noch kein Sterblicher erwiesen; und soviel wir von der Materie wissen, so halten wir dieses für einen offenbaren Widerspruch, oder aller Verstand in der Welt ist nichts, und die Materie selbst wäre nur Einbildung. Ist nun aber die Materie etwas, so müssen wir sie auch als Materie beurtheilen.

Wir kennen inzwischen die Materie nicht anders, als aus ihren Würkungen, und diese Würkungen sind ihre wesentlichen Eigenschaften, ohne welche sie keine Materie wäre.

Die Größe, und die mit der Größe verbundene Schwere, sind wesentliche Eigenschaften, wo diese verschwinden, ist auch die Materie verschwunden; wo aber Größen sind, da sind Gestalten, und wo sich zusammengesetzte Größen zeigen, da sind auch zusammgesetzte Gestalten, und mit selbigen eine zusammengesetzte Schwere vorhanden.

Wo sich verschiedene und von einander getrennete Größen befinden, da befindet sich auch eine verschiedene Schwere; wo eine verschiedene Schwere ist, da ist der wagerechte Stand aufgehoben, und wo dieser aufgehoben ist, da ist auch die Bewegung unvermeidlich: denn da zeiget sich nach den Grundsätzen der Natur ein Steigen, ein

Fallen,

Fallen, ein Stossen, Treiben, Verdrengen, und dergleichen mehr.

Allgemeine Anmerkungen.

Dieses ist alles bey sichtbaren und handgreiflichen Größen bestättiget, und muß also auch von solchen Größen, die dem blossen Auge nicht sichtbar sind, unstreitig wahr seyn.

Die kleinsten Größen, welche wir kennen, sind die microscopischen Größen unter nul nul. Sobald wir hinein sehen, finden wir sogleich verschiedene mehr und minder zusammengesetzte Grössen, also verschiedene Grade der Schwere, welche die Bewegung des Verschiedenen, was wir theils sehen, theils nicht sehen, unvermeidlich machen. Wir haben nämlich unter dem Microscop eine Feuchtigkeit, es ist in der Feuchtigkeit Luft, die leichter ist, als die Feuchtigkeit, und in der Luft das feine Fluidum des Feuers, welches wiederum viel leichter als die Luft ist, und dann schwimmen noch andere zusammengesetzte Größen darinn, diese Größen aber sind theils leichter, theils schwerer, mithin ist da schon die Bewegung unvermeidlich, und dies ist die erste, nämlich die mechanische Bewegung, welche wir das mechanische Leben nennen, und womit alle Materie in der ganzen Welt belebet ist, die auch so lange dauren muß, so lange es nur verschiedene zusammengesetzte Größen giebt, die das Gleichgewicht aufheben, und also ein Steigen und Fallen u. s. w. gegeneinander schlechterdings unvermeidlich machen.

Wir können uns also gar keine Materie in der Welt denken, die in einer vollkommenen Ruhe wäre, so lange wir in der Welt verschiedene Grös-

 sen

Allgemeine Anmerkungen.

sen voraussetzen, nur dann ist Ruhe und Stillstand, wenn gleiche Größen, gleiche Massen, oder gleiche Schwere einander die Wage halten; und doch bleibt noch da das Vermögen auf einander zu würken, und wieder zurück zu würken übrig, welche Art der Bewegung für unser Gesicht und Empfindung ganz und gar unmerklich ist.

Die erschaffene Materie hat in sich den Grund nicht, sich in verschiedene Größen zu bilden, so lange wir uns nämlich lauter elementarische Theilchen von gleicher Größe denken. Es muß also ausser der Materie ein Grund seyn, welcher macht, daß die Materie verschiedene Größen annehme, und sich aus dem elementarischen Zustande zur zusammengesetzten Größe bilde. Ist aber in der Materie selbst kein Grund, so ist es ein bewegender Geist, welchem die Materie ihr ganzes Daseyn zu danken hat, und dieser ist Gott!

Die Allmacht hat folglich die Materie hergestellet; sie hat mit der Materie die wesentliche Eigenschaft einer eigenthümlichen Größe und Schwere verbunden! sie hat den Anfang zur Bewegung, das ist, zur verschiedenen Größe und Schwere gemacht, und hat das Gleichgewicht in der Materie, (oder die Auflösung der Materie in gleiche elementarische Größen,) seit dem noch nicht wieder hergestellt, mithin bleibt nunmehro die Bewegung durch alle Materie ununterbrochen, und zwar nach den Gesetzen der Größe und Schwere nothwendig.

Wenn nun ein Gegenstand unter das Vergrößerungsglas kommt, so verwundern wir uns gar nicht, daß wir daselbst in den allerkleinsten Theil-

Theilchen, ein mechanisches Leben, eine Bewegung, entdecken; vielmehr würden wir uns wundern, wenn wir daselbst niemalen eine Bewegung spühreten. Allgemeine Anmerkung.

Der Schluß, den wir aus den bisherigen Sätzen ziehen, ist kein anderer, als dieser: Es ist unter dem Microscop eine mechanische Bewegung der kleinsten Theilchen möglich und natürlich, wenn unter demselben eine Materie gefasset ist, deren Ingredienz verschiedene Größen und daher auch verschiedene Schweren enthält.

Diese mechanische Bewegung hat in dem ganzen Mineral- Pflanzen- und Thierreiche statt, und ohne derselben sind wir nicht im Stande, uns ein pflanzenartiges, viel weniger ein thierisches Leben zu denken: denn wo Leben ist, da ist Bewegung, sie mag nun pflanzenartig oder thierisch seyn, und keine Bewegung findet ohne diesem Mechanismo statt, folglich ist das mechanische Leben allen dreyen Reichen gemein, und soviel wir wissen, ist kein Mensch vorhanden, der dieses in Zweifel ziehet.

Wir haben bisher nichts anders zeigen wollen, als daß unter den Bewegungen, die sich unter dem Microscop zeigen, keine einzige sey, die nicht zugleich mechanisch wäre, und von dem Verhältniß der Größe und der Schwere, der unter dem Glaße befindlichen Körperchen abhange; mithin daß das Steigen und Fallen, das Forttreiben und Anziehen der Körperchen statt haben könne, ohne einen weitern Bewegungsgrund als den bloßen Mechanismum vorauszusetzen.

Allgemeine Anmerkung.

Wir haben nämlich hier nicht nöthig, ein Anstossen an den Tisch, eine Bewegung der Luft im Zimmer, ein starkes Athemen des Wahrnehmers, oder einen vermehrten Grad der Wärme zur Ursache anzunehmen: denn der Microscopist ist sich dessen ganz zuverläßig versichert, daß diese Einwürfe ihn nicht treffen, weil er die Bewegung vor sich siehet, ohne daß diese Umstände etwas dazu beygetragen haben.

Wir sagen also nur soviel: ein Theil solcher Bewegungen, die der Microscopist vor sich siehet, muß schon nothwendig aus obigen Grundsätzen mechanisch erfolgen.

Allein, jetzt hören wir einen mehr treffenden Einwurf. Der Microscopist sagt nämlich: Die Bewegungen, die wir sehen, sind mehr als mechanisch. Ein bloßes Steigen und Fallen, ein Forttreiben und Anziehen ist gar zu deutlich von den Bewegungen der Infusionsthierchen und der Polypen unterschieden.

Wir gestehen dieses, nur mit der deutlichen Bedingung, daß sie die mechanische Bewegung nicht davon ausschließen, denn ohne selbiger hat gar keine Bewegung statt. Dasjenige aber, was sie nun glauben, mehr zu sehen, als eine bloße mechanische Bewegung, wollen wir jetzo auch erklären.

Wir machen bey der Materie einen Unterschied zwischen der gebildeten und ungebildeten. Unter der ungebildeten Materie verstehen wir diejenige, die gleichsam tod und leblos ist, und das sind einzelne elementarische Theilchen, die unter einander in einem Gleichgewicht stehen, und vor sich keine

Bewegung

Bewegung verursachen. Unter den gebildeten aber verstehen wir solche, die von der Allmacht schon eine zusammen gesetzte Größe und relativische Schwere erhalten haben, und deren Regeln der Zusammensetzung, lediglich in dem Entzwecke zu suchen sind, den sich die Allmacht mit ihnen vorgesetzet hat. Allgemeine Anmerkung.

Wir wollen es kurz und deutlich sagen, was wir meinen. Es sind die Organa, die Urstoffe zu allen gebildeten Sachen, sie mögen mineralisch, vegetabilisch oder animalisch seyn. Es ist die Schöpfung aus dem Chaos. Das Chaos war die elementarische Materie, getheilt in gleiche Grössen, und folglich ohne Bewegung. Die erste Bewegung, die wir uns denken können, sind zusammen gesetzte Größen und von verschiedener Art, mit welchen eine verschiedene Schwere der Massen gegen einander entstand, und das Gleichgewicht aufgehoben wurde.

Diese verschiedene Grössen sind von einem weisen Wesen, nicht tumultuarisch zusammen gesetzt, sie sind nach Bestimmungen formiret, und in denselben lieget der Grund aller Geschöpfe, die wir nachhero in der Welt ausgebildet finden. Wären sie tumultuarisch zusammen gesetzt, so wären es lauter rohe und unbestimmte Massen, die nur allein ein mechanisches Leben hätten, und übrigens tod wären; das Gegentheil aber lehret die Erfahrung. Wir finden nämlich in der Welt bestimmte und regulaire Salz- und Crystallenfiguren, bestimmte Gestalten von Kräutern und Gewächsen, bestimmte Gestalten endlich im Thierreich, und alle diese Gestalten bilden sich zu einer sichtbaren Grösse, jede aus einem undenklichen Punct, welches

Allgemeine Anmerkungen.

ches uns auch No. Null Null nicht entdecken kann, denn so bald wir sie durch Null Null unter dem Microscop zu Gesichte bekommen, so ist ihre Zusammensetzung schon zu einer ergiebigen Größe angewachsen.

Woher entstehen nun die Größen, die uns unter Null Null zu Gesichte kommen? Gewißlich nicht anders, als durch den Wachsthum! Was heißt aber wachsen? Es heißt Theilchen bekommen, die es vorher nicht hatte! Woher kommen diese Theilchen? Aus der umliegenden Materie! Wie kommen diese Theilchen dahin? Durch eine anziehende Kraft! Woher entstehet diese anziehende Kraft? Entweder durch einen Andrang von aussen, oder durch die Organisation des anziehenden Körpers von innen. Im ersten Fall ist der Wachsthum bloß mechanisch, und so wachsen Steine und Metalle; im andern Falle wachsen sie organisch, und so wachsen Pflanzen und Thiere. Im ersten Fall entstehen nothwendig rohe und unbestimmte Massen, deren Figur von äusserlichen Umständen abhangt; im andern Fall aber entstehen bestimmte Figuren, die ihre Gestalt lediglich der ersten Organisation zu danken haben.

Das ganze Universum ist voller Materie. In derselben befinden sich allenthalben zusammengesetzte Größen, die noch nicht sichtbar sind. Diese Größen sind theils mechanisch, theils organisch, mithin entstehet schon zweyerley unterschiedene Bewegung, und diese beyden Bewegungen müssen nunmehro nothwendig da entstehen, wo nur beyderley Größen zusammen stecken. Und warum sollte dieses denn nicht auch fast in jedem Flüßigen, und in jedem Tröpflein unter dem Microscop seyn können?

Allein

Allein was sollen denn die organischen Grössen seyn? Es sind elementarische Theilchen, die nach einer ursprünglichen Bestimmung eine gewisse bestimmte Figur haben, und nur durch die Allmacht zusammengesetzt sind. Sie sind in dieser ersten Anlage für uns und für alle Microscopia unsichtbar, sie werden aber sichtbar, wenn sie durch Anziehung mechanisch-elementarischer Theilchen grösser werden, und hier zeigen sich dann zuerst die sogenannten Infusions- und Saamenthierchen. Je länger diese Körperchen fremde Theilchen anziehen, und nach ihrer Organisation an sich selbst ablegen, selbige sich zu eigen machen, und in sich anlegen, so lange wachsen sie, und dieser Wachsthum muß dauern, so lange eines Theils ihre organische Bewegung dauert, und andern Theils die angezogene flüßige Materie Theilchen enthält, die ihnen dienen, und gleichsam anlegbar sind. Allgemeine Anmerkungen.

Es verstehet sich also, daß diese organischen Theilchen Nahrung haben müssen; daß diese Nahrung ihnen in einem flüßigen Vehiculo müsse zugeführet werden; daß eine mechanische Bewegung der organischen zu Hülfe kommen, und daß folglich ein feineres Fluidum, nämlich die Luft, und noch ein feineres Fluidum, nämlich das Feuer, mit würken müsse, die mechanische Bewegung, und durch selbige zugleich die organische zu erhalten: denn fiele dieses weg, so hörte alles Wachsen, und alle organische Bewegung nothwendig und unvermeidlich auf.

Hieraus wird so viel richtig folgen, daß sich kein organisches Körperchen zu seiner ganzen Bestimmung entwickeln könne, es sey denn, daß es

Allgemeine Anmerkungen.

in seinem eigenartigen Fluido liege, den gehörigen Grad der Wärme habe, eine schickliche Luft geniesse, und einen guten Vorrath von Nahrungstheilchen vor sich finde, wodurch sowohl die organische als mechanische Bewegung, die beyde einander die Hand bieten, gut von statten gehen.

Nun kann eine blos mechanische Bewegung uns wohl durch Anlegung feiner Theile nach und nach einen Steinklumpen, ein Erz oder dergleichen bilden; aber sie bildet gewiß keine Pflanze und kein Thier, nach einer allezeit bestimmten Figur. Es muß hier eine organische Bewegung dazu kommen, und diese nennen wir nunmehro im eigentlichen Verstande: **Vegetation**.

Gesetzt nun, man hätte unter einem Microscop einen flüßigen Tropfen, der aus eigenartigen Theilchen bestünde, und worinne sich, nebst der elementarischen Materie des Feuers, der Luft und der irdischen Theilchen, auch organisirte Körperchen befänden, die sich bereits zu einer solchen Größe geschwungen hätten, daß man sie durch das Vergrößerungsglas anfängt zu erkennen, was müßte sich denn da wohl unsern Augen zeigen? Antwort: eine Bewegung, und zwar keine bloß mechanische, sondern auch eine organische; nämlich man müßte sehen, nicht nur ein Steigen und Fallen, ein Ziehen, Schleppen und Stossen der sichtbaren Theilchen, sondern auch ein Einsaugen, ein Verschlucken, ein Ausprützen und dergleichen. Aber könnte das organische Theilchen, das so empfindlich ist, das nirgends fest sitzt, das lediglich in einem flüßigen Elemente schwimmt, das durch seinen bisherigen Wachsthum schon eine schlanke Bildung bekommen, diese seine organische Bewegung

gung verrichten, ohne sich selbst im Ganzen zu bewegen? Keinesweges! Hier muß sich also nothwendig ein Herumfahren, ein Krämpfen und Dehnen, ein abwechselndes Schnellen und Ausruhen zeigen, je nachdem die organisirte Structur im undenklich Kleinen beschaffen ist: denn die Infusionskörperchen bewegen sich durch ihre Rundung oder ovale Gestalt anders, als die Saamenkörperchen mit ihrer geschwänzten Structur, und diese wiederum anders, als die Eßigälchen, und diese abermahls anders, als die Polypen. Allgemeine Anmerkungen.

Erschüttert doch ein stillstehender Mensch durch die organisch-mechanische Bewegung des Pulses, reget sich doch ein ruhendes Thier durch den Mechanismum der Lungen, warum sollten denn die organisch-mechanischen Bewegungen solcher undenklich kleinen schwimmenden Körperchen nicht viel lebhafter seyn? Und wer ist im Stande hier eine willkührliche Bewegung zu zeigen, die nicht vom Organismo herstammen könnte, sollte und müßte. Ja wer weiß, welche unsichtbare Gewalt noch dazu helfen kann? Ist es nicht an dem, daß wenn ein Unwissender für einen ruhenden Magneten träte, und sähe, daß er sich, ohne daß er an den Tisch gestossen hätte, dennoch auf einmahl geschwinde umdrehte, er glauben würde, die Nadel lebe? Wer stehet also Bürge für den immerwährenden Einfluß einer magnetischen und electrischen Materie, in die Bewegungen organischer Körper?

Ist es aber Organismus, was haben wir denn nöthig eine thierische Natur dieser Körperchen anzunehmen? Sind denn alle organisirten Körper Thiere? Ist die Mimosa ein Thier, weil sie ihr Blat nach der Berührung sinken lässet? Sind

Allgemeine Anmerkungen.

Sind die Polypen deswegen Thiere, weil sie auf das Anstossen am Glase sich zurücke ziehen? Ist eine Kugel, die ihrer Elasticität halber beym Anprellen einigemahle hin und wieder, oder auf und nieder tanzet, ein Thier? Ist ein herausgerissenes Herz, das sich einige Zeit noch krämpfet, für sich ein Thier, wenn es gleich aus einem Thiere genommen ist? Nein, es ist ein organischer Körper, so wie die Mimosa, es beweget sich, kraft seiner Structur, und nicht weil es aus einem Thiere herstammt.

So lange wir also von organischen Theilchen reden, haben wir mit keinem Thier als Thier zu thun; denn das organische Leben steckt mit dem mechanischen, sowohl im Pflanzenreich als im Thierreiche. Die Pflanzen vegetiren, das thun auch alle thierische Körper, denn der Wachsthum der Pflanzen und Thiere gehet nach einerley Grundsätzen vor sich. Bey beyden macht eine unsichtbare durch schöpferische Hand aus elementarischen Theilchen zusammengesetzte, und nach besondern Bestimmungen verfertigte organische Größe den ersten Anfang. Jene wird uns allererst in den Infusionen, diese in dem Saamen sichtbar, und zwar dann, wann sie sich durch verborgenes Wachsen aus einem undenklichen Punct zur Sichtbarkeit für unsere Augen hinan geschwungen haben. Beyde, sowohl pflanzenartige als thierische organisirte Körperchen, ziehen Nahrungstheilchen an sich, legen sie in sich ab, und bilden sich durch den Organismum aus. Sie sind beyde also Pflanzen, und die blosse Regel der Vegetation lässet sie zur vollkommenen Größe, nach der Anlage ihrer organischen Structur, auswachsen.

Nach-

* * *

Nachdem wir also dieses vorausgesetzet haben, so lasset uns näher zur Sache kommen. Allgemeine Anmerkungen.

Was heißt vegetiren? was heißt wachsen? Es heißt durch Anlegung neuer Theilchen größer werden. Diese Theilchen müssen sich folglich herbeyführen lassen, legten sie sich nur von aussen an, so wäre eine mechanische Bewegung hinlänglich, und das wäre weiter nichts, als eine mineralische Vegetation. Allein, so siehet es bey den Pflanzen und Thieren nicht aus, sie schlucken die Theile in sich, sie bereiten die Theilchen erst zu ihrem Gebrauch, sie lösen dieselbige durch ein eigenartiges Menstruum auf, verändern und digeriren sie, und legen sie also erst allenthalben ab.

Könnten nun wohl die erlangten Nahrungs- und Wachsthumstheilchen an Ort und Stelle kommen, wenn sie nicht durch ein flüßiges Vehiculum giengen? Mithin steckt die wesentliche Organisation in flüßigen, und nicht in festen Theilen, denn die festen Theile sind leidende Theile, sind sie einmahl angeleget, so verrichten sie kein Geschäfte, als daß sie da sitzen, wo sie sind: Soll ein Thier oder Pflanze also weiter kommen, so muß man es aus der Organisation, die im Flüßigen steckt, erwarten. Ist aber dasjenige, was eigentlich bey Pflanzen und Thieren die Bildung verrichtet, der edlere flüßige Theil, so halten wir auch selbigen für das wahre bildende Organum, die abgelegten und festgemachten härteren oder erhärtende Theilchen aber für das gebildete Organisatum, welches dann gleichsam das Futteral des erstern ist, und die vor unsern Augen sichtbare oder von unsern Händen fühlbare Gestalt einer Pflanze oder eines Thieres darstellet.

Daß dieses seine Richtigkeit habe, schliessen wir aus folgendem: Wenn alle Säfte aus einem Baume treten, so höret das Wachsen auf, und wenn die Thiere die Flüßigkeiten aus dem Körper verliehren, so nimmt das vegetirende Leben ein Ende: denn der organisirende Theil fehlet, es fehlet mit demselben die innere organische Bewegung, es fehlet das Leben!

Siehe da! **das sind die Polypen!** Wenn wir uns nun einen Baum oder Pflanze vorstellen, und denken uns alle harte Theile davon weg, und bilden uns nur die aneinander hangende organische Feuchtigkeit, als das Wesen des Wachsthums ein, so haben wir einen zusammengesetzten Armpolypen vor uns, und der harte Theil ist das Organisatum in welchem der Baumpolype, als in einem Köcher, steckt. Wenn wir uns nun ferner ein Nervensystem denken, und bilden uns die bogige Blutcolumne aller Adern ein, so ist abermahls ein Polype da, der das Wesen des Wachsthums ist, denn **des Thieres Leben**, (seine vegetativische Seele) **ist im Blut!** Wenn wir endlich eine **Coralle** vor uns sehen, es sey eine Stein- oder **Horncoralle**, eine Sertularia oder **Coralline**, und abstrahiren in unsern Gedanken die abgelegten hartgewordenen Theilchen, so ist der Polype da; und was ist denn dieser Polype? Es ist der flüssigere organisirende Theil; ja eben das nämliche, was unter veränderten Umständen der Saft im Baume, und das Blut im Thiere ist. Sind nun alle diese Polypen Thiere? Keine von allen. Es sind nur lauter organische und zu einer gewissen

Größe

Größe angewachsene Körper, die unter bestimmten Umständen allerhand Vegetationes darstellen.

Allgemeine Anmerkungen.

Alle diese Polypen aber bewegen sich! Ihre sämtliche Bewegung ist ein Ansaugen, Verdauen, Ausstrecken und Einziehen der Arme, und was dergleichen mehr ist, und wir würden ihre Bewegung sehen, wenn wir nicht durch andere Umstände gehindert würden. Wir können nämlich den Polypen in den Thieren nicht sehen, weil er allenthalben in eine undurchsichtige Haut eingekerkert ist. Wir sehen den Baum- und Kräuterpolypen nicht, weil er innerhalb der undurchsichtigen Rinde aller Fasern steckt, und doch bewegt er sich; denn das nehmen wir wahr am wachsen, an dem anhaltenden Capreolis der Weinstöcke und Zaunrüben, an dem Umschlingen der Convolvulen, an dem Hervorkommen der Blüthentheilchen und dergleichen mehr; nur kann die Bewegung nicht so stark seyn, weil der Polype durch ein härteres Wesen allenthalben eingeschlossen und gebunden ist. Am besten aber sehen wir den Polypen, das ist, den organisirenden Theil, an den Corallen, und den überhaupt sogenannten Thierpflanzen, denn an selbigen tritt er durch Oefnungen frey hervor, und weil er gallertartig und zähe ist, fließt er nicht ineinander, die schwankenden Spitzchen bewegen sich im flüßigen Wasser desto freyer, da sie theils die mechanische Bewegung der unsichtbaren Körperchen, theils ihre eigene organische innere und nie ruhende organische Bewegung, in ein vegetativisches Leben setzet.

Es würde der Saft der Kräuter und Bäume ein ähnliches thun, wenn er hervortreten könnte, und sich durch seine Flüßigkeit nicht sogleich ergösse.

Allgemeine Anmerkungen.

se. Es würden die Arme des Baumpolypen sich bey der Hervortretung aus den Röhrchen an einem abgeschnittenen Aste eben so beweglich und schwankend zeigen, wenn sie die Consistenz der Corallenpolypen hätten. Sie würden ihre Nahrung haschen, wie sie es ohnehin unter der Decke thun.

Daß nun die Seepolypen kein Holz machen, sondern daß aus ihrem Organißmo ein Kalch oder Horncoralle entstehet, solches verursacht ihr Aufenthalt im salzigen Seewasser, deßgleichen andere, von den Erdpflanzen unterschiedene Nahrungstheile, und was mehr hieher gerechnet werden könnte, eben so, wie die Haarpflanzen auf unsern Köpfen kein Holz, kein Stroh, keine Heufasern, sondern eben das machen, was unsere Haare sind, weil sie eben ganz andere Säfte zu ihrer Nahrung genießen, als die Erdpflanzen.

Können nun Kräutertheile bey Thieren, die von Kräutern leben, durch Zubereitung und Auskochung, ihre Natur so verändern, daß sie nicht mehr vegetabilisch, sondern animalisch riechen: warum sollte in der Vegetation der Coralle und ihrem innern weichen organischen Bau, (den wir um den Namen beyzubehalten, einen Polypen nennen wollen,) nicht auch ein Grund seyn können, die aus dem Meer angenommene Nahrungstheilchen so zu verändern, daß sie mit dem Geruch unserer Haare übereinkommen, und eine kalchige Erde geben?

Bey allem diesem sehen wir noch gar nicht ein, warum das innere Bestandwesen der Coralle eben ein Thier seyn soll? Sie sind nichts als Vegationsorgana, so wie wir sie in allen Erdgewächsen finden und vom Anfange beschrieben haben, und sollen denn

denn die sogenannten Polypen durchaus Thiere seyn, warum werden denn nicht auch die Pflanzen für Thiere gehalten? Allgemeine Anmerkungen.

Haben wir nun in dem Wasser einige Polypenarten, ohne steiniger oder hornartiger Rinde, so haben wir sie im Pflanzenreiche auch; denn es giebt Gewächse, die fast aus purem Gallert bestehen, dergleichen sich an etlichen Schwammarten in den Wäldern zeiget.

* * *

Vielleicht aber wird man sagen: Wenn das Pflanzenreich und Thierreich so nahe mit einander verwand sind, daß der Wachsthum in beyden auf einerley Art und nach den nämlichen Gesetzen von statten gehet; warum sollten denn die Infusionskörperchen, die Saamenkörperchen, und vorzüglich die Polypen, mithin auch die Coralle und dergleichen, keine Thiere seyn, da sie einen animalischen Geruch geben, eine kalchige Erde führen, und über das, Bewegungen zeigen, die so viele Aehnlichkeit mit freywilligen Bewegungen haben? Wir antworten hierauf, daß wir die Thiere nicht deßwegen für Thiere halten, weil sie einen animalischen Geruch und kalchige Erde geben, auch nicht, weil sie so wachsen und vegetiren, wie die Pflanzen; sondern weil sie ausser der mechanischen Bewegung, (durch welche sie Masse anlegen,) und ausser der organischen Bewegung, (durch welche sie sich zur bestimmten Structur bilden,) noch eine Art der Bewegung haben, die weder von einem Mechanismo, noch von einem Organismo abhängt, nämlich diejenige Bewegung, welche wir freywillig nennen, Kraft welcher sie andern

Allgemeine Anmerkungen.

Bewegungen Einhalt thun, sich widersetzen, Ueberlegung zeigen, Leidenschaften offenbahren, und dergleichen mehr. Eine Bewegung nämlich, welche das Daseyn einer Seele, eines denkenden Geistes, und einer Kraft, sich Vorstellungen zu machen, bestättigen.

Wir halten nämlich alles für ein Thier, was ausser der Materie und dem Organo noch eine Seele hat, und diese muß vorhanden seyn, wenn es sich von einem gewißen Gegenstande Vorstellungen machen, Freude und Traurigkeit haben, Maaßregeln ergreifen und dergleichen thun soll, denn die Materie als Materie, kann nicht denken. Wo aber ein Geist in einem Körper Bewegungen hervor bringen soll, da muß ein gemeines Sensorium oder Sensorium commune seyn, aus welchem sich der Einfluß des Geistes, als aus einem Punct über und durch den ganzen Körper ausbreitet.

Weder ein solches Sensorium, noch das Daseyn eines Geistes ist je von den Polypen und allen damit verwandten Geschöpfen erwiesen worden. Alle Bewegungen, die man von ihnen rühmet, lassen sich durch die Organisation mit dem Mechanismo erklären. Daß aber einige dieser Bewegungen freywillig zu seyn scheinen, ist noch kein Beweiß, daß sie es sind, denn wenn sich die Zaunrübe mit ihren Fäden so fleißig anhält, wo sie nur etwas erwischen kann; daß sich die Jerichorose einkrämpft wenn sie trocken wird; daß die Mimosa zusammen fährt, wenn man sie anrühret; das alles (um sehr vieler andern Umstände im Pflanzenreiche nicht zu gedenken) hat wohl eben so vielen Schein der Freywilligkeit, und doch will sie niemand

für

für Thiere halten. Eine mit Kunst gemachte Maschine in Menschengestalt, wie Marionetten, und dergleichen, zeiget vermittelst eines angebrachten Uhrwerks so erstaunlich viele Bewegungen, die mehr Aehnlichkeit mit der Freywilligkeit haben, als alle Bewegungen der Polypen; und dem ohnerachtet will sie niemand für Menschen oder Thiere erkennen; warum sollten es dann die Polypen seyn? Warum fällt es so schwer zu glauben, daß die Allmacht Maschinen und Organisationes hervorbringen könne, mit Bewegungen, die einigen Schein der Freyheit haben, und den thierischen Bewegungen etwas ähnlich sind, da man doch dieses Vermögen den Künstlern nicht abspricht? Allgemeine Anmerkungen.

Sind die Polypen zum Theil so klein, und so zart, daß sie sogar ausser ihrer Organisation, auch noch durch eine unsichtbare Gewalt der electrischen und magnetischen Materie können getrieben und in Bewegung gebracht werden? Wie! wenn nun jemand das anscheinende Freywillige daher ableiten wollte. Wer beweißt denn das Gegentheil, daß es gerade eine Seele sey, welche die Bewegungen hervorbringt?

Vielleicht aber dünkt es den Herren Naturforschern Wunder, das wir oben einen Geist und Seele im diesen Körperchen verlangen, wenn wir sie für Thiere halten sollen. Wie! Giebt es denn Thiere ohne Seelen, können bloße Maschinen freywillig handeln?

Um uns aber nicht zu lange aufzuhalten, so geben wir ausser dem, was wir oben von dem flüs-

Allgemeine Anmerkungen.

sigen organischen Wesen in den Pflanzen gesaget haben, nur noch dieses zu betrachten.

1) Es ist unter allen Zoophyten keine einzige Structur, die nicht auch in seiner Art bey Pflanzen statt haben sollte. Die Sterne, die Strahlen der Polypen, die Arme, die Aeste, das netzartige Gewebe, die Vergliederungen, und alles was man nur hervorsuchen will, wird alles auch bey den Erdpflanzen angetroffen. Nur machen die Pflanzenpolypen ihre Sache verdeckt und eingekerkert, die Wasserpolypen aber machen ihre Gestalten in offenen Köchern. Man betrachte macerirte Baumblätter gegen die Seefächer, Steinschwämme gegen Waldschwämme, Sertularien gegen Moose, Polypenfiguren gegen die Staubfäden der Blüthen, und was dergleichen mehr ist. Man wird allenthalben Aehnlichkeiten der Vegetation finden.

2) Die Polypen haben ein augiges Leben. Sie zertheilen sich, machen Glieder und Knospen, wachsen ruckwärts und vorwärts, keimen aus, und kitten sich zusammen; das alles thun die Pflanzen auch.

3) Die Polypen sind mehrentheils angewurzelt, und etliche schwimmen frey, setzen sich doch aber an; das alles ist im Pflanzenreiche auch, die Wasserlinsen wachsen im Wasser frey, nebst noch einigen Wasserpflanzen.

4) Die

4) Die Polypen ziehen sich zurück, können getödtet werden, geben Eyerchen ab, und dergleichen. Das alles gilt auch im Pflanzenreiche. Die Baumpolypen ziehen sich gegen den Winter zurück, und kriechen im Frühjahr wieder heran. Sie sterben durch Fäulnis ab, können vermagern und Hunger leiden, und doch wiederum anwachsen. Allgemeine Anmerkungen.

Ja was noch mehr ist, aus der entdeckten Polypengeschichte lernen wir erst, was Vegetation ist, und wie es eigentlich im Pflanzenreiche zugehet.

* * *

Wir wollen aber zum Schluß eilen, und nun alles zusammen fassen.

Wir behaupten drey Reiche der Natur, das Mineral- Pflanzen- und Thierreich, und zu diesen auch dreyerley Arten Bewegung oder Leben, nämlich das mechanische, organische und animalische. Das mechanische Leben gehet durch alle drey Reiche, denn sie wachsen alle. Das organische gehet nur durch das Pflanzen- und animalische Reich, denn diese beyden Reiche wachsen und leben zugleich. Das animalische Leben aber gehet nur allein durch das Thierreich, welches beseelet ist, denn dieses allein wächst mechanisch, lebt organisch, und empfindet animalisch. Nun fragt sich wo jedes Reich anfange und aufhöre? Antwort: Das Mineralreich fängt eigentlich nirgends an, und höret nirgends auf; es

Allgemeine Anmerkungen.

begreift alle sichtbare Körper dieser Erdkugel in sich.

Denn alles dieses ist in einer aneinander hangenden Kette eine Materie und eine Erde, und wird mechanisch bewegt, doch im engern Verstande ist da nur das Mineralreich, wo weiter keine, als mechanische Bewegung statt hat. Das Pflanzenreich hingegen, greift eben da ins Mineralreich hinein, wo die Materie organisiret ist, oder in ihren ersten Moleculis gewisse bestimmte Bildungen erhalten hat. Es fängt an bey den Salzen und mineralischen Vegetationen, setzt durch alle Erd- und Wasserpflanzen durch, verbreitet sich über alle Lithophyta und Zoophyta, und gehet bis ins ganze Thierreich hinein. Das Thierreich endlich greift mitten in das Pflanzenreich hinein, und fängt nur da an, wo die Organisation ein gemeines Sensorium zum Sitz einer Seele oder eines Geistes gebildet hat, und folglich wäre die Kette ohngefehr diese:

Elemente

Feuer, Luft, Wasser, Erde,

aus diesen wird gebildet das

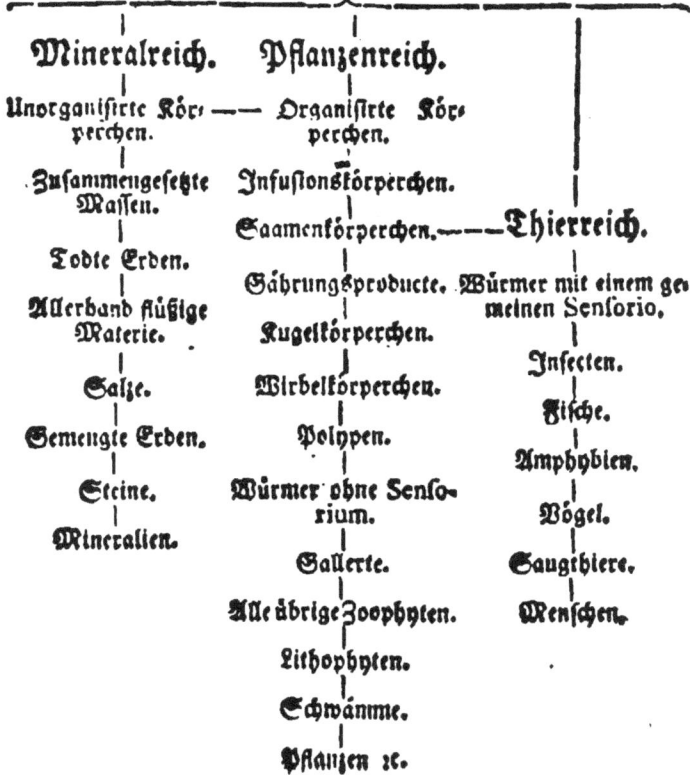

Mineralreich.

- Unorganisirte Körperchen. —— Organisirte Körperchen.
- Zusammengesetzte Massen.
- Todte Erden.
- Allerband flüßige Materie.
- Salze.
- Gemengte Erden.
- Steine.
- Mineralien.

Pflanzenreich.

- Organisirte Körperchen.
- Infusionskörperchen.
- Saamenkörperchen. —— Thierreich.
- Gährungsproducte.
- Kugelkörperchen.
- Wirbelkörperchen.
- Polypen.
- Würmer ohne Sensorium.
- Gallerte.
- Alle übrige Zoophyten.
- Lithophyten.
- Schwämme.
- Pflanzen 2c.

Thierreich.

- Würmer mit einem gemeinen Sensorio.
- Insecten.
- Fische.
- Amphybien.
- Vögel.
- Saugthiere.
- Menschen.

Allgemeine Anmerkungen.

Mit dieser nur flüchtig und tumultuarisch entworfenen Liste, wollen wir keine systematische Classification anzeigen; denn da müßte die Ordnung ganz anders seyn, sondern nur, wie und wo das eine Reich, unserer Meinung nach, einen Ast nach dem andern Reiche abgiebet, und daselbst alsdann in einer eigenen und besonderen Reihe weiter fortgehet, wiewohl die Urstoffe aller drey Reiche durch die ganze Welt untereinander gemischet sind, und einander zur Nahrung dienen, bis sie sich entwickeln, und sich selbst wieder nähren.

Um aber von der thierischen Natur besonders zu reden, so giebt es ausser der Materie oder Körperwelt, auch eine Geisterwelt. So verschieden nun die Massen der erstern sind, so verschieden sind auch die Kräfte der andern. Es sind also die Geisterwesen nach Stand und Würden in die Körperwelt vertheilt. Die edleren bewohnen Körper von edlerem Bau, geringere hingegen, bewohnen auch geringere Körper. Alle Körper aber, welche von diesen oder jenen Geistern bewohnet und regieret werden, müssen in ihrem organischen Bau so beschaffen seyn, daß sie eines einwohnenden Geistes, der sie regieren soll, fähig sind. Hierzu rechnen wir vor allen Dingen einen **Kopf**, ein **Gehirn**, ein Commune sensorium, oder etwas, das diesen dreyen ähnlich ist, und ihre Stelle in Wahrheit vertritt. Wo dergleichen in dem ganzen Bau nicht statt hat, da erkennen wir durchaus kein Thier, denn ein Thier ist bey uns nur das, was eine Seele hat, und wenn wir dieses nicht zu einem Unterscheidungszeichen annehmen, so gerathen wir in einen unverständlichen Wortstreit. Denn, wenn das auch ein Thier heissen soll, was keine Seele hat, und nicht darnach gebauet ist, so können wir

alle

alle Steine und Pflanzen mit nämlichem Rechte Thiere nennen. Allgemeine Anmerkungen.

Nun aber finden wir weder den inneren Bau, noch die äusserlichen Merkmahle aller Polypen, sie mögen nun groß und klein, wurm- drat- kugel- becher- scheiben- oder strahlenförmig seyn, also beschaffen, daß sie ein Sensorium commune hätten, daß sie eine Seele haben sollten, oder daß ihre Bewegungen Handlungen wären, die nur aus einer denkenden oder vorstellenden Kraft zu erklären wären. Mithin halten wir sie nicht für Thiere, sondern für pflanzenartige Organisationes, die sich von der Größe der Jufusionskörperchen an, sichtbar weiter bilden, und bis zur eigenartig- bestimmten Structur und Größe heran wachsen.

Irren wir, so belehre man uns anders. Wir nehmen es gerne an, und sind nicht willens unsere Sätze widersinnig zu behaupten.

Soll es hingegen ausgemacht seyn, daß die Zoophyta und Lithophyta zum Pflanzenreiche gehören, so wachsen sie auch wie die Pflanzen; Allein wir halten doch ihren Wachsthum als Wasserpflanzen, und besonders als Pflanzen des salzigen Wassers, noch etwas von dem Wachsthume der Erdpflanzen unterschieden, und wollen auch hierüber unsere Meinung sagen:

Aus obigem wird nämlich erhellen, daß wir die Polypen der Coralle zwar für ihr Mark ansehen, nicht aber für ein animalisches, sondern organisches, und daß wir dieses Mark für den wesentlichen Theil dieser Seepflanzen halten, mithin es mit

mit den Polypen der Erdgewächse, das ist, mit dem steigenden Safte der Bäume und Gewächse, so wie er sich in seinem Zusammenhange in den Erdpflanzen befindet, in eine und die nämliche Classe setzen, jedoch mit dem Unterschiede, daß die Polypen der Erdgewächse ihrer großen Flüßigkeit halber innerhalb den Pflanzen eingekerkert sind; die Polypen der Seegewächse aber ihrer gallertartigen und schleimigen Consistenz halber, aus den Augen der Coralle hervordringen.

Nun wissen wir aus dem ganzen Pflanzenreiche der Erdgewächse, daß die Pflanze durch diese Organisation ihre Nahrung vermittelst den Wurzelfasern an sich ziehe, sie in der innern Textur verarbeite und anlege, auch durch äusserliche Gefäße der Blätter, aus der Luft ihre Theilchen empfange, und so die feste Masse vermehre. Bey den Seepflanzen aber verhält es sich anders: einmahl nämlich empfangen sie Nahrung von oben und an der Oberfläche, durch die sogenannten Arme der Polypen, welche gleichsam die umgekehrten Wurzelfasern sind. Diese Nahrung legt sich am Umfange an, und wird durch das salzige Seewasser bald steinartighart gemacht, so daß nur die Oefnungen hohl bleiben, durch welche besagte Polypen, oder umgekehrte und nackte Wurzelfasern, sich vermöge ihrer Organisation hin und herschieben, und mit den hervorragenden Enden im Wasser ausbreiten. Zweytens aber werden die Seegewächse auch von aussen getränkt, indem, besonders an den Steincorallen, immer eine kalchartige Flüßigkeit bey der Wurzel und dem Stamme nach den Regeln einer mineralischen Vegetation hinan steigt und sie überziehet, durch welchen Ueberzug sich die Polypen oder der inwendige, gebildete, organische Nahrungsrungssaft, durchbohret, und die Poros offen hält, ehe er noch erhärtet ist. Der innere Polype also procuriret nicht alle Stoffe, wie bey den Erdpflanzen, sondern es vermehret eine salz- und kalchartige Vegetation der Masse nach mineralischen Grundsätzen mechanisch, eben wie eine Infusion auf das Caput mortuum vitrioli in einem Glase an der Fläche des Glases bis auf den Rand hinauf steiget, und das Glas ganz mit einer fremden Masse überziehet. Allgemeine Anmerkungen.

Dieses zeiget sich nur gar zu deutlich an den rohen Corallenmassen so vieler Madreporen und Milleporen, die durch diese mineralische Vegetation oben auf der pflanzenartigen Vegetation dergestalt wunderbar verdickt sind, daß sie dadurch ganz unförmlich werden. Ja es zeiget sich an vielen Gorgoniis, die sehr oft im Ganzen in einem solchen steinigen Ueberzug stecken.e

Durch diese Betrachtung fallen die Zweifel weg, die man daher nimmt: Ob die Polypen, die doch so ungemein klein sind, so viel Masse herbey schaffen können?

Es fällt der Zweifel weg: Warum einerley Gorgonia mannichmahl zweyerley Ueberzug in zwey verschiedenen Meeresgegenden haben könne?

Es fällt der Zweifel weg: Warum oft einerley Steincoralle, deren Bestandwesen, Sternchen und Polypen doch einerley sind, so sehr abweichende und seltsame Gestalten haben, und dergleichen mehr.

Nimmt man aber dieses nicht an, und will man die Polypen durchaus für Thiere gelten lassen, so wachsen die Zweifel je länger je mehr, und wie

wir

wir die pflanzenartige Natur der Lithophyten und Zoophyten mit mehreren Gründen und Beweisen bestärken könnten, so mangelt es uns auch nicht an mehreren wichtigen, und vielleicht wohl ganz unauflößlichen Zweifeln, die dem thierischen Ursprunge der Coralle entgegen gesetzt werden können. Wir tragen aber billig Bedenken, unsere Leser vorjetzo damit aufzuhalten, oder ihre Gedult zu mißbrauchen; und vielleicht steckt hinter der ganzen Polypengeschichte noch ein weit grösseres Geheimnis der Natur, welches zu entscheiden für uns zu schwer ist, nämlich das Geheimnis von der Entstehung eines Körpers, und einer gebildeten Figur.

Pred. Salom. VIII, v. 17.

Ich sahe alle Werke GOttes, denn ein Mensch kann das Werk nicht finden, das unter der Sonnen geschiehet, und je mehr der Mensch arbeitet, zu suchen, je weniger er findet, wenn er gleich spricht: Ich bin weise, und weiß es, so kann er es doch nicht finden.

Verzeich-

Verzeichnis
einiger
illuminirter Figuren
deutscher Schriftsteller,
für die fünf ersten Classen
des Thierreichs.

NB. Die römische Zahl bedeutet die Ordnung, die grosse deutsche zeiget die Nummer des Geschlechts an, und die kleine Ziffer die Art.

Erste Classe, saugende Thiere.

I. 2. Simia. Der Affe.

1. Satyrus, Schreber Säugthiere, Tab. II. II. B.
2. Sylvanus, Schreber Tab. IV.
3. Inuus, Schreber Tab. V.
4. Nemestrina, Schreber Tab. IX.
6. Sphinx, Schreber Tab. VI.
7. Maimon, Schreber Tab. VII.
8. Hamadryas, Schreber Tab. X.
10. Silenus, Schreber Tab. XI.
11. Faunus, Schreber Tab. XII.
14. Paniscus, Schreber Tab. XXVI.
15. Cynomolgus, Schreber Tab. XIII.
17. Diana, Schreber Tab. XIV.
18. Sabaea, Schreber Tab. XVIII.
19. Cephus, Schreber Tab. XIX.
20. Trepida, Schreber Tab. XXVII.
21. Aigula, Schreber Tab. XXII.

22. Pithecia, Schreber Tab. XXXII.
24. Iacchus, Schreber Tab. XXXIII.
25. Oedipus, Schreber Tab. XXXIV.
26. Rosalia, Schreber Tab. XXXV.
27. Midas, Schreber Tab. XXXVI.
29. Apella, Schreber Tab XXVIII.
30. Capuzina, Schreber Tab. XXIX.
31. Sciurea, Schreber Tab. XXX.
Wagner bayreuth. Naturaliencabinet Tab. I.
33. Syrichta, Schreber Tab. XXXI.

I. 3. Lemur. Das Gespensthier.

1. Tardigradus. Schreber Tab. XXXVIII.
Wagner Mus. Baruth. Tab. IX. fig. 1. 2.
2. Mongoz, Schreber Tab. XXXIX.
3. Macaco, Schreber Tab. XL A. B.
4. Catta, Schreber Tab. XLI.
5. Volans, Schreber Tab. XLIII.

I. 4. Vespertilio. Die Fledermaus.

1. Vampyrus, Schreber Tab. XLIV.
2. Spectrum, Schreber Tab. XLV.
3. Perspicillatus, Schreber Tab. XLVI.
4. Spasma, Schreber Tab. XLVIII.
5. Auritus, Schreber Tab L.
6. Murinus, Schreber Tab. LI.

II. 5. Elephas. Der Elephant.

1. Elephas, Schreber Tab. LXIII. der sceletirte Kopf.

II. 7. Bradypus. Das Faulthier.

1. Tridactylus, Schreber Tab. LXIV.
Knorr. Delic. Tab. K. fig 1.
2. Didactylus, Schreber Tab. LXV.

II. 8. Myrmecophaga. Ameisenbär.
1. Didactyla, Schreber Tab. LXVI.
3. Jubata. Schreber Tab LXVII.
Knorr. Delic Tab. K. IX.
4. Tetradactyla, Schreber Tab. LXVIII.

II. 9. Manis. Schuppthier.
1. Pentadactyla, Schreber Tab. LXIX.
Wagner Mus Baruth. Tab. 2
2. Tetradactyla, Schreber Tab. LXX.

II. 10. Dasypus. Armadile.
2. Tricinctus, Schreber Tab. LXXI. A.
4. Sexcinctus, Schreber Tab. LXXI. B.
5. Septemcinctus, Schreber Tab LXXII.
Knorr. Delic. Tab. K. III. fig. 2.
6. Novemcinctus, Schreber Tab LXXIV.
Wagner Mus. Baruth. Tab. XI.

II. 11. Phoca. Seekalb.
3. Vitula, Knorr. Delic. H. VIII. fig. 1.

III. 13. Felis. Katze.
3. Pardus, Knorr. Delic. Tab. K. fig. 4.

III. 16. Ursus. Bär.
4. Luscus, Seligmanns Vögel IV. Th. Tab. CI.

III. 20. Erinaceus. Igel.
1. Europaeus, Knorr. Delic. Tab. K. III. fig. 1.

IV. 21. Hystrix. Stachelschwein.
1. Cristata, Knorr Delic. Tab. K. II. fig. 2.

IV. 24. Mus. Maus.
3. Leporinus, Seligm. Vögel IV. Th. T. CXIII.
8. Monax, Seligmanns Vögel, IV. Theil, Tab. CII.

IV. 25. Sciurus. Eichhorn.
10. Volans, Wagner Musl. Baruth. Tab. IV.

V. 27. Camelus. Kameel.
2. Bactrianus, Knorr. Delic. Tab. K. VI.

V. 28. Moschus. Muscusthier.
3. Pygmaeus, Wagner Musl. Baruth. Tab, III.

V. 30. Capra. Ziege.
2. Ibex. Knorr. Delic. Tab. K. V. fig. 2. das Horn.
10. Dorcas, Knorr. Delic. Tab. K. V. fig. 3. das Horn.

V. 31. Ovis. Schaaf.
3. Strepsiceros, Knorr. Delic. Tab. K. XI. Tab. K. V. fig. 3. das Horn.

V. 32. Bos. Ochse.
3. Bison, Seligmann Vögel, IV. Theil, Tab. CXIV.

VI. 33. Equus. Pferd.
3. Zebra. Knorr. Delic. Tab. K. VIII.

VI. 34. Hippopotamus. Nilpferd.
1. Amphibius, Knorr. Delic. Tab. K. XII.

VI. 35. Sus. Schwein.
5. Babyrussa. Knorr. Delic. Tab. K. VII. der sceletirte Kopf.

VI. 36. Rhinoceros. Nasenhorn.
1. Unicornis, Schreber Tab. LXXVII. Knorr. Delic. K. X.

Zweyte

Zwente Classe, Vögel.

I. 41. Vultur. Geyer.

3. Papa, Selligmann I. Theil, Tab. III.
5. Aura, Seligmann I. Theil, Tab. XII.
6. Barbatus, Seligmann V. Theil, Tab. I.

I. 42. Falco. Falke.

3. Leucocephalus, Seligmann I. Theil, Tab. II.
6. Fulvus. Seligmann I. Theil, Tab. I.
16. Tinnunculus, Frisch Vögel, Tab. 84. 85.
19. Hudsonius, Seligmann V. Theil, Tab. II.
21. Columbarius, Seligmann I. Theil, Tab. VI.
25 Furcatus, Seligmann I. Theil, Tab. VIII.
30. Palumbarius, Frisch Tab. 82. Mann, 81. Weib.
31. Nisus. Frisch Tab. 90. Mann, 91. 92. Weib. Knorr. Delic. Tab. I. 3.

I. 43. Strix. Eule.

1. Bubo, Frisch Tab. 93.
3. Asio, Seligmaun I. Theil, Tab. XIV.
4. Otus, Frisch Tab. 99.
6. Nyctea, Seligmann III. Theil, Tab. XVII.
7. Aluco, Frisch Tab. 94.
8. Flammea, Frisch Tab. 97.
10. Ulula. Frisch Tab. 98.
12. Passerina, Frisch Tab. 100.

I. 44. Lanius. Neuntödter.

2. Coerulescens, Seligmann III. Theil, Tab. VII.
3. Cristatus, Seligmann III. Theil, Tab. III.
11. Excubitor, Frisch Tab. 59.
12. Collurio, Frisch Tab. 60.
13. Tyrannus, Frisch Tab. 62.

II. 45. Psittacus. Papagey.

12. Solstitialis, Frisch Tab. 53.
13. Carolinensis, Seligmann I. Theil, Tab. XXII.
22. Cristatus, Frisch 4. Tab. 50.
24. Erithaceus, Frisch 4. Tab. 51.
26. Domicella, Frisch Tab. 44.
32. Aestivus, Frisch Tab. 49.
Frisch 4. Tab. 47.

II. 46. Ramphastos. Toukan.

4 Piscivorus, Seligmann III. Theil, Tab. XXIII.

II. 50. Corvus. Rabe.

2. Corax, Frisch Tab. 63.
4. Frugilegus, Frisch Tab. 64.
5. Cornix, Frisch Tab. 65.
6. Monedula, Frisch Tab. 67.
7. Glandarius, Frisch Tab. 55.
8. Cristatus, Seligmann I. Theil, Tab. XXX.
10. Coryocatactes, Frisch Tab. 56.
13. Pica, Frisch Tab. 58.

II. 51. Coracias. Rackervogel.

1. Garrula, Frisch Tab. 57.

II. 52. Oriolus. Drossel.

1. Galbula, Frisch Tab. 31.

II. 53. Gracula. Kleine Dohle.

5. Cristatella, Seligmann I. Th. Tab. XXXVII.
7. Quiscula, Seligmann I. Th. Tab. XXIV.

II. 54. Paradisea. Paradiesvogel.

1. Apodia, Seligmann V. Theil, Tab. V.
2. Regia, Seligmann V. Theil, Tab. VI.
Knorr. Delic. Tab. I. 5. fig. 1.

II. 57. Cuculus. Guguck.

1. Canorus,	Frisch 4. Tab. 40. 41. 42.
5. Glandarius,	Seligmann III. Theil, Tab. IX.
10. Americanus,	Seligmann I. Theil, Tab. XVIII.
11. Scolopaceus,	Seligmann III. Theil, Tab. XIII.
12. Niger,	Seligmann III. Theil, Tab. XI.
17. Persa,	Seligmann I. Theil, Tab. XIII.

II. 58. Yunx. Wendehals.

1. Torquilla.	Frisch Tab. 38.

II. 59. Picus. Specht.

1. Martius,	Frisch Tab. 34. fig. 1.
2. Principalis,	Seligmann I. Theil, Tab. XXXII.
3. Pileatus,	Seligmann I. Theil, Tab. XXXIV.
7. Erythrocephalus,	Seligmann I. Theil, Tab XL.
9. Auratus,	Seligmann I. Theil, Tab. XXXVI.
12. Viridis,	Frisch Tab. 35. fig. 1.
17. Major,	Frisch Tab. 36.
19. Minor,	Frisch Tab. 37.

II. 60. Sitta. Blauspecht.

1. Europaea.	Frisch Tab 39. fig. 2.
	Seligmann I. Theil, Tab. XLIV.

II. 62. Alcedo. Eißvogel.

3. Ispida,	Seligmann I. Theil, Tab. XXI.
11. Smyrnensis,	Seligmann I. Theil, Tab XV.
12. Rudis,	Seligmann I. Theil, Tab. XVII.
14. Paradisea,	Seligmann I. Theil, Tab. XIX.

II. 64. Upupa. Wiedehopf.

1 Epops,	Frisch Tab. 43.

II. 45. Certhia. Baumläufer.

1. Familiaris,	Frisch Tab. 39. fig. 1.
3. Pusilla,	Seligmann II. Theil, Tab. LI.

12. Spiza, Seligmann I. Theil, Tab. XLIX. fig. 1. 2.
17. Cruenta, Seligmann IV. Theil, Tab. LVII.

II. 66. Trochilus. Colibri.

2. Pella. Seligmann II. Theil, Tab. LXIII.
4. Polytmus, Seligmann II. Theil, Tab. LXVII.
5. Forficatus, Seligmann II. Theil, Tab. LXV.
11. Holosericus, Seligmann II. Theil, Tab. LXXI.
12. Colubris, Seligmann III. Theil, Tab. XXX.
14. Mosquitus, } Knorr. Delic. Tab. I.
15. Mellisuga, }
18. Cristatus, Seligmann II. Th. Tab. LXXIII.
20. Mellivorus, Seligmann II. Th. Tab. LXIX.
21. Ruber, Knorr. Delic. Tab. I. et I. 5.

III. 67. Anas. Ente.

1. Cygnus, Frisch Tab. 152.
2. Cygnoides, Frisch Tab. 153. 154.
9. Anser, Frisch Tab. 155. 157.
13. Bernicla, Frisch Tab. 156.
17. Bahamensis, Seligm. IV. Th. Tab. LXXXVI.
19. Clypeata, Frisch Tab. 161. 163.
21. Bucephala, Seligmann IV. Theil, Tab. XC.
24. Rustica, Seligmann IV. Theil, Tab. XCVI.
35. Histrionica, Seligmann IV. Theil, Tab. XCIII.
37. Discors, Seligmann IV. Theil, Tab. C.
40. Boschas, Frisch Tab. 150. 159.
42. Sponsa, Seligmann IV. Th. Tab. XCVII.

III. 68. Mergus. Tauchente.

1. Cucullatus, Seligm. IV. Th. Tab. LXXXVIII.

III. 70. Procellaria. Sturmvogel.

1. Pelagica, Seligmann IV. Theil, Tab. CXI.
5. Capensis, Seligmann IV. Th. Tab. LXXV.

III. 71. Diomeda. Penguin.
1. Exulans, Seligmann IV. Theil, T. LXXI.
2. Demersa, Seligmann IV. Th. T. LXXXIII.
Knorr. Delic. Tab. I. 2.

III. 72. Pelecanus. Pelecan.
1. Onocrotalus,
a. Orientalis, Seligmann IV. Theil, T. LXXIX.
b. Occidentalis, Seligmann IV. Theil, T. LXXXI.

III. 74. Phaëton. Tropiker.
1. Aethereus, Seligmann IV. Theil, Tab. CXI.
2. Demersus, Seligmann II. Theil, Tab. XCVII.

III. 75. Colymbus. Taucher.
1. Grylle, Seligmann II. Theil, Tab. XCIX.
2. Septentrionalis, Seligmann IV. Th. T LXXXIX.
11. Podiceps, Seligmann IV. Th. T. LXXXII.

III. 76. Larus. Mewe.
8. Atricilla, Seligmann IV. Th. T. LXXVIII.

III. 77. Sterna. Meerschwalbe.
1. Stolida, Seligmann IV. Theil, T. LXXVI.

III. 78. Rinchops. Verkehrtschnabel.
1. Nigra, Seligmann IV. Theil, T. LXXX.

IV. 79. Phoenicopterus. Flaminger.
1. Ruber, Seligmann III. Theil, T. XLVI. et XLVIII.

IV. 84. Ardea. Reiher.
4. Grus, Knorr. Delic. Tab. I. 6.
5. Americana, Seligmann III. Theil, Tab. L.
6. Antigone, Seligmann II Theil, T. LXXXIX.
15. Herodias, Seligm. IV. Th. T. CVIII. fig. 1.

16. Violacea, Seligm: IV. Th. T. LVIII.
17. Coerulea, Seligm. IV. Th. T. LII.
20. Virescens, Seligm. IV. Th. T. LX.
25. Aequinoctialis, Seligm. IV. Th. T. LIV.

IV. 85. Tantalus. Brachvogel.
1 Loculator, Seligm. IV. Theil, T. LXII.
5. Ruber, Seligm. IV. Theil, T. LXVIII.
6. Albus, Seligm. IV. Theil, T. LXIV.
7. Fuscus, Seligm. IV. Theil, T. LXVI.

IV. 86. Scolopax. Schnepfe.
6. Morinellus, Seligm. III. Theil, T. XLIV.

IV. 88. Charadrius. Regenpfeifer.
12. Spinosus, Seligm. II. Theil, Tab. XCIII.

IV. 90 Haematopus. Meerelster.
1. Ostralegus, Seligm. IV. Theil, T. LXX.

IV. 91. Fulica. Wasserhuhn.
5. Porphyrio, Seligm. IV. Theil, T. LXIX.

IV. 92. Parra. Spornflügel.
4. Variabilis, Seligm. II. Theil, T. XCV.

IV. 93. Rallus. Ralle.
10. Virginianus, Seligm. III. Theil, T. XL.

IV. 95. Otis. Trappgans.
1. Tarda, Seligm. III. Theil, T. XLI. et XLIII.
2. Arabs, Seligm. I. Theil, T. XXIII.

IV. 96. Struthio. Strausvogel.
1. Camelus, Knor. Delic. Tab. I. 1.
2. Casuarius, Frisch Tab. 105.

V. 99.

V. 99. Meleagris. Truthahn.

- 2. Cristata, Seligmann I. Theil, Tab. XXV.

V. 100. Crax. Pauwis.

- 1. Alector, Frisch Tab. 121.

V. 101. Phasianus. Fasan.

- 3. Colchicus, Frisch Tab. 123.

V. 103. Tetrao. Berghuhn.

- 1. Urogallus, Frisch Tab. 107.
- 4. Lagopus, Frisch Tab. 110. 111.
- 16. Virginianus, Seligmann IV. Theil, Tab. CIX.

VI. 104. Columba. Taube.

- 1. Oenas, Frisch Tab. 139.
- 4. Gutturosa, Frisch Tab. 146.
- 5. Cucullata, Frisch Tab. 150.
- 7. Turbita, Frisch Tab. 151.
- 11. Turcica, Frisch Tab. 149.
- 14. Leucocephala, Seligmann I. Theil, Tab. L.
- 15. Leucoptera, Seligm. III. Theil, Tab. XLVII.
- 16. Guinea, Seligm. III. Theil, Tab. XLV.
- 19. Palumbus, Frisch Tab. 138.
- 29. Indica, Seligm. I. Theil, Tab. XXVII.
- 32. Turtur, Frisch Tab. 140.
- 33. Risoria. Frisch Tab 141.
- 34. Passerina, Seligmann II. Theil, Tab. LII.
- 36. Migratoria, Frisch Tab. 142.
Seligmann I. Theil, T. XLVI.
- 37. Carolinensis, Seligmonn I. Theil, T. XLVIII.
- 40. Marginata, Seligmann I. Theil, T. XXIX.

VI. 105. Alauda. Lerche.

- 1. Arvensis, Frisch 3. Tab. 15. fig. 1.
- 4. Campestris, Frisch Tab. 15.
- 5. Trivialis, Frisch Tab. 16.

6. Cristata,

6. Cristata,	Frisch Tab. 15.
10. Alpestris,	Seligmann II. Theil, T. LXIV.
	Frisch Tab. 16.
11. Magna,	Seligmann II. Theil, T. LXVI.

VI. 107. Turdus. Krammetsvogel.

1. Viscivorus,	Frisch Tab. 25.
2. Pilaris,	Frisch 1. Tab. 33.
3. Iliacus,	Frisch Tab. 28
6. Migratorius,	Seligmann II. Theil, T. LVIII.
9. Rufus,	Seligmann II. Theil, T. LVI.
11. Orpheus,	Seligmann IV. Theil, T. LI.
12. Plumbeus,	Seligmann II. Theil, T. LX.
14. Saxatilis,	Frisch Tab. 32.
15. Roseus,	Seligmann I. Theil, T. XXXIX.
23. Torquatus,	Frisch Tab. 30. fig. 1. 2.

VI. 108. Ampelis. Seidenschwanz.

1. Garrulus,	Frisch Tab. 32. fig. 1.
	Seligmann II. Theil, T. XCII.
3. Carnifex,	Seligmann II. Theil, T. LXXVII.

VI. 109. Loxia. Kernbeisser.

1. Curvirostra,	Frisch 2. Tab. 11. fig. 3. 4.
2. Coccothraustes,	Frisch 1. Tab. IV. fig. 2. 3.
4. Pyrrhula,	Frisch Tab. 2. fig. 1. 2.
5. Cardinalis,	Seligmann II. Theil, T. LXXVI.
27. Chloris,	Frisch Tab. 2. fig. 3. 4.
40. Nigra,	Seligm. III. Theil, T. XXXVI.
41. Coerulea,	Seligm. II. Theil, T. LXXVIII.
43. Violacea,	Seligm. II. Theil, T. LXXX.
48. Bicolor,	Seligm. IV. Theil, T. LXI.

VI. 110. Emberiza. Ammer.

1. Nivalis,	Frisch 2. Tab. 6. fig. 1. 2.
2. Hyemalis,	Seligm. II. Theil, T. LXXII.
3. Miliaria,	Frisch Tab. 6. fig. 4.
4. Hortulana,	Frisch 2. Tab. 5. fig. 3. 4.

5. Citri-

5. Citrinella,	Frisch 2. Tab. 5. fig. 2.
16. Oryzivora,	Seligmann I. Theil, T. XXVIII.
17. Schoeniclus,	Frisch Tab. 7.
24. Ciris,	Seligm. II. Theil, T. LXXXVIII.

VI. 111. Tanagra. Merle.

6. Cyanea,	Seligm. II. Theil, Tab. XC.

VI. 112. Fringilla. Finke.

3. Coelebs,	Frisch Tab. 1. 2.
4. Montifringilla,	Frisch Tab. 3. fig. 2. 3.
6. Erythrophthalma,	Seligm. II. Theil, T. LXVIII.
7. Carduelis,	Frisch Tab. 1. fig. 3. 4.
12. Tristis,	Seligm. II. Theil, T. LXXXVI.
13. Zena,	Seligm. II. Theil, T. LXXXIV.
22. Butyracea,	Seligm. IV. Theil, T. LXIII.
23. Canaria,	Frisch 2. Tab. 12. fig. 5.
25. Spinus,	Frisch 2. Tab. 11. fig. 1. 2.
28. Cannabina,	Frisch 2. Tab. 9. fig. 1. 2.
29. Linaria,	Frisch Tab. 10. fig. 3. 4.
36. Domestica,	Frisch Tab. 8. fig. 1. 2.

VI. 113. Muscicapa. Fliegenfänger.

6. Crinita,	Seligm. III. Theil, T. IV.
8. Rubra,	Seligm. III. Theil, T. XII.
9. Atricapilla,	Frisch Tab. 24.
10. Ruticilla,	Seligm. IV. Theil, T. LV.

VI. 114. Motacilla. Bachstelze.

3. Modularis,	Frisch Tab. 21.
6. Curruca,	Frisch Tab. 21. fig. 3.
10. Ficedula,	Frisch Tab. 22.
11. Alba,	Frisch Tab. 23. fig. 4.
12. Flava,	Frisch Tab. 23. fig. 3.
14. Stapazina,	Seligmann II. Theil, Tab. LXI.
15. Oenanthe,	Frisch Tab. 22.
16. Rubetra,	Frisch Tab. 22.
34. Phoenicurus,	Frisch Tab. 19.

35. Eri-

35. Erithacus,	Frisch Tab. 20.
37. Suecica,	Frisch 3. Tab. 19.
	Seligmann II. Theil, T. LV.
38. Sialis,	Seligmann I. Theil, T. XLVII.
41. Velia,	Seligmann I. Theil, T. XLIX.
45. Rubecula,	Frisch 3. Tab. 19. fig. 2.
46. *Troglodytes*,	Frisch Tab. 24. fig. 3.
48. Regulus,	Frisch Tab. 24 fig. 4.
49. *Trochilus*,	Frisch Tab. 24. fig. 2.

VI. 116. Parus. Meise.

1. Bicolor,	Seligmann III. Theil, Tab. XIV.
2. Cristatus,	Frisch Tab 14. fig. 2.
3. Major,	Frisch 3. Tab. 13. fig. 1. 2.
4. Americanus,	Seligmann III. Theil, T. XXVIII.
5. Coeruleus,	Frisch 3. Tab. 14. fig. 1.
7. Ater,	Frisch 3. Tab. 13. fig. 3.
8. Palustris,	Frisch 3. Tab. 13. fig. 4.
9. Virginianus,	Seligmann III. Theil, T. XVI.
11. Caudatus,	Frisch Tab. 14.
12. Biarmicus,	Frisch Tab. 8.
	Seligmann III. Theil, Tab. V.

VI. 117. Hirundo. Schwalbe.

1. Rustica,	Frisch Tab. 18. fig. 1.
3. Urbica,	Frisch 3. Tab. 17. fig. 1.
4. Riparia,	Frisch Tab. 18. fig. 2.
5. Purpurea,	Seligmann III. Theil, Tab. II.
6. Apus,	Frisch 3. Tab. 17. fig. 1.
10. Pelasgia,	Seligmann IV. Theil, T. CVII.
11. Melba,	Seligmann II. Theil, T. XXXIII.

VI. 118. Caprimulgus. Ziegenmelker.

1. Europaeus,	Frisch Tab. 101.
	Seligmann III. Theil, Tab. XXI.
	Seligmann IV. Theil, Tab. CXII.
2. Americanus,	Seligmann I. Theil, Tab. XVI.

Dritte Classe, Amphibien.

I. 119. Testudo. Schildkröten

4. Caretta, Knorr. Delic. Tab. L.
6. Scabra, Knorr. Delic. Tab. L. I. f. 1.
10. Graeca,
11. Carolina,
12. Carinata,
13 Geometrica
14. Pusilla, } Knorr. Delio. Tab. L. II. f. 1—5.

I. 120. Rana. Frösche.

1. Pipa, Wagner Mus. Baruth. Tab. VII.
2. Bufo,
3. Rubeta, } Rösel Frösche Nürnb. 1758. fol.
15. Esculeuta, Rösel Frösche Tab. 13.

I. 122. Lacerta. Eydechsen.

1. Crocodilus, Knorr. Delic. Tab. L. IV.
Wagner Mus. Baruth. T. V. VI.
6. Monitor, Knorr. Delic. Tab. L. VII.
20. Chamaeleon, Knorr. Delic. Tab. L. V. f. 2.
Wagner Mus. Baruth. Tab. XII.
21. Gecko, Knorr. Delic. Tab. L. VI. f. 3.
26. Iguana, Knorr. Delic. Tab. L. III.
47. Salamandra, Knorr. Delic. Tab. L. V, f. 1.

II. 123. Crotalus. Klapperschlangen.

3. Durissus, Knorr. Delic. Tab. L. IX. f. 1.

II. 124. Boa. Serpenten.

4. Constrictor, Knorr. Delie. Tab. L. VIII. f. 1-5.

II. 125. Coluber. Nattern.

95*. Mycterizans, Knorr. Delic. Tab. L. XI. f. 1.

II. 126. Anguis. Aalschlangen.

13. Scytale, Knorr. Delic. Tab. L. X. f. 1.

III. 131. Squalus. Haayfische.
12. Carcharias, Knorr. Delic. Tab. H. IV. f. 1.

III. 136. Ostracion. Beinfische.
1. Triqueter, Knorr Delic. Tab. H. I. f. 1.
6. Cornutus, Knorr. Delic. Tab. H. III. f. 3.
8. Gibbosus, Knorr. Delic. Tab. H. I. f. 2.
9. Cubitus, Knorr. Delic. Tab. H. I. f. 3.

III. 137. Tetrodon. Stachelbäuche.
2. a. Lagocephalus, Knorr. Delic. H. V. f. 6.
b. Capscher Blaser, Knorr. Delic. H. III. f. 1.
H. fig. 2.

III. 138. Diodon. Igelfische.
2. Hystrix, Knorr. Delic. H. f. 1.

III. 141. Syngnathus. Nadelfische.
4. Aequoreus, Knorr. Delic. Tab. H. V. f. 3.
5. Ophidion. Knorr. Delic. Tab. H. V. f. 1.
7. Hippocampus, Knorr. Delic. H. VI. f. 5.

Vierte Classe, Fische.

I. 143. Muraena. Aale.
1. Murena, Knorr. Delic. Tab. H. VII. f. 4.

III. 157. Echeneis. Sauger.
1. Remora, Knorr. Delic. Tab. H. VI. f. 2.

III. 163. Pleuronectes. Seitenschwimmer.
7. Flesus, Knorr. Delic. Tab. H. II. f. 1. 2.
12. Rhombus, Knorr. Delic. Tab. H. II. f. 3. 4.

III. 164. Chaetodon. Klippfische.
18. Capistratus, Knorr. Delic. Tab. H. V. f. 5.
19. Vagabundus, Knorr. Delic. Tab. H. V. f. 4.

IV. 179.

IV. 179 Fistularia. Pfeifenfische.
1. Tabacaria, Knorr. Delic. H. V. fig. 2.

IV. 185. Exocoetus. Fliegende Fische.
1. Volitans, Knorr. Delic. Tab. H. VI. fig. 1.

NB. Illuminirte Abbildungen der Amphibien und Fische, mangeln bey deutschen Schriftstellern sehr, und diejenigen, die vorhanden sind, lassen sich schwerlich bestimmen, da sie in den Merkmalen, die sie unterscheiden sollen, zum Exempel, in den Schuppen und Schilden bey den Schlangen, und in der Anzahl der Finnen bey den Fischen, nicht gar zu deutlich gezeichnet sind, zu geschweigen, daß die illuminirten Abbildungen, die nach getrockneten, oder in Spiritus gestandenen Exemplaren gemacht worden, nichts weniger, als natürlich sind.

Fünfte Classe, Insecten.

I. 189. b. Scarabaeus. Käfer.

1. Hercules, Rösel Insect. 4. Tab. 5. fig. 3.
2. Gideon, Rösel Käfer 1. tab. A. 5.
3. Actaeon, Rösel Käfer 1. tab. A. 2.
6. Atlas, Sulzer Insect tab. 1. 1.
7. Aloeus, Rösel Käfer 1. tab. A. 6.
9. Typhaeus, Frisch Insect. 4. t. 8.
Schäfer Regensb. t. 26. f. 4.
10. Lunaris, Rösel Insect. 2. Käfer 1. t. B. f. 2.
Frisch Insect. 4. t. 7.
Schäfer Käfer t. 3. fig. 1. 2. 3.
12. Bilobus, Schäfer Icones Regensb. T. 63. fig. 2. 3.
14. Rhinoceros, Rösel Käf. 1. t. A. fig. 7.
15. Nasicornis, Rösel Ins. 2. Käfer 1. t. 7. f. 8. 10.

17. Mimas, Rösel Käf. 1. t. B. f. 1.
21. Hispanus, Rösel Insect. Käfer 1. t. B. fig. 2.
24. Nuchicornis, Rösel Insect. Käfer t. A. f. 4.
Schäfer Regensb. t. 73. f. 2—5.
26. *Taurus*, Schäfer Käfer 1758. t. 3. f. 7. 8.
Schäfer Regensb. t. 63. f. 4.
28. Subterraneus, Sulzer Ins. t. 1. fig. 2.
32. Fimetarius, Frisch Ins. 4. t. 19. f. 3.
Rösel Ins. 2. Käfer t. A. f. 3.
32. Fimetarius, Schäf. icon. Regensb. t. 26. f. 9.
34. Conspurcatus, Schäfer Reg. t. 26. f. 8.
41. Schaefferi, Schäfer Regensb. t. 3. f. 8.
42. Stercorarius, Frisch Ins. 4. t. 13. f. 6.
Schäfer Regensb. t. 23. f. 9.
45. Schraeberi, Schäf Reg. t. 73. f. 6.
51. Nitidus, Rösel Käfer 1. t. B. f. 4.
52. Festivus, Rösel Käfer 1. t. B. f. 8.
53. Lineola, Rösel Ins. 2. t. B. fig. 7.
57. Fullo, Rösel Ins. 4. t. 30.
Frisch Ins. 11. tab. 1. fig. 1.
Schäfer Regensb. t. 23. f. 2.
59. Horticola, Frisch Ins. 4. tab. 14.
Schäfer Reg. t. 23. f. 4.
60. Mololontha, Rösel Ins. 2. Käfer 1. tab. 1.
Sulzer Ins. 1. fig. 3.
Schäfer Reg. t. 93. f. 1. 2.
61. Solstitialis, Frisch Ins. 9. tab. 15. fig. 3.
Schäfer Reg. t. 93. f. 3.
70. Fasciatus, Schäfer Reg. t. 1. f. 4.
73. Capensis, Rösel Ins. 2. Käfer 1. t. B. f. 6.
74. Eremita, Rösel Ins. Käfer 1. t. 3. fig. 6.
Schäfer Regensb. t. 26. f. 1.
77. Lanius, Rösel Ins. 2. Käfer 1. t. B. f. 3.
78. Auratus, Rösel Käfer t. 2. f. 8. 9.
Schäfer Regensb. t. 26. f. 3—7.
t. 50. f. 8. 9.
Frisch Ins. 12. t. 3. fig. 1.
79. Variabilis, Rösel Ins. 2. Käfer 1. t. 3.
81. Nobilis, Rösel Ins. 2. Käfer 1. t. 3. f. 3. 4. 5.

I. 190. Lucanus. Feuerschröter.

1. Cervus,	Rösel Käfer 1. tab. 4. 5. f. 7. 9.
	Sulzer Ins. 2. tab. 5. fig. 8.
Das Weibchen,	Rösel Insect. 2. tab. . . fig. 8.
	Schäfer Element. t. 9. f. 1.
6. Parallelipipedus	Schäfer Element. t. 101. f. 1.
	Schäfer ic. Regensb. t. 63. f. 7.
7. Caraboides,	Schäfer ic. t. 6. f. 8. t. 75. f. 7.?

I. 191. Dermestes. Kleinkäfer.

1. Lardarius,	Frisch Insect. 6. t. 9.
	Schäfer ic. t. 42. f. 3.
4. Pellio,	Frisch Insect. 5. t. 8.
	Sulzer Ins. t. 2. f. 5. 6.
	Schäfer ic. t. 42. f. 4.
5. Capucinus,	Schäfer Elem. t. 28.
18. Murinus,	Schäfer ic. Regensb. t. 42. f. 1. 2.

I. 193. Hister. Dungkäfer.

3. Unicolor,	Sulzer Ins. t. 2. f. 8. 9.
4. Pygmaeus,	Schäf. ic. t. 42. f. 10.
6. 4-maculatus,	Schäfer icon. t. 3. f. 9. et tab. 14.
	Elem. t. 24.

I. 194. Gyrinus. Drehkäfer.

1. Natator,	Rösel app. 1. fig. 31.
	Sulzer Ins. t. 6. f. 43.
	Schäfer Elem. t. 67.

I. 195. Byrrhus. Nagende Käfer.

1. Scrophulariae,	Schäfer Elem. t. 17.

I. 196. Sylpha. Todtengräber.

2. Vespillo,	Frisch Ins. 12. p. 28. t. 2. f. 2.
	Schäfer Elem. t. 114. ic. t. 9. f. 4.
	Sulzer Ins. t. 2. f. 11.
5. 4-pustulata,	Frisch Ins. 9. p. 36. t. 19.

11. Littoralis,	Frisch Inf. 6. p. 12. t. 5.
12. Atrata,	Schäf. ic. t. 93. f. 5.
13. Thoracica,	Schäf. ic. t. 75. f. 4.
14. 4-punctata,	Schreber Inf. 2. f. 5.
15. Opaca,	Schäf. ic. t. 93. f. 6.
19. Ferruginea,	Schäf. ic. t. 40 f. 7.
21. Grossa,	Schäf. ic. t. 75. f. 3.

I. 197. Cassida. Schildkäfer.

1. Viridis,	Rösel Inf. 2. Käfer 3. t. 6.
	Schäfer Elem. t. 35. ic. t. 27. f. 5.
3. Nebulosa,	Frisch Inf. 4. t. 15.
	Rösel Käfer 3. t. 6.
	Rösel Inf. 88. n. 13.
	Schäf. ic. t. 96. f. 6.
4. Nobilis,	Schäf. ic. t. 96. f. 6.

I. 198. Coccinella. Sonnenkäfer.

7. 2-punctata,	Frisch Insect. 9. t. 16. f. 4.
11. 5-punctata,	Schäf. ic. t. 9. f. 8.
15. 7-punctata,	Frisch Inf. 4. t. 1. f. 4.
	Rösel Inf. 2. Käfer 3. t. 2.
	Sulzer Inf. t. 3. f. 13.
20. 13-punctata,	Schäf ic. t. 48. f. 6.
21. 14-punctata,	Frisch Inf. 9. t. 17. f. 4. 5.
23. Ocellata,	Sulzer Inf. t. 13. f. 14.
	Schäfer icon. t. 1. f. 2.
	Elem. t. 47. fig. 1.
30. Conglobata,	Frisch Inf. 9. t. 17. f. 6.
31. Conglomerata,	Frisch Inf. 9. t. 17. f. 4. 5.
34. 14-guttata,	Schäf. ic. t. 9. f. 11.
36. 18-guttata,	Schäf. ic. t. 9. f. 12.
38. Oblongogutt.	Schäf. ic. t. 9. f. 10.
42. 2-pustulata,	Frisch Inf. 9. t. 16. f. 6.
	Rösel Inf. 2. Käf. 3. t. 3.
43. 4-pustulata,	Schäf. ic. t. 30. f. 16. 17.
44. 6-pustulata,	Schäf. ic. t. 30. f. 12.
45. 10-pustulata,	Frisch Inf. 9. t. 17. f. 4. 5.

46. 14-pu-

46. 14-pustulata, Schäf. ic. t. 30. f. 10.
49. Tigerina, Schäf. ie. t. 30. f. 9.

I. 199. Chrysomela. Goldhähnchen.

1. Gigantea, Sulzer Inſ. t. 3. f. 15.
4. Göttingensis, Rösel Inſ. 2. Käfer 3. t. 5.
9. Alni, Frisch 7. t. 8.
10. Betulae, Rösel 2. Käfer 3. t. 1.
17. Cerealis, Schäfer icon. 1. t. 3.
23. Vitellinae, Rösel Inſ. 2. Käfer 3. t. 1.
24. Poligoni, Schäf. ic. t. 51. f. 5.
27. Polita, Schäf. ic. t. 55. f. 9.
30. Populi, Schäf. ic. t. 47. f. 4. 5.
32. Decempunct. Schäf. ic. t. 21. f. 13.
34. Lapponica, Schäf. ic. t. 44. f. 2.
36. Boleti, Schäfer Elem. t. 58.
37. Collaris, Schäf. ic. t. 52. f. 11. 12.
38. Sanguinol. Schäf. ic. t. 21. f. 15.
46. Americana, Sulzer Inſ. t. 3. f. 16.
58. Helxines, Sulzer Inſ. t. 3. f. 17.
60. Nitidula, Schäf. ic. t. 87. f. 5.
73. Tridentata, Schäf. ic. t. 77. f. 5.
76. 4-punctata, Schäf. ic. t. 6. f. 1. 3.
82. Moraei. Schäf. ic. t. 30. f. 5.
92. 6-punctata, Sulzer Inſ. t. 3. f. 18.
93. 10. maculata, Schäf. ic. t. 86. f. 7.
97. Merdigera, Schäfer Elem. t. 52.
103. 4-maculata, Schäfer Inſ. t. 6. f. 1. 2. 3.
Schäf. ic. t. 36. f. 14.
105. Melanopa, Sulzer Inſ. 3. t. 3. f. 19.
110. 12-punctata, Frisch Inſ. 13. t. 28.
112. Asparagi, Frisch Inſ. 1. t. 6.
Rösel Inſ. 2. Käfer 3. t. 4.
113. Campestris, Schäf. ic. t. 52. f. 9. 10.

I. 202. Curculio. Rüsselkäfer.

1. Palmarum, Sulzer Inſ. t. 3. f. 20.
4. Alliariae, Schäfer ic. t. 6. f. 4.

 19. Pini,

19. Pini, Schäfer ic. t. 25. f. 7.
24. Paraplecticus, Schäfer ic. t. 44. f. 1.
38. Bacchus, Schäfer ic. t. 27. f. 3.?
39. Betulae, Schäfer ic. t. 6. f. 4.
57. Abietis, Schäfer ic. t. 25. f. 1.
58. Germanus, Schäfer ic. t. 25. f. 2.
59. Nucum, Sulzer Ins. t. 3. f. 22.
Schäfer ic. t. 50. f. 4.
Rösel Ins. Suppl. t. 67. f. 5. 6.
62. Druparum, Sulzer Ins. t. 3. f. 21.
Schäfer ic. t. 1. f. 11.
68. Ligustici, Schäfer ic. t. 2. f. 12.
76. Viridis, Sulzer Ins t. 3. f. 44.
Schäfer icon. t. 53. f. 6.
84. Nebulosus, Frisch Ins. 11. t. 23. f. 3.
Schäfer ic. t. 25. f. 3.

I. 203. Attelabus. Bastardrüsselkäfer.

1. Coryli, Sulzer Ins. t. 4. f. 25.
2. Avellanae, Schäfer ic. t. 56. f. 5. 6.
3. Curculionoides Schäfer ic. t. 75. f. 8.
8. Formicarius, Sulzer Ins. t. 4. f. a.
10. Apiarius, Sulzer Ins. t. 4. f. b.
Schäfer Elem. t. 46. ic. t. 48. f. 11.
11. Mollis, Schäfer ic. t. 60. f. 2.
13. Buprestoides, Frisch Ins. 13. t. 19.

I. 204. Cerambyx. Bockkäfer.

1. Longimanus, Rösel Ins. 2. Käfer 2. t. 1. f. A.
3. Cervicornis, Rösel Ins. 2. Käfer 2. t. 1. f. B.
5. Imbricornis, Rösel Ins. 2. Käfer 2. t. 1. f. 1.
6. Faber, Schäfer ic. t. 72. f. 3.
7. Coriarius, Rösel Ins. 2. Käfer 2. t. 1. f. 1. 2.
Schäfer ic. t. 9. f. 1. t. 6[illegible] f. 3.
Schäfer Elem. t. 103.
Frisch Ins. 13. t. 9.
Sulzer Ins. t. 4. f. 26.
26. Depressus, Schreber Ins. 8. f. 10.

29. Nebulosus,	Sulzer Inf. t. 4. f. c.
30. Hispidus,	Frisch Inf. 13. t. 16.
	Schäfer ic. t. 14. f. 9.
34. Moschatus,	Frisch Inf. 13. t. 11.
	Schäfer ic. t. 11. f. 7.
	Sulzer Inf. t. 4. f. e.
35. Alpinus,	Sulzer Inf. t. 4. f. d.
37. Aedilis,	Sulzer Inf. t. 4. f. 27.
	Schäfer ic. t. 14. f. 7.
39. Cerdo,	Frisch Inf. 13. t. 8.
41. Textor,	Schäfer ic. t. 10. f. 1.
47. Meridianus,	Schäfer ic. t. 3. f. 13. t. 79. f. 7.
49. Inquisitor,	Frisch Inf 13. t. 14.
	Schäfer Elem. t. 118. f. 1.
	Schäfer ic. t. 2. f. 10.
	t. 8. f. 2. 3.
	t. 83. f. 3.
50. Koehleri,	Schäfer ic. t. 1. f. 1.
52. Carcharias,	Schäfer ic. t. 38. f. 4.
55. Scalaris,	Frisch Inf. 12. t. 3. f. 3.
	Schäfer ic. t. 38. f. 5.
57. Populneus,	Schäfer ic. t. 48. f. 5.
59. Cylindricus,	Rösel Inf. 2. Käf. 2. t. 3.
64. Curculionoides	Schäfer ic. t. 39. f. 1.
67. Rusticus,	Sulzer Inf. t. 4. f. 9.
	Schäfer Elem. t. 76. f. 1.
	Schäfer ic. t. 64. f. 5.
69. Femoratus,	Schäfer ic. t. 55. f. 7.
70. Violaceus,	Frisch Inf. 12. t. 3. ic. 6. f. 1.
74. Variabilis,	Frisch Inf. 12. t. 6. f. 3. 4.
75. Testaceus,	Schäfer ic. t. 64. f. 6.
76. Bajulus,	Schäfer Elem. t. 76. f. 4.
	Frisch Inf. 13. t. 10.
79. Undatus,	Schäfer ic. t. 68. f. 1.
80. Sanguineus,	Schäfer ic. t. 64. f. 1.
83. Ebulinus,	Schäfer ic. t. 4. f. 12.

I. 205. Leptura. Weiche Holzböcke.

2. Melanura,	Frisch Jns. 12. t. 3. ic. 6. f. 6.
	Schäfer ic. t. 39. f. 4.
3. Rubra,	Frisch Jns. 12. t. 3. ic. 6. f. 6.
	Sulzer Jns. t. 5. f. 30.
	Schäfer icon. t. 39. f. 2.
4. Sanguinolenta,	Schäfer ic. t. 39.
5. Testacea,	Schäfer ic. t. 39. f. 3.
8. Sericea,	Schäfer ic. t. 84. f. 1.
9. 4-maculata,	Schäfer Elem. t. 118. f. 2.
	Schäfer ic. t. 1. f. 7.
13. Attenuata,	Schäfer ic. t 65. f. 11.
14. Nigra,	Schäfer ic. t. 39. fig. 7.
15. Virginea,	Schäfer ic. t. 58. f. 8.
16. Collaris,	Schäfer ic. t. 58. f. 9.
18. Mystica,	Schäfer ic t. 2. f. 9.
20. Detrita,	Schäfer Elem. t. 76 f. 2.
21. Arcuata,	Frisch Jns. 12. t. 3. ic. 4. f. 1.
	Sulzer Jns. t. 5. f. 31.
	Schäfer ic. t. 38. f. 6.
23. Arietis,	Frisch Jns. 12. t. 3. ic. 5. f. 3.
	Schäfer ic. t. 38. f. 7.

I. 206. Necydalis. Bastardböcke.

1. Major,	Schäfer Elem. 13. f. 2. et tab. 88.
	Schäfer ic. t. 10. f. 10. 11.
2. Minor,	Sulzer Jns. t. 7. f. 51.
	Schäfer ic. t. 95. f. 5.
3. Umbellatorum,	Schäfer ic. t. 95. f. 4.
4. Coerulea,	Schäfer ic. t. 94. f. 7.
6. Rufa,	Schäfer ic. t. 94. f. 8.

I. 207. Lampyris. Leuchtende Käfer.

3. Splendidula,	Schäfer Elem. t. 74.
8. Lucida,	Sulzer t. 5. f. 32.
17. Sanguinea,	Frisch Jns. 12. t. 3. ic. 7. f. 2.
	Schäfer ic. t. 24. f. 1.
18. Coccinea,	Schäfer ic. t. 90. f. 4.

I. 208. Cantharis. St. Johannesfliegen.

2. Fusca, Frisch Ins. 12. t. 3. ic. 6. f. 5.
Sulzer Ins. t. 5. f. 33.
Schäfer Elem. t. 123 f. 1.
ic. 16. t. 9-12.
7. Aenea, Schäf Abhandl 1754. t. 2. f. 10. 11.
ic. t. 19. f. 12. 13.
8. Bipustulata, Schäfer ic. t. 19. f 14.
15. Testacea, Schäfer ic. t 52. f. 8.
26. Navalis, Frisch Ins 13. t. 20.
Schafer ic. t. 59. f. 1.
27. Melanura, Schäfer ic. t. 16. f. 14.

I. 209. Elater. Springkäfer.

14. Ruficollis, Schäfer ic. t. 30. f. 3.
18. Castaneus, Schäfer ic t 31. f. 42.
19. Liveus, Schäfer ic. t. 11. f. 8.
20. Ferrugineus, Schäfer ic. t. 19. f. 1.
21. Sanguineus, Schäfer ic. t. 2. f. 6. t. 31. f. 5.
25. Obscurus, Sulzer Ins. t. 5. f. 35.
28. Murinus, Schäfer ic. t. 4. f. 6.
29. Tessellatus, Schäfer ic. t 4. f. 7.
32. Pectinicornis, Sulzer Ins. t. 5. f. 36.
Schäfer ic. t. 2. f. 5.
Schäfer Elem. t. 11. f. 1. et t. 60.

I. 210. Cicindela. Sandläufer.

1. Campestris, Schäfer ic. t. 34. f. 8. 9.
2. Hybrida, Schäfer Elem. t. 43. ic. t. 35. f. 10.
4. Germanica, Schreber Ins. 10. n. 5.
10. Riparia, Schäfer ic. t. 86. f. 4.

I. 211. Bupestris. Stinkkäfer.

1. Gigantea, Sulzer Ins t. 6. f. 38.
2. Octoguttata, Schäfer ic. t. 31 f. 1.
6. Mariana, Schafer ic. t. 49. f. 1.
7. Chrysostigma, Sulzer Ins. t. 6. f. 39.
8. Rustica, Schäfer ic. t. 2. fig. 1.

10. Anruenta, Schäfer ic. t. 35. f. 6.
12. Fascicularis, Sulzer Ins. t. 6. f. 40.
15. Nitidula, Schäfer ie. t. 50. f. 7.

I. 212. Dytiscus. Wasserkäfer.

1. Piceus, Schäfer ic. t. 33. f. 1. 2.
2. Caraboides, Rösel aquat. I. t. 4. f. 1. 2.
Frisch Ins. 13. t. 21.
Sulzer Ins. t. 6. f. 41.
4. Fuscipes, Schäfer ic. t. 8. f. 10.
7. Marginalis, Rösel Ins. 2. aquat. 2. t. 1. f. 9. 10.
Sulzer Ins. t. 6. f. 42.
Schäfer Elem. t. 7. f. 1.
8. Semistriatus, Frisch Ins. 2. t. 7. f. 4.
Rösel Ins. 2. aquat. I. t. 1. f. 10.
Schäfer ic. t. 8. f. 7. 8.
11. Cinereus, Rösel Ins. 2. aquat. I. t. 3. f. 6.
Schäfer ic. t. 90. f. 7.
13. Sulcatus, Frisch Ins. 13. t. 7.
Rösel Ins. aquat. I. t. 3. f. 7.
Schäfer ic. t. 3. f. 3.

I. 213. Carabus. Erdkäfer.

1. Coriaceus, Sulzer Ins. t. 6. f. 44.
Schäfer ic. t. 26. f. 1.
2. Granulatus, Schäfer ic. t. 18. f. 6.
4. Leucophtalmus Schäfer ic. t. 18. f. 1.?
7. Auratus, Schäfer ic. t. 51. f. 1.
8. Violaceus, Frisch Ins. 13. t. 23.
Schäfer ic. t. 3. f. 1. t. 88. f. 1.
9. Cephalotes, Frisch Ins. 13. t. 22.
Schäfer ic. t. 10. f. 1.
11. Inquisitor, Schäfer ic. t. 11. f. 2.?
12. Sycophanta, Schäfer Elem. t. 2. f. 1. ic. 66. f. 6.
18. Crepitans, Schäfer ic. t. 10. f. 13.
31. Cyanocephalus, Schäfer ic. t. 10. f. 14.
26. Germanus, Schäfer ic. t. 31. f. 13.
27. Vulgaris, Schäfer ic. t. 18. f. 2.

28. Coe-

28. Coerulescens, Schäfer ic. t. 18. f. 3. 4.
30. Piceus. Schäfer ic. t. 18. f. 9.
39. Crux major, Schäfer ic. t. 1. f. 13.
40. Crux minor, Schäfer ic. t. 18. f. 8. t. 41. f. 13.

I. 214. Tenebrio. Mehlkäfer.

2. Molitor, Frisch Ins. 4. tab. 1.
Sulzer Ins. t. 7. fig 52.
Schäfer ic. t. 66. f. 1.
15. Mortisagus, Frisch Ins. 13. t. 25.
Schäfer ic. t. 37. f. 6.

I. 215. Meloe. Maykäfer.

1. Proscarabaeus, Frisch Ins. 6 t. 6. f. 5.
Schäfer ic. t. 3. f. 5.
Schäfer Elem. t. 82.
2. Majalis, Frisch Ins. 6. t. 6. f. 4.
Schäfer ic. t. 3. f. 6.
3. Vesicatorius, Schäfer ic. t. 47. f. 1.
12. Schaefferi, Schäfer Elem. t. 37.
Schäfer ic. t. 53. f. 8. 9.

I. 216. Mordella. Erdflöhe.

2. Aculeata, Sulzer Ins. t. 7. f. 46.
Schäfer Elem. t. 84.

I. 217. Staphylinus. Raubkäfer.

1. Hirtus, Schäfer Abhandl. 1754. t. 2. f. 12.
ic. t. 36. f. 6.
3. Maxillosus, Schäfer ic. t. 20. f. 1.
2. Murinus, Schäfer ic. t. 4. f. 11.
4. Erytropterus, Frisch Ins. 5. t. 25.
Schäfer ic. t. 2. f 2.? t. 35. f. 9.?
Schäfer Elem. t. 117.
5. Politus, Schäfer ic. t. 39. f. 12.
6. Rufus, Schäfer ic. t. 35. f 3.
8. Riparius, Schäfer ic. t. 71. f. 3.

Verzeichnis illuminirter Figuren

I. 218. Forficula. Ohrwürmer.

1. Auricularis,	Frisch Inſ. 8. t. 15. f. 1. 2.
	Sulzer Elem. t. 63.

II. 219. Blatta. Kackerlack.

7. Orientalis,	Frisch Inſ. 5. t. 3.
	Sulzer Inſ. t. 7. f. 47.
8. Lapponica,	Schäfer Elem. t. 26. f. 2.
	ic. t. 88. f. 2. 3.

II. 220. Mantis. Gespenstkäfer.

1. Gigas,	Rösel Inſ. 2. Gryll. t. 19. f. 9. 10.
3. Siccifolia,	Rösel Inſ. 2. Gryll. t. 17. f. 4. 5.
4. Gongylodes,	Rösel Inſ. 2. Gryll. t. 7. f. 1. 2. 3.
	Sulzer Inſ. t. 8. f. 56.
5. Religioſa,	Rösel Inſ. 2. Gryll. t. 1. 2.
	Schäfer Elem. t. 81.
6. Oratoria,	Rösel Inſ. 2. t. 2. f. 6.
13. Strumaria,	Rösel Inſ. 2. Gryll. t. 3.
14. Necydaloides,	Rösel Locuſt. t. 19.

II. 221. Gryllus. Graßhüpfer.

1. Naſutus,	Rösel Inſ. 2. Gryll. t. 4.
	Sulzer Inſ. t. 8. f. 57.
5. Serratus,	Rösel Inſ. 2. Gryll. t. 16. f. 2.
	Sulzer Inſ. t. 8. f. 58.
10. Gryllotalpa,	Rösel Inſ. 2. Gryll. t. 14. 15.
	Schäfer ic. t. 37. f. 1.
	Frisch Inſ. 11. t. 5.
	Sulzer Inſ. t. 9. f. 59.
12. Domeſticus,	Rösel Inſ. 2. Gryll. t. 12.
13. Campeſtris,	Frisch Inſ. 1. t. 1.
	Schäfer Elem. t. 66.
	Rösel Inſ. 2. Gryll. t. 13.
16. Citrifolius,	Rösel Inſ. 2. Gryll. t. 16. f. 1.
20. Elongatus,	Rösel Inſ. 2. Gryll. t. 18. f. 7?
24. Triops,	Rösel Inſ. 2. Gryll. t. 16. f. 3?

31. Viri-

31. Viridissimus, Frisch Ins. 12. t. 2. f. 1.
Rösel Ins. 2. Gryll. t. 10. 11.
Schäfer Elem. t. 79.
33. Verrucivorus, Frisch Ins. 12. t. 1. ic. 2. f. 1.
Sulzer Ins. t. 9. f. 61.
Rösel Ins. 2. t. 8.
Schäfer ic. t. 62. f. 5.
34. Pupus, Rösel Ins. 2. Gryll. t. 6. f. 3.
37. Cristatus, Frisch Ins. 9. t. 1. f. 1.
Rösel Ins. 2. Gryll. t. 5.
38. Morbillosus, Rösel Ins. 2. Gryll. t. 18. f. 6.
41. Migratorius, Frisch Ins. 9. t. 1. f. 8.
Rösel Ins. 2. Gryll. t. 24.
44. Coerulescens, Rösel Ins. 2. Gryll. t. 21. f. 4.
Frisch Ins. 9. t. 1. f. 3.
Sulzer Ins. t. 9. f. 60.
Schäfer ic. t 27. f. 6. 7.
46. Italicus, Rösel Ins. 2. Gryll. t. 21. f. 6.
Schäfer ic. t. 27. f. 8. 9.
47. Stridulus, Frisch Ins. 9. t. 1. f. 2.
Rösel Ins. 2. Gryll. t. 21. f. 1.
Schäfer Elem. t. 15.
Icon. t. 27. f. 10. 11.
58. Grossus, Frisch Ins. 9. t. 4.

II. 222. Fulgora. Laternträger.

1. Laternaria, Rösel Ins. 2. Gryll. t. 28. 29.
3. Candelaria, Rösel Ins. 2. Gryll. t. 30.

II. 223. Cicada. Cikaden.

6. Cornuta, Schreber Ins. 7. f. 3. 4.
Sulzer Ins. t. 10. f. 63.
Schäfer ic. t. 96. f. 2.
7. Aurita, Schreber Ins. 8. f. 1. 2.
Schäfer ic. t. 96. f. 3.
16. Orni, Sulzer Ins. t. 10. f. 65.
Schäfer ic. t. 4. f. 4.

24. Spu-

24. Spumaria, Sulzer Inſ. t. 10. f. 64.
Röſel Inſ. 2. Gryll. t. 23.
Friſch Inſ. 8. t. 12.
Schäfer Elem. t. 42.

50. Roſae, Friſch Inſ. 11. t. 20.

II. 224. Notonecta. Waſſerwanzen.

1. Glauca, Friſch Inſ. 6. t. 13.
Röſel Inſ. app. I. t. 27.
Sulzer Inſ. t. 10. f. 67.
Schäfer Elem. t. 90. ic. t. 33. f. 5. 6.

2. Striata, Röſel Inſ. app. I. t. 29.
Schäfer Elem. t. 50.

II. 225. Nepa. Waſſerſcorpionen.

1. Grandis, Röſel Inſ. 3. t. 26.

5. Cinerea, Röſel Inſ. app. I. t. 22. f. 6. 7. 8.
Friſch Inſ 6. t. 15.
Sulzer Inſ. t. 10. f. 68.
Schäfer Elem. t. 69. ic. t. 33. f. 7. 9.

6. Cimicoides, Friſch Inſ. 6. t. 14.
Röſel Inſ. app. t. 28.
Schäfer Elem. t. 87. ic. t. 33. f. 3. 4.

7. Linearis, Friſch Inſ. 7. t. 16.
Röſel Inſ. app. t. 23.
Schäfer ic. t. 5. f. 5. 6.

II. 226. Cimex. Wanzen.

1. Lectularius, Ledermüller Microſ. t. 52. 63.
Sulzer Inſ. t. 10. f. 69.

5. Maurus, Schäfer ic. t. 53. f. 3. 4. 15. 16.

6. Lineatus, Schäfer ic. t. 2. f. 3.
Schäfer Elem. t. 44. f. 1. ic. t. 2. f. 3.

8. Fuliginoſus, Schäfer ic. t. 11. f. 10. 12.

17. Corticalis, Schäfer ic. t. 41. f. 6. 7.

19. Eroſus, Sulzer Inſ. t. 11. f. 71.

23. Bidens, Sulzer Inſ. t. 11. f. 72.

24. Ruſti-

24. Rufipes,	Schäfer ic. t. 57. f. 6. 7.
37. Gothicus,	Schäfer ic. t. 13. f. 5.
35 Hæmorrhoidalis	Schäfer ic. t. 57. f. 8.?
45. Baccarum,	Schäfer ic. t. 57. f. 1. 2.
48. Iuniperinus,	Schäfer ic. t. 46. f. 1. 2.
50. Coeruleus,	Schäfer ic. t. 51. f. 4.
51. Morio,	Schäfer ic. t. 57. f. 11. t. 82. f. 6.
53. Oleraceus,	Schäfer ic. t. 46. f. 4. 5.
56. Ornatus,	Sulzer Inf. t. 11. f. 73.
	Schäfer ic. t. 60. f. 10.
59. Acuminatus,	Schäfer ic. t. 42. f. 11.
64. Personatus,	Frisch Inf. 10. t. 20.
	Sulzer Inf. t. 11. f. 74?
	Schäfer ic. t. 67. f. 9. t. 13. f. 6. 7.
67. Trifasciatus,	Schäfer ic. t. 13. f. 8.
76. Hyoscyami,	Sulzer Inf. t. 11. fig. 75.
	Schäfer ic. t. 13. f. 1.
77. Equestris,	Schäfer Elem. t. 44. f. 2.
	ic. t. 48. f. 8.
92. Crassicornis,	Schäfer ic. t. 13. f. 10.
96. Pini,	Schäfer ic. t. 42. f. 12.
98. Rolandri,	Sulzer Inf. t. 11. fig. 76.
	Schäfer ic. t. 87. f. 7.
105. Striatus,	Schäfer ic. t. 13. f. 14.
117. Lacustris,	Frisch Inf. 7. t. 20.
	Sulzer Inf. 11. t. 78.
119. Vagabundus,	Frisch Inf. 7. t. 6.
120. Tipularius,	Frisch Inf. 7. t. 20.

II. 227. Aphis. Pflanzenläuse.

1. Ribis,	Frisch Inf. 11. t. 14.
4. Sambuci,	Frisch Inf. 11. t. 14. t. 18.
9. Rosae,	Sulzer Inf. t. 12. f. 79.
11. Tiliae,	Frisch Inf. 11. t. 17.
12. Brassicae,	Frisch Inf. 11. t. 3. f. 15.
30. Urticae,	Frisch Inf. 8. t. 17.

II. 228. Chermes. Blatsauger.

10. Alni, Frisch Ins. 8. t. 13.
Schäfer Elem. t. 39.
Sulzer Ins. t. 12. f. 80.
13. Abietis, Frisch Ins. 12. t. 2. fig. 3.

II. 229. Coccus. Schildläuse.

1. Hesperitum, Schäfer Elem. t. 48.
Sulzer Ins. t. 12. fig. 81.
6. Ilicis, Ledermüller Micr. t. 36.
17. Polonicus, Frisch Ins. 5. t. 2.

II. 230. Thrips. Blasenfüße.

2. Physapus, Schäfer Elem. t. 127.
5. Fasciata, Sulzer Ins. t. 7. fig. 48. b.

III. 231. Papilio. Tagvögel.

3. Paris, Knorr. Delic. tab. C. 3. fig. 1.
8. Pamnon. Rösel add. tab. 2. fig. 2. 3.
16. Aeneas, Rösel Ins. 4. t. 2. fig. 2.
20. Menelaus, Knorr. Delic. tab. C. 4. fig. 2.
31. Leilus, Knorr. Delic. tab. C. fig. 1.
Rösel add. t. 2. fig. 1.
33. Machaon, Frisch Ins. 2. t. 10.
Schäfer ic. t. 45. fig. 1. 2.
Rösel Ins. 1. pap. 2. t. 1.
36. Podalirius, Rösel Ins. 1. pap. 2. t. 2.
Schäfer Elem. t. 94. fig. 4.
Ic. t. 45. f. 3. 4.
42. Achilles, Knorr. Delic. tab. C 2. fig 1. 2.
44. Teucer, Knorr. Delic. tab. C. 1. fig. 1. 2?
46. Demoleus, Rösel add. t. 1. fig. 2. 3.
47 Demophon, Rösel Ins. 4. t. 4 fig. 1?
50. Apollo, Rösel Ins. 4. pap. t. 4. fig 1. 2.
Schäfer Abhandl. 1754. t. 2. f. 2. 3.
Sulzer Ins. t. 13. fig. 41.
Schäfer Elem. t. 94. f. 6.
Icon. t. 36. f. 4. 5.

51. Mne-

51. Mnemosyne, Schäfer ic. t. 34. fig. 6. 7.
52. Piera, Rösel add. t. 6.
58. Polymnia, Rösel Ins. 4. t. 5. fig. 2.
63. Ricini, Rösel Ins. 4. t. 2. fig. 3.
71. Melpomene, Rösel Ins. 4. t. 3. fig. 6.
72. Crataegi, Frisch I. s. 5. t. 5.
Rösel Ins 1. t. 3.
75. Brassicae, Rösel Ins. 1. pap. 2. t. 4.
Schäfer ic. t. 40. fig. 3. 4.
76. Rapae, Rösel Ins 1 pap. 2. t. 5.
79. Sinapis, Schäfer ic t. 9. f. 8—11.
85. Cardamines, Rösel Ins 1. pap 2. t. 8.
Schäfer Elem t. 94. fig. 8.
Icon. t. 91. fig. 1-3.
t. 89 fig. 2. 3.
100. Hyale, Schäfer Elem. t. 94. fig. 7.
Rösel Ins 3. t. 46. fig. 4. 5.
104. Philea, Rösel Ins. 4. t. 3. fig 5.
106. Rhamni, Rösel Ins. 3. t. 46. fig. 1. 2. 3.
Sulzer Ins. t. 13. fig. 84.
108. Midamus, Rösel add. t. 9.
119. Chrysippus, Schreber Ins. 9. fig. 11. 12.
121. Sophorae, Rösel add. t. 4. fig. 1. 2.
131. Jo. Rösel Ins. 1. pap. 1. t. 3.
Schäfer ic. t. 94. fig 1.
132. Almana, Rösel add. t. 5. fig. 3. 4.
135. Oenone, Rösel add. t. 3. fig. 1. 2.
143. Aegeria, Rösel Ins. 4. t. 33. fig. 3. 4.
Schäfer ic. t. 65. fig. 1. 2.
147. Galathea, Rösel Ins. 3. app. 1. t. 37. fig. 1. 2.
Schäfer ic. t. 98. fig. 7—9.
149. Hermione, Rösel Ins. 3. t. 34. fig. 5. 6.
Schäfer ic. t. 82. fig. 1. 2.
155. Iurtina, Rösel Ins. app. 1. t. 34. fig. 7. 8.
Schäfer ic. t. 58. fig. 2. 3.
157. Cardui, Rösel Ins. 1. pap. 1. t. 10.
Schäfer ic. t. 97. fig. 5. 6.

161. Iris,	Ledermüller Micr. t 49.
	Sulzer Inſ. t. 14. fig. 86.
162. Populi,	Röſel Inſ app. 1. t. 33. fig. 1. 2.
	Schäfer ic. t. 40. fig. 8 9.
165. Antiopa,	Schäfer Elem t. 94. fig. 1.
	Icon. t. 70. fig. 1. 2.
	Röſel Inſ 1. t. 1.
	Sulzer Inſ. t. 14. fig. 85.
166. Polychloros,	Friſch Inſ. 6. t. 3.
	Röſel Inſ. 1. app. 1. t. 2.
167. Urticae,	Röſel Inſ 1. pap. 1. t. 4.
168. C. Album,	Friſch Inſ 4. t. 4.
	Röſel Inſ. 1. pap. 1. t. 5.
175. Atalanta,	Röſel Inſ. 1. pap. 1. t. 6.
176. Amphinome,	Röſel Inſ. add. t. 10. fig. 1. 2.
180. Phaeruſa,	Röſel Inſ. 4. t. 2 fig. 1.
187. Camilla,	Röſel Inſ. 3. t. 33. fig. 3. 4.
201. Levana,	Röſel Inſ. 1. pap. 1. t. 9. fig. 5. 6.
202. Prorſa,	Röſel Inſ 1. pap. 1. t. 8. fig. 6. 7.
205. Cinxia,	Röſel Inſ. 4. t. 13.
	Schäfer Elem. t. 1. fig. 9.
206. Lena,	Röſel add. t. 10. fig. 3. 4.
207. Dia,	Röſel Inſ. 4. t. 18. fig. 3.
209. Paphia,	Röſel Inſ 1. pap. 1. t. 7.
	Schäfer Elem. t. 94. fig. 2.
	Icon. t. 97. fig. 3. 4.
211. Aglaja,	Schäfer ic. t. 7. fig. 1. 2.
213. Lathonia,	Röſel Inſ app. 1. t. 10.
217. Cupido,	Röſel Inſ. 4. t. 3. fig. 7.
220. Betulae,	Röſel Inſ 1. pap. 2. t. 6.
221. Pruni,	Röſel Inſ. 1. pap. 2. t. 7.
	Schäfer Elem. t. 94. fig. 5.
	Icon. t. 14. fig. 1. 2
222. Quercus,	Röſel Inſ. 1. pap. 2. t. 9.
223. Marſyas,	Röſel add. t. 5. fig. 1. 2.
224. Echion,	Röſel add. t. 7. fig. 3. 4.
230. Arion,	Röſel Inſ. 3. ſuppl. t. 45. fig. 3. 4.
	Sulzer Inſ. t. 14. fig. 87.
	Schäfer ic. t. 98. fig. 5. 6.

232. Ar-

232. Argus,	Rösel Ins. app. 1. t. 37. fig. 3. 4.
	Schäfer ic. t. 29. fig. 3. 4.
B. Idas,	Rösel Ins. app. 1. t. 37. f. 6. 7.
	Schäfer ic. t. 98. fig. 3. 4.
237. Rubi,	Schäfer ic. t. 29. fig. 5. 6.
239. Pamphilus,	Rösel app. 1. t. 34. fig. 7. 8.
242. Arcanius,	Schäfer Elem. t. 94. fig. 3.
253. Virgaureae,	Rösel Ins. app. 1. t. 45. fig. 5. 6.
254. Hippothoe,	Schäfer ic. t. 97. fig. 7.
267. Malvae,	Rösel Ins. 1. pap. 2. t. 10.
	Schäfer Elem. t. 94. fig. 9.

III. 232. Sphinx. Pfeilschwänze.

1. Ocellata,	Rösel Ins. 1. phal. 1. t. 1.
	Sulzer Ins. t. 15. fig. 89.
	Schäfer ic. t. 99. fig. 5. 6.
2. Populi,	Rösel Ins. 3. suppl. t. 30.
	Schäfer ic. t. 100. fig. 6.
3. Tiliae,	Frisch Ins. 7. t. 2.
	Rösel Ins. phal. t. 2.
	Schäfer Elem. t. 116. fig. 1.
	Icon. t. 100. fig. 1. 2.
5. Nerii,	Rösel Ins. 1 phal. 1. t. 16.
	Schäfer ic. t. 100. fig. 3. 4.
	Frisch Ins. 7. t. 3.
6. Convolvuli,	Rösel Ins. 1. phal. 1. t. 7.
	Schäfer ic. t. 98. fig 1. 2.
8. Ligustri,	Rösel Ins. pap. 1. t. 5.
	Schäfer Elem. t. 116. f. 2.
9. Atropos,	Sulzer Ins. t. 16. f. 88.
	Schäfer ic. t. 99. fig. 1. 2.
12. Celerio,	Frisch Ins. 13. t. 1. f. 2.
	Rösel Ins. 4. t. 8.
17. Elpenor,	Rösel Ins. 1. Phal. 1. t. 4.
	Frisch Ins. 12. t. 1.
	Schäfer ic. t. 96. f. 4. 5.
18. Porcellus,	Rösel Ins. 1. phal. 1. t. 5.

19.	Euphorbiae,	Rösel Ins. 1. phal. 1. t. 3.
		Frisch Ins. 2. t 11.
		Schäfer ic t 78 f. 1.2.
		Ledermüller Brief 48. t. 16.
22.	Pinastri,	Rösel Ins. 1. Phal. 1. t. 6.
27.	Stellatarum,	Rösel Ins. 1. Phal. 1. t. 8.
		Schäfer Elem. t. 116. f. 3.
		ic. t. 16. f. 2. 3.
28.	Fuciformis,	Rösel Ins. app. t. 38.
		Rösel Ins. 4. t. 34. f. 1—4.
		Sulzer Ins. t. 15. f. 90.
		Schäfer ic. t. 16. f. 1.
34.	Tulipendulae,	Rösel Ins. 1. Phal. 2. t. 57.
		Sulzer Ins. t. 15. fig. 91.
		Schäfer ic. t. 16. f. 6. 7.
35.	Phegea,	Frisch Ins. 6. p. 33. t. 15.
36.	Ephialtes,	Schäfer ic. t. 71. fig. 1.
37.	Caffrae,	Schäfer ic. t. 80. fig. 4. 5.
47.	Statices,	Schäfer ic. t. 1. f. 9.

III. 233. Phalaena. Nachtvögel.

1.	Atlas,	Knorr. Delic. t. C. 4. f. 1.
7.	Pavonia,	
	Minor,	Schäfer Elem. t. 98. f. 2.
		Ic. t. 89. f. 2—5.
		Rösel Ins. 1. phal. 2. t. 5.
	Major,	Rösel Ins. 4. tab. 15. 16. 17.
		Knorr. Delic. t. C. 2. f. 2.
8.	Tau,	Rösel Ins. 4. t. 7. f. 3. 4.
		Schäfer ic. t. 85. f. 4—6.
12.	Militaris,	Rösel Ins. 4. t. 6. f. 3.
18.	Quercifolia,	Rösel Ins. 1. phal. 2. t. 41.
		Sulzer Ins. t. 16. f. 93.
		Frisch Ins. 3. t. 1. f. 3.
		Schäfer ic. t. 71. f. 4. 5.
21.	Rubi,	Rösel Insect. app. t. 49.
22.	Pruni,	Rösel Ins. 1. phal. 2. t. 36.

23. Po-

23. Potatoria,	Rösel Ins. 1. phal. 2. t. 2.
24. Pini,	Frisch Ins. 10. t. 10.
	Rösel Ins. 1. phal. 2. t. 59.
	Schäfer ic. t. 86. f. 1-3.
25. Quercus,	Rösel Insect. 1. phal. 2. t. 35.
	Schäfer ic. t. 87. f. 1—3.
27. Catax,	Rösel Ins. 4. t 34. f. a. b.
	et 3. t. 71. f. a.
28. Lanestris,	Rösel Ins. 1. phal. 2. t. 62.
	Schäfer ic. t. 38. f. 10. 11.
29. Vinula,	Frisch Ins. 6. t. 8.
	Rösel Ins. 1. phal. 2. t. 19.
30. Fagi,	Rösel Ins. app. t. 12.
31. Bucephala,	Frisch Ins. 11. t. 4.
	Rösel Ins. 1. phal. 2. t. 14.
	Schäfer ic. t. 31. f. 10. 11.
32. Versicolora,	Rösel Ins. app. t. 39. fig. 3.
33. Mori,	Rösel Ins. app. 1. t. 7. 8.
34. Populi,	Rösel Ins. 2. phal. 2. t. 60.
35. Neustria,	Frisch Ins. 1. t. 2.
	Rösel Ins. 1. phal. 2. t. 6.
36. Castrensis,	Frisch Ins. 10. t. 8.
	Rösel Ins. 4. t. 14.
38. Caja,	Frisch Ins. 2. t. 9.
	Rösel Insect. 1. phal. 2. tab. 1.
	Sulzer Ins. t. 16. f. 94.
	Schäfer ic. t. 29. f. 7. 8.
40. Hebe,	Frisch Ins. 7. t. 9.
	Rösel Ins. 4. t. 27. f. 1. 2.
	Schäfer Elem. t. 98. f. 1.
	icon. t. 1. f. 5. 6.
41. Villica,	Frisch Ins. 10. t. 2.
	Rösel Ins. 4. tab. 28. f. 2.
	tab. 29. f. 1—4.
42. Plantaginis,	Rösel Ins. 4. t. 24. f. 9. 10.
43. Monacha,	Schäfer ic. t. 68. f. 2. 3.
44. Dispar,	Frisch Ins. 3. p. 14. t. 3.
	Rösel Ins. 1. phal. 2. t. 3.

44. Dispar, Schäfer ic. t. 28. f. 3—6.
45. Chrysorhoea, Frisch Ins. 3. t. 8.
Rösel Ins. 1. phal. 2. t. 22.
46. Salicis, Frisch Ins. 1. t. 4.
Rösel Ins. 1. phal. 2. t. 9.
50. Coryli, Rösel Ins. 1. phal. 2. t. 58.
52. Curtula, Frisch Ins. 5. t. 6.
Rösel Ins. app. t. 43.
Rösel Ins. 4. t. 11. f. 1—6.
53. Anastomosis, Rösel Ins. 1. phal. 2. t. 26.
54. Pudibunda, Rösel Ins. 1. phal. 2. t. 38.
Schäfer ic. t. 44. f. 9. 10.
55. Fascelina, Rösel Ins. 1. phal. 2. t. 37.
56. Antiqua, Rösel Ins. 1. phal. 2. t. 39.
Rösel Ins. 1. app. t. 13.
57. Gonostigma, Rösel Ins. 1. phal. 2. t. 48.
59 Coeruleocephala, Frisch Ins. 10. t. 3. f. 4.
Rösel Ins. 1. phal. 2. t. 16.
61. Ziczac, Frisch Ins. 3. t. 1. f. 2.
Rösel Ins. 1. phal. 2. t. 20.
Schäfer ic. t. 79. f. 2. 3.
63. Cossus, Frisch Ins. 7. t. 1.
Rösel Ins. 1. phal. 2. t. 18.
Schäfer ic. 71. f. 1. 2.
67. Purpurea, Rösel Ins. 1. phal. 2. t. 10.
68. Lubricipeda, Rösel Ins. 1. phal. 2. t. 46.
Frisch Ins. 3. t. 8.
Rösel Ins. 2. phal. 2. t. 47.
Schäfer ic. t. 24. f. 8. 9.
71. Russula, Rösel add. t. 20.
Schäfer ic. t. 83. f. 4. 5.
75. Grammica, Rösel Ins. 4. t. 21. f. A. D.
78. Libatrix, Rösel Ins. 4. t. 20.
80. Camelina, Rösel Ins. 1. phal. 2. t. 28.
81. Oo, Rösel Ins. 1. phal. 2. t. 63.
83. Aesculi, Rösel Ins. 3. t. 48. f. 5. 6.
Schäfer ic. t. 30. f. 8. 9.

90. Do-

90. Dominula,	Rösel Ins. 3. t. 47.
	Schäfer ic. t. 77. f. 3. 4.
91. Hera,	Rösel Ins. 4. t. 28 fig. 3.
	Schäfer Elem. t. 10. f. 1.
	Ic. t. 29. f. 1. 2.
92. Matronula,	Rösel Ins. 3. t. 39. f. 1. 2.
94. Parthenias,	Schäfer ic. t. 92. f. 5. 7.
95. Fuliginosa,	Rösel Ins 1. phal. 2. t. 43.
97. Batis,	Rösel Insect. 4. tab 26.
111. Iacobaea,	Rösel Ins. 1. phal 2. t. 49.
	Schäfer Elem. t. 98. f. 3.
	Icon. t. 47. f. 2. 3.
113. Rubricollis,	Schäfer ic. t. 59 f. 8. 9.
114. Quadra,	Rösel Ins. 1. phal. 2. t. 17.
	Schäfer Elem. t. 98. f. 5.
	Ic. t. 29. f. 9. 10.
118. Sponsa,	Rösel Ins. 4. t. 19.
119. Nupta,	Rösel Ins. 4. t. 15.
120. Pacta,	Rösel Ins. 1. phal. 2. t. 15.
121. Pronuba,	Frisch Ins. 10. t. 15. f. 4.
122. Paranympha,	Rösel Ins. 4. t. 18. f. 1, 2.
123. Fimbria,	Schreber Ins. 12. f. 9.
124. Maura,	Schäfer ic. t. l. f. 5. 6.
125. Fraxini,	Rösel Ins. 4. t. 28. f. 1.
126. Chrysitis,	Rösel Ins. 1. phal. 2. t. 31.
127. Gamma,	Frisch Ins. 5. t. 15.
	Schäfer ic. t. 84. f. 5.
	Rösel Ins. 1. phal. 3. t. 5.
132. Mediculosa,	Rösel Ins 4. t. 9.
133. Absinthii,	Frisch Ins. 7. t. 12.
	Rösel Ins. 1. phal. 2. t. 61.
135. Psi,	Frisch Ins. 2. t. 2.
	Rösel Ins. 1, phal. 2. t. 7. 8.
136. Chi,	Rösel Ins. 1. phal. 2. t. 13.
137. Aceris,	Frisch Ins. 1. t. 5.
138. Aprilina,	Schäfer ic. t. 92. f. 3.
142. Persicariae,	Rösel Ins. 1. phal. 2. t. 30.
150. Umbratica,	Rösel Ins. 1. phal. 2. t. 25.

151. Exſoleta,	Friſch Inſ. 5. t. 11. f. 1.
	Röſel Inſ 1. phal. 2. t. 24.
	Sulzer Inſ. t. 16. fig. 95.
	Schäfer ic. t. 24. f. 6. 7.
153. Verbaſci,	Friſch Inſect. 6. t. 9.
	Röſel Inſ. 1. phal. 2. t. 23.
154. L. album,	Schäfer ic. t. 92. f. 4. ?
163. Braſſicae,	Röſel Inſ. 1. phal. 2. t. 29. f. 4. 5.
164. Rumicis,	Röſel Inſ. 1. phal. 2. t. 27.
165. Oxyacanthae,	Röſel Inſ. phal. 2. t. 33.
171. Oleracea,	Friſch Inſect. 7. t. 21.
	Röſel Inſ. 1. phal. 2. t. 33.
172 Piſi,	Röſel Inſect. 1. phal. 2. t. 52.
173. Atriplicis,	Röſel Inſ. 1. phal. 2. t. 31.
174. Praecox,	Röſel Inſ. 1. phal. 2. t. 51.
175. Triplacia,	Röſel Inſ. 1. phal. 2. t. 34.
176. Satellitia,	Röſel Inſ. 3. t. 50.
177. Tragopogonis	Friſch Inſ. 11. t. 7.
179. Tritici,	Friſch Inſ. 10. t. 19.
181. Pyramidea,	Röſel Inſ. 1. phal. 2. t. 11.
182. Flavicornis,	Schäfer ic. t. 9. f. 3.
183. Leucomelas,	Schäfer ic. t. 51. f. 11. 12.
186. Typica,	Röſel Inſ. 1. phal. 2. t. 56.
188. Delphini,	Röſel Inſ. 1. phal. 2. tab. 12.
196. Putataria,	Schäfer icon. t. 67. f. 10. 11.
198. Vibicaria,	Schäfer ic. t. 12. f. 5.
199. Thymiaria,	Friſch Inſ. 10. t. 17.
202. Falcataria,	Schäfer ic. t. 54. f. 1. 2.
203. Sambucaria,	Röſel Inſ. 1. phal. 3. t. 6.
	Schäfer ic. t. 63. f. 8.
205. Alniaria,	Röſel Inſ. 1. phal. 3. t. 1. ?
206. Syringaria,	Röſel Inſ. 1. phal. 3. t. 10.
211. Elinguaria,	Röſel Inſ. 1. phal. 3. t. 9.
213. Macularia,	Schäfer ic. t. 12. f. 3.
214. Atomaria,	Friſch Inſ. 13. t. 5.
	Schäfer ic. t. 17. f. 2. 3.
217. Betularia,	Schäfer ic. t. 88. f. 4. 5.

219. Wa-

219. Wauaria,	Friſch Inſ. 3. t. 3. f. 1.
	Schäfer ic. t. 58. f. 2. 3.
	Röſel Inſ. 1. phal. 3. t. 4.
221. Purpuraria,	Schäfer ic. t. 19. f 6.
225. Papilionaria,	Friſch Inſ. 10. t. 17.
	Röſel Inſ. 4. t. 18. f. 3.
	Röſel Inſ. 1. phal. 3. t. 12.
242. Groſſulariata,	Friſch Inſ. 3. t. 2.
	Röſel Inſ. 1. phal. 3. t. 2.
	Schäfer ic. t. 67. f. 1. 2.
248. Plagiata,	Schäfer ic. t. 12. f. 1. 2.
250. Prunata,	Friſch Inſ. 5. t. 14.
257. Marginata,	Sulzer Inſ. t. 16. f. 96.
260. Fluctuata,	Friſch Inſ. 7. t. 19.
262. Sordiata,	Röſel Inſ. 3. t. 3 f. 3.
272. Urticata,	Röſel Inſ. 1. phal. 4. t. 14.
	Schäfer Elem. t. 98. f. 4.
285. Praſinana,	Röſel Inſ 4. t. 22.
286. Viridana,	Friſch Inſ. 3. t. 8.
	Röſel Inſ. 1. phal. 4. t. 3.
287. Clorana,	Röſel Inſ. 1. phal. 4. t. 3.
303. Chriſtiernana,	Schäfer Regensb. 1758. t. 2. f. 12.
326. Heracliana,	Schäfer ic. 1758. t. 2. f. 3. 4.
327. Farinalis,	Schäfer ic. t. 95. f. 8. 9.
332. Roſtralis,	Röſel Inſ. 1. phal. 4. t. 6.
333. Sulphuralis,	Schäfer ic. t. 9. f. 14. 15.
334. Forficalis,	Schäfer ic. t. 51. f. 8. 9.
335. Verticalis,	Röſel Inſ. 1. phal. 4. t. 4.
336 Pinguinalis,	Schäfer ic. t. 60. f. 8. 9.
350. Evonymella,	Friſch Inſect. 5. t. 16.
	Röſel Inſ 1. phal. 4. t. 8.
	Sulzer Inſ. t. 16. fig. 99.
351. Padella,	Friſch Inſ. 5. t. 16.?
	Röſel Inſ. 1. phal. 4. t. 7.
367. Salicella,	Röſel Inſ. 1 phal. 4. t. 9.
372. Pellionella,	Röſel Inſ. 1. phal. 4. t. 17.
373. Sarcitella,	Röſel Inſ. 1. phal. 4. t. 17.
375. Mellonella,	Röſel Inſ. app. t. 41.

376. Cucullatella, Rösel Ins. 1. phal. 4. t. 11.
377. Granella, Rösel Ins. 1. phal. 4. t. 12.
389. Xylostella, Rösel Ins. 1. t. 10.
401. Pomonella, Frisch Ins 7. t. 10.
Rösel Ins. 1. phal. 4. t. 13.
406 Resinella, Frisch Ins. 10. t. 9.
Rösel Ins 1. phal. 4. t. 16.
423. Petiverella, Schäfer ic. t. 43. f. 13.
445. Roesella, Frisch Ins. 3. t. 4.
454. Didactyla, Schäfer Elem. t. 104.
ic. t. 93. f. 7.
459. Pentadactyla, Rös. Ins. 1. phal. 4. t. 5.
Sulzer Ins. t. 16. f. 100.
460. Hexadactyla, Frisch Insect. 7. t. 73.

IV. 234. Libellula. Jungfern.

1. Quadrimacul. Schäfer ic. t. 9. f. 13.
2. Flaveola, Schäfer ic. t. 4. f. 1.
3. Vulgata, Rösel Ins. 2. aquat. 2. t. 8.
4. Rubicunda, Schäfer ic. t. 92. fig. 1.
5. Depressa, Rösel Ins. 2. aqu. t. 6. f. 4.
t. 7. f. 3.
Schäfer ic. t. 52. f. 1.
6. Vulgatissima, Rösel aquat. 2. t. 5. f. 3.
8. Aenea, Rösel Ins. 2. aqu. t. 5. f. 2.
9. Grandis, Rösel Ins. 2. aqu. t. 4. f. 14.
Schäfer ic. t. 60. f. 1.
10. Juncea, Schäfer ic. t. 2. f. 4.?
20. Virgo, α Rösel aqu. 2. t. 9. f. 7.
Schäfer Elem. t. 78. f. 1.
γ Rösel aqu. 2. t. 9. f. 6.
δ Rösel aqu. 2. t. 9. f. 5.
21. Puella, α Rösel aqu. 2. t. 10. 11.
Sulzer Ins. t. 17. f. 102.
β Rösel Ins. aqu. 2. t. 10. 11.
δ Frisch Ins. 8. t. 11.

IV. 235. Ephemera. Tagthierchen.

1. Vulgata, Sulzer Ins. 17. f. 103.
Schäfer icon. t. 9. f. 5.

IV. 236. Phryganea. Wassereulchen.

1. Bicaudata, Sulzer Ins. t. 17. fig. 106.
Schäfer ic. t. 37. f. 4. 5.
5. Striata, Frisch Ins. 13. t. 3.
7. Grandis, Rösel Ins. 2. t. 17.
8. Rhombica, Schäfer Elem. t. 100.
ic. t. 90. f. 5. 6.
Rösel Ins. 2. aqu. 2. t. 16.
9. Bimaculata, Schäfer ic. t. 44. f. 4. 5.

IV. 237. Hemerobius. Stinkfliegen.

2. Perla, Rösel Ins. 3. t. 21. f. 4. 5.
Schäfer icon. t. 5. f. 7. 8.
4. Chrysops, Frisch Ins. 4. t. 23.
Schäfer ic. t. 9. f. 2.?
Rösel Ins. app. 1. t. 21. f. 3.
5. Phalaenoides, Schäfer ic. t. 3. f. 10. — 12.
7. Speciosus, Rösel Ins. B. t. 21. f. 1.
14. Lutarius, Rösel Ins. 2. aqu. 2. t. 13.
Schäfer Elem. t. 97.
ic. t. 37. f. 9. 10.

IV. 238. Myrmeleon. Bastardjungfer.

3. Formicarium, Rösel Ins. 3. t. 17-20. t. 21. f. 2.
Sulzer Ins. t. 17. f. 105.
Schäfer Elem. t. 65.
ic. t. 22. f. 1. 2.
5. Barbarum, Schäfer Elem. t. 77.
ic. t. 50. f. 1. 2. 3.

IV. 239. Panorpa. Scorpionfliegen.

1. Communis, Frisch Ins. 9. t. 14. f. 1.
Schäfer Elem. t. 93.
ic. t. 88. fig. 7.
Sulzer Ins. t. 17. f. 106.

IV. 240. Raphidia. Kameelhälse.

1. Ophiopsis, Rösel Ins. app. 1. t. 21. f. 6. 7.
Schäfer Elem. t. 107.
ic. t. 95. f. 1. 2.

V. 241. Cynips. Gallåpfelwürmer.

1. Rosae, Schäfer ic. t. 55. f. 10. 11.
5. Quercus folii, Frisch Ins. 2. t. 3. f. 5.
Sulzer Ins. t. 18. f. 108.
Rös. Ins. app. t. 52. 53. f. 10. 11.
7. Quercus petioli, Rösel Ins. app. t. 35. 36.
11. Quercus gemmae, Frisch Ins. 12. t. 2. f. 2.
12. Fagi, Frisch Ins. 2. t. 5.
13. Viminalis, Rösel Ins. 2. Vesp. t. 10. f. 5. 6. 7.
14. Capreae, Frisch germ. 4. t. 22.

V. 242. Tenthredo. Schlupfwespen.

3. Lutea, Frisch Ins. 4. t. 25.
Rösel Vesp. t. 13.
4. Amerinae, Rösel Ins. 2. Vesp. t. 1.
8. Sericea, Schäfer Elem. t. 51.
10. Nitens, Sulzer Ins. t. 18. f. 109.
13. Ustulata, Sulzer Ins. t. 18. fig. 103.
15. Juniperi, Sulzer Ins. t. 18. f. 110.
18. Abietis, Frisch Ins. 2. t. 1. f. 21.—24.
22. Mesomela, Sulzer Ins. t. 18. f. 112.
30. Rosae, Rösel Ins. 2. Vesp. t. 2.
55. Capreae, Frisch Ins. 6. t. 4.

V. 243. Sirex. Holzwespen.

1, Gigas,	Rösel Ins. 2. Vesp. t. 8. 9.
	Sulzer Ins. t. 18. f. 114.
	Schäfer Elem. t. 1. f. 2.
	t. 13. f 7. et 132.
	Schäfer ic. t. 10. f. 2. 3.
3. Spectrum,	Schäfer ic. t. IV. f. 9. 10.

V. 244. Ichneumon. Raupentödter.

3. Sarcitorius,	Sulzer Ins. t. 18. f. 115.
4. Extensorius,	Schäfer ic. t. 43. f. 1. 2.
9. Saturatorius,	Schäfer ic. t. 61. f. 4.
12. Pisorius,	Schäfer ic. t 6. f. 12.
	Elem t. 12 f. 1. t 20. f. 8.
	t. 70. f. 6.
14. Volutatorius,	Schäfer ic. t. 20. f. 13. ?
16. Persuasorius,	Schäfer ic. t. 80. f. 2.
28. Denigrator,	Schäfer ic t. 20. f. 4. 5.
29. Desertor,	Schäfer ic. t. 20. f. 2. 3.
33. Compunctor,	Schäfer ic. t. 49. f. 4.
53. Affectator,	Schäfer ic. t. 60. f. 4.
55. Luteus,	Schäfer Ins. t. 1. fig. 12.
	ic. t. 1. f. 10.
57. Glaucopterus,	Schäfer ic. t. 82. f. 3.
63. Bedeguaris,	Rösel Ins. app. t. 53. fig. F. H.
66. Puparum,	Rösel Ins. 2. Vesp. t. 3.
72. Aphidium,	Frisch Ins. 11. t. 19.
74. Globatus,	Frisch Ins 6. t. 10.
75. Glomeratus,	Rösel Ins. 2. Vesp. 4. t. 3.

V. 245. Sphex. Bastardwespen.

1. Sabulosa,	Frisch Ins. 2. tab. 1. f. 6. 7.
	Sulzer Ins. t. 19. f. 120.
	Schäfer ic. t. 5. f. 2. t. 83. f. 1.
9. Spirifex,	Schäfer ic. t. 38. f. 1.
15. Viatica,	Frisch Ins. 2. t. 1. f. 13.
24. Clypeata,	Schreber Ins. 11. t. 1. f. 8.

V. 246. Chrysis. Goldwespe.

1. Ignita, Frisch Ins. 9. tab. 10. fig. 1.
Sulzer Ins. t. 19. f. 121.
Schäfer Elem. t. 40.
ic. t. 74. f. 7. 8.
4. Aurata, Schäfer icon. t. 42. f. 5. 6.
5. Cyanea, Schäfer ic. t. 81. f. 5.

V. 247. Vespa. Wespen.

3. Crabro, Frisch Ins. 9. t. 11. f. 1.
Schäfer ic. t. 53. fig. 5.
4. Vulgaris, Frisch Ins. 9. t. 12. f. 2.
Schäfer Elem. t. 130.
ic. t. 35. f. 4.
6. Parietum, Rösel Vesp. t. 7. f. 8.
Schäfer ic. t. 24. f. 4.
Frisch Ins. 9. t. 12. f. 1.
7. Gallica, Schäfer ic. t. 35 f. 5.
8. Muraria, Frisch Ins. 9. t. 12. f. 8. 9.
Schäfer ic. t. 24. f. 3.
11. Coarctata, Frisch Ins. 9. t. 9.
12. Arvensis, Schäfer ic. t. 93. f. 8.

V. 248. Apis. Bienen.

1. Longicornis, Schäfer ic. t. 44. f. 13.
4. Centuncularis, Frisch Ins. 11. tab. 2.?
5. Cineraria, Schäfer ic. t. 22. f. 5. 6.
9. Rufa, Schäfer ic. t 81. f. 6.
18. Succincta, Schäfer ic. t. 32. f. 5.
22. Mellifica, Sulzer Ins. t. 19. f. 123.
28. Manicata, Schäfer ic. t. 32 f. 11. 12.
34. Ruficornis, Schäfer ic. t 50. f. 10.
41. Terrestris, Frisch Ins. 9. t. 13. f. 1.
Sulzer Ins. t. 19. f. 124.
Schäfer Elem t. 20. f. 6.
ic. t. 69. f. 7.

44. Lapi-

44. Lapidaria, Frisch Ins. 9. n. 2.
Schäfer ic. t 69. f. 9.
46. Muscorum, Frisch Ins. 9. n. 8.
Schäfer ic. t. 69. f. 8.

V. 249. Formica. Ameise.

3. Rufa, Schäfer Ins. t. 5. f. 3.
Schäfer Elem. t. 64.

V. 250. Mutilla. Ungeflügelte Bienen.

1. Occidentalis, Sulzer Ins. t. 19. f. 119.

VI. 251. Oestrus. Bremsen.

1. Bovis, Frisch Insect. 5. t. 7.
Sulzer Ins. t. 20. f. 127.
Schäfer Elem. t. 91. Ic. t. 89. f. 7.

VI. 252. Tipula. Langfüße.

1. Pectinicornis, Schäfer Elem. t. 13. f. 8. t. 129. f. 3.
2. Rivosa, Sulzer Ins. t. 20. f. 128.
4. Crocata, Schäfer ic. t. 15. f. 5.
5. Oleracea, Frisch Ins. 4. t. 12.
6. Hortorum, Schäfer ic. t. 15. f. 3. 4.
10. Pratensis, Frisch Ins. 4. tab. 12.
11. Terrestris, Frisch Ins. 7. t. 22.
12. Cornicina, Rösel Ins. 2. musc. t. 1.
14. Atrata, Schäfer ic. t. 32. f. 1.
16. Annulata, Schäfer ic. t. 48. f. 7.?
26. Plumosa, Frisch Ins. 11 t. 12.
29. Motitatrix, Frisch Ins 11. t. 13.
47. Phalaenoides, Frisch Ins. 11. t. 11.

VI. 253. Musca. Fliegen.

3. Chamaeleon, Frisch Ins. 5. t. 10.
Rösel Ins. musc. 2. t. 5.
Sulzer Ins. t. 20. f. 130.
Schäfer Elem. t 121.
ic. 14. f. 16.

5. Hy-

5. Hydroleon, Schäfer ic. t. 14. f. 14.
9. Morio, Schäfer ic. t. 53. f. 3.
11. Maura, Schäfer ic. t. 76. f. 9.
13. Hottentotta, Schäfer ic. t. 76. f. 6.
26. Mystacea, Sulzer Ins. t. 20. f. 131.
Schäfer Elem. t. 131. ic. t. 10. f. 9.
28. Pendula, Frisch Ins. 4. t. 13.
30. Nemorum, Schäfer ic. t. 91. f. 4.7
34. Ostracea, Schäfer ic. t. 10. f. 6.
43. Diophthalma, Schäfer ic. t. 87. f. 4.
50. Ribesii, Schäfer ic. t. 83. f. 7.
51. Pyrastri, Frisch Ins. 11. t. 22. f. 1.
Sulzer Ins. tab. 20. fig. 132.
54. Scripta, Rösel Ins. 2. musc. t. 6.
Schäfer ic. t. 36. f. 11. 12.
62. Pelluceus, Sulzer Ins. t. 20. f. 133.
Schäfer ic. t. 10. f. 4. 5.
64. Caesar, Schäfer ie. t. 54. f. 3.
67. Vomitoria, Schäfer ic. t. 54. f. 9.
68. Carnaria, Frisch Ins. 7. t. 14.
Rösel Ins. 2. musc. t. 9. f. 10.
Schäfer ic. t. 40. f. 1, 2.
76. Rotunda, Schäfer ic. t. 54. f. 8.
89. Putris, Frisch Ins. 1. t. 7.
105. Stercoraria, Schäfer ic. t. 54. f. 2.
119. Arnicae, Schäfer ic. t. 89. f. 8.
128. Florescentiae, Schäfer ic. t. 53. f. 13. ?

VI. 254. Tabanus. Viehbremen.

4. Bovinus, Schäfer Elem. t. 122.
12. Bromius, Schäfer ic. t. 8. f. 4. 6.
16. Pluvialis, Schäfer ic. t. 85. f. 8. 9.
17. Coecutiens, Schäfer ic. t. 8. f. 1.

VI. 255.

VI. 255. Culex. Mücken.

1. Pipiens, Sulzer Ins. t. 21. f. 2.
Rösel add. t. 15.
Schäfer Elem. t. 54.
Ledermüller Microf. t. 79. 85.
3. Bifurcatus, Sulzer Ins. t. 21. f. 136.

VI. 256. Empis. Hüpfer.

2. Pennipes, Sulzer Ins. t. 21. f. 137.

VI. 257. Conops. Stechfliegen.

2. Calcitrans, Sulzer Ins. t. 21. f. 138.
11. Testacea, Schäfer Elem. t. 120.
13. Subcoleoptrata, Schäfer ic. t. 71. f. 6.

VI. 258. Asilus. Raubfliegen.

4. Crabroniformis, Frisch Ins. 13. t. 8.
Schäfer Elem. t. 13. Ic. t. 8. f. 15.
6. Gibbosus, Schäfer ic. t. 8. f. 11.
8. Flavus, Schäfer ic. t. 51. f. 2.
9. Gilvus, Schäfer ic. t. 78. f. 6.
13. Forcipatus, Frisch Ins. 3. t. 17.

VI. 259. Bombylus. Schweber.

1. Major, Schäfer Elem. t. 27. f. 1.
2. Medius, Schäfer ic. t. 79. f. 5.
3. Capensis, Schäfer ic. t. 78. f. 3.
4. Minor, Schäfer ic. t. 46. f. 9.

VI. 260. Hippobosca. Fliegende Läuse.

1. Equina, Frisch Ins. 5. t. 20. ?
Schäfer ic. t. 11. f. 5. 6.
Sulzer Ins. t. 21. f. 141.
2. Hirundinis, Schäfer Elem. t. 70.
Ic. t. 53. f. 1. 2.

VII. 261. Lepisma. Zuckerlecker.

1. Saccharina, Sulzer Ins. t. 22. fig. 142.
Schäfer Elem. t. 75.

VII. 262. Podura. Pflanzenflöhe.

4. Plumbea, Sulzer Ins. t. 22. f. 143.
12. Aquatica, Ledermüller epist. 15. t. 7.

VII. 263. Termes. Holzwürmer.

2. Pulsatorium, Sulzer Ins. t. 22. fig. 144.
Schäfer Elem. t. 126.
3. Fatidicum, Frisch Ins. 11. tab. 10.

VII. 264. Pediculus. Läuse.

1. Humanus, Schäfer Elem. t. 95.
Sulzer Ins. t. 22. f. 145.
Ledermüller Micr. 45. t. 21.
7. Cervi, Frisch Ins. 12. t. 5.
13. Tinunculi, Frisch Ins. 11. t. 24.
24. Gruis, Frisch Ins. 5. t. 4.
25. Ciconiae, Frisch Ins. 8. t. 6.
30. Pavonis, Frisch Ins. 12. t. 3. f. 6.
31. Meleagridis, Frisch Ins 8. t. 4.
33. Caponis, Frisch Ins. 11. t. 24.
37. Pari, Frisch Ins. 8 t. 1. f. 5.
40. Apis, Frisch Ins. 8. t. 16.

VII. 265. Pulex. Flöhe.

1. Irritans, Rösel Ins. 2. musc. t. 2. 3. 4.
Sulzer Ins. t. 22. f. 146.
Schäfer Elem. t. 105.
Ledermüller Micr. 4. t. 20.

VII. 266. Acarus. Milben.

7. Ricinus, Frisch Ins. 5. t. 19.
9. Vespertilionis, Frisch Ins. 7. t. 7.

15. Siro,

15. Siro,	Ledermüller Micr. t. 33. fig. 2.
	Frisch Inf. 8. t. 3.
	Sulzer Inf. t. 22. f. 147.
22. Holosericus,	Rösel Inf. 41. n. 38.
	Schäfer ic. t. 27. f. 3.
23. Baccarum,	Schäfer ic. t. 27. f. 1.
27. Coleoptratus,	Frisch Inf. 4. t. 10.
	Rösel Inf. 4. t. 1. fig. 10—15.
	Schäfer ic. t. 27. fig. 2.

VII. 267. Phalangium. Krebsspinnen.

2. Opilio,	Sulzer Inf. t. 22. f. 140.
3. Cornutum,	Schäfer Elem. t. 13. fig. 9.
	Ic. t. 39. f. 13.
4. Cancroides,	Frisch Insect. 8. t. 1.
	Rösel suppl. t. 64.
	Schäfer Elem. t. 38.

VII. 268. Aranea. Spinnen.

1. Diadema,	Frisch Inf. 7. t. 4.
	Schäfer Elem. t. 21. f. 2.
	ic. t. 19. f. 9.
7. Arundinacea,	Schäfer ic. t. 19. f. 12.
9. Domestica,	Schäfer ic. t. 19. f. 10.
12. Labyrinthica,	Schäfer ic. t 19. f. 8.
13. Quadrilineata,	Schäfer ic. t. 19. fig. 13.
14. Redimita,	Frisch Inf. 10. t. 4.
	Schäfer ic. t. 64. f. 8.
31. Avicularia,	Rösel add t. 11.
	Knorr. Delic. tab. F. V. fig. 1. 2.
35. Tarantula,	Knorr. Delic. tab. F. V. fig. 3—6.
36. Scenica,	Schäfer ic. t. 44. f. 11.
40. Sacata,	Frisch Inf. 8. t. 2.
42. Virescens,	Schäfer ic. t. 49. f. 8.
43. Viatica,	Frisch Inf. 7. t. 5.
44. Laevipes,	Frisch Inf. 10. t. 14.

VII. 269. Scorpio. Scorpionen.

3. Afer,	Rösel Ins. 3. t. 65.
	Knorr Delic. tab. F. III. fig. 1.
4. Americus,	Rösel Ins. 3. t. 66. f. 5
	Knorr. Delic. tab. F. III. fig. 2.
5. Europaeus,	Rösel Ins. suppl. t. 66. f. 1, 2.
	Schäfer Elem. t. 113.
	Sulzer Ins. t. 23. f. 150.
	Knorr. Delic. tab. F. III. fig. 3–9.

VII. 270. Cancer. Krebse.

12. Floridus,	Knorr. Delic. tab. F. IV. fig. 3.
44. Cristatus,	Knorr. Delic. tab. F. fig. 1.
57. Bernhardus,	Knorr. Delic. tab. F. IV. fig. 6.
58. Diogenes,	Knorr. Delic. tab. F. IV. fig. 4. 5.
63. Astacus,	Schäfer Elem. t. 32.
	Rösel Ins. app. 1. t. 54. 55.
	Sulzer Ins. t. 23. f. 151.
	Knorr. Delic. tab. F. I. f. 3.
67. Crangon,	Knorr. Delic. tab. F. VI. fig. 2.
	Rösel Ins. 3. t. 63. fig. 1. 2.
74. Homarus,	Knorr. Delic. tab. F. VI. f. 1.
76. Mantis,	Knorr. Delic. tab. F. II. f. 1. 2.
81. Pulex.	Frisch Ins. 7. t. 18.
82. Locusta,	Sulzer Ins. t. 23. f. 152.

VII. 271. Monoculus. Schildflöhe.

1. Polyphemus,	Knorr. Delic. Tab. F. I. f. 1. 2.
	Schäfer monogr. 1756. t. 7.
3. Apus,	Schäfer monogr. 1756. t. 1–6.
	Schäfer Elem. t. 29. fig. 1.
	Sulzer Ins. t. 24. f. 153.
4. Pulex,	Schäfer monogr 1755. t. 1. f. 1–8.
	Schäfer Elem. t. 29. f. 4.
	Ledermüller Micr. t. 72. f. 2.
6. Quadricornis,	Rösel Ins. 3. t. 98. f. 1. 2. 4.

VII. 272. Oniscus. Kellerwurm.

11. Aquaticus,	Frisch Ins. 10. t. 5.
	Schäfer Elem. t. 22.
14. Asellus,	Schäfer Elem. t. 92.
	ic. t. 14. f. 5. 6.
	Sulzer Ins. t. 24. f. 154.
15. Armadillo,	Schäfer icon. t. 14. f. 3. 4.

VIII. 273. Scolopendra. Asselwurm.

3. Forficata,	Sulzer Ins. t. 24. f. 155.
	Schäfer Elem. t. 111. fig. 1.
	ic. t. 46. f. 12.
5. Morsitans,	Frisch Ins. 11. t. 2. f. 7.
6. Ferruginea,	Knorr. Delic. Tab. F. VI. f. 3.
8. Electrica,	Frisch Ins. 11. t. 8. f. 1.

VIII. 274. Julus. Vielfüsse.

3. Terrestris,	Frisch Ins. 11. t. 8. f. 3.
	Sulzer Ins. t. 24. f. 156.
5. Sabulosus,	Schäfer Elem. t. 73.
	Schäfer ic. t. 88. f. 8.

* * * * * *

Soviel dermahlen von den Anweisungen auf illuminirte Figuren deutscher Schriftsteller. Hätten wir zu dieser Nachlese mehrere Zeit anwenden können, auch keinen Bedacht auf gute Ausmalungen nehmen wollen, so würden wir unstreitig ein ungleich grösseres Verzeichnis zusammen gebracht haben. Allein wir achten diese zum Hauptzweck hinlänglich um den deutschen Lesern aus ihren etwa in Händen habenden deutschen Werken von den meisten Geschlechtern, und den vielen Arten der Geschöpfe einen Begrif in Absicht auf ihre Gestalt und Hauptbildung beyzubringen, so weit insbesondere dienlich ist, die Gegenstände in den Cabinetten nach dem Linneischen System zu ordnen.

Da wir nun im gegenwärtigen sechsten Theile die Anweisung auf irgend eine Figur schon bey ihren Arten mit angefüget haben, so bleibt uns jetzo nichts anders übrig, als nur noch einen kleinen Nachtrag von etlichen Verschiedenheiten in dem Fache der Conchylien zu liefern, welche der Ritter mit unter seine Species rechnet, und ihrer Mannigfaltigkeit halber weggelassen hat, damit der Leser wenigstens in diesem beliebten Fache in den Stand gesetzet werde, die etwa in Handen habende Abweichungen, auch unter ihre gehörige Geschlechter und Arten unterzubringen, wie folgende Verbesserungen und Zusätze mit mehreren belehren werden.

Verbesserungen und Zusätze
zu den
im ersten Bande dieses Theils
angeführten

Conchylien

aus
dem Knorrischen Werke,
Welche ihren Speciebus
als Verschiedenheiten beyzufügen sind.

Spec. 12. Titinnabulum, addatur V. Theil, Tab. XXX.*** fig. 1.

38. Radiatus, statt I. Theil etc. lies I. Theil, Tab. VI. fig. 5.

47. Angulata, add. VI. Theil, Tab. XXXVIII.*** fig. 4.

48. Gari, add. IV. Theil, Tab. III ** fig. 3.
V. Theil, Tab. XXI *** fig. 5.

51. Foliacea, add. VI. Theil, Tab. XII.*** fig. 2.

74. Cardissa, add. VI. Theil, Tab. XI *** fig. 1.

81. Tuberculatum, add. III. Theil, Tab. IV.** fig. 5. et V. Theil, Tab. XXX.*** fig. 2.

83. Fragum, add. IV. Theil, Tab. XIV ** fig. 5.

89 Serratum, statt VI.*** 1. 2. lies VI *** 1.

90. Edulis, statt VIII.*** 4. lies VIII *** 2. 4.

102. Scortum, add. VI. Theil, Tab. XXXIV *** fig 1.

105. Truncukus, add. VI. Theil, Tab. XXVIII.*** fig. 8.

Verbesserungen und Zusätze

Spec. 109. Scripta, add. VI. Theil, Tab. XXVIII *.*.* fig. 7.

112. Paphia, add. VI. Theil, Tab. X.*.*.* fig. 4.

125. Chione, add. II. Theil, Tab. XVIII.* fig. 4.
IV. Theil. Tab. III.*.* fig. 5.

129. Castrensis, add III. Theil, Tab. IV.** fig. 4.

141. Orbicularis, add. IV. Theil, Tab. XIV.*.* fig. 4.

147. Litterata, statt V. Theil, lies VI. Theil.

151. Gaederopus, add. I Theil, Tab IX. fig. 2.
statt IX.*.*.* 1. lies IX.*.*.* 1. 2.

152. Regius, add. I. Theil, Tab. VII fig. 1.
V. Theil, Tab. VII.*.*. fig. 2. 3.

154. Cor, add. I. Theil, Tab. XXI. fig 4.

155. Gigas, add. VI. Theil, Tab XXXVI.*.*.* fig. 3.

165. Gryphoides, add. I. Theil, Tab. XXI. fig. 2.

176. Granosa, add. VI. Theil, Tab. XXXIV.*.*.* fig. 2.

186. Iacobaea, add. VI. Theil, XXXVIII.*.*.* fig. 1.

191. Radula, deleatur II. Theil, Tab. XVIII.* fig. 5.
add. II. Theil, Tab. XXI.* fig 5.

192. Plica, add. I. Theil, Tab. VIII. fig 5.
Tab. XVIII. fig. 2.

193. Pallium, add. II. Theil, Tab. XVIII.* fig. 3.

194 Nodosa, statt VI. Theil, lies III. Theil.

198. Sanguinea, add. V. Theil, Tab XII.*.*. fig. 5.
Tab XIII.*.*. fig. 9.

199. Varia, add. II. Theil, Tab. X * fig. 2.

214. Isogonum, add. VI. Theil, Tab. XXI.*.*.* fig. 1.

243. Edulis, add I. Theil, Tab IV. fig. 5. 6.

292. Litteratus, add. II. Theil, Tab. VII.* fig. 1.
Tab. XII.* fig. 3.
III. Theil, Tab. XVIII ** f. 5.
VI. Theil, Tab. XI.*.*.* fig. 4.

293. Generalis, add. II. Theil, Tab. V.* fig. 2.
III. Theil, Tab. VI.** fig. 3.

294. Virgo, add. II. Theil, Tab. XXIV.* fig. 4.
IV. Theil, Tab. XVI.*.* fig. 5.

295. Capitaneus, add. II. Theil, Tab. VI.* fig. 3.

298. Am-

Spec. 298. Ammiralis, add. ad Tab. I.*.*.* et fig. 2.
302. Genuanus, add. III. Theil, Tab. VI.** fig. 4.
307. Mercator, add. VI. Theil, Tab. IV.*.*.* f. 4.
309. Figulinus, add. ad Tab. XI.** et fig. 3.
VI. Theil, Tab. XV.*.*.*.* fig. 2.
312. Varius, add. ad Tab. I.* et fig. 6. 7.
ad VI Theil, Tab. I.*.*.*.* et fig. 1. 4.
VI. Theil, Tab. XIII.*.*.*.* fig. 5. 6.
315. Granulatus, add. III. Theil, Tab. XIX.** fig. 2.
316. Aransiacus, add. III. Theil, Tab. VI.** f. 5.
319. Textile, add. ad I.* fig. 1. 2. et. fig. 3.
320. Aulicus, add. III. Theil, Tab. XVIII.** f. 2.
324. Geographus, statt XVII.*.*.*.* fig. 5. lies XVII.*.*.*.* fig. 3.
327. Arabica, add. III. Theil, Tab. II.** fig. 2.
338. Fragilis, add. II. Theil, Tab. V.* fig. 5.
346. Onyx, add. IV. Theil, Tab. XXV.*.*.* fig. 4.
349. Ziczac, add. IV. Theil, Tab. XXIV.*.*.* fig. 5.
374. Gibbosa, add. VI. Theil, Tab. XXXII.*.*.*.* fig. 4.
382. Ficus, statt IV. Theil, lies VI. Theil,
add ad Tab. XXVII.*.*.*.* et fig. 2.
391. Achatina, add. III. Theil, Tab. III.** fig. 1.
V. Theil, Tab. XII.*.*.*.* fig. 2.
400. Ispidula, add. I. Theil, Tab. XV. fig. 7.
III. Theil, Tab. XVII.** fig. 3.
VI. Theil, T. XXXIV.*.*.*.* fig. 4. 5.
418. Ruffina, add. IV. Theil, Tab. III.*.*.* fig. 7.
XI.*.*.* f. 2. 3.
XXI.*.*.* f. 6.

 420. Caſſ-

Verbesserungen und Zusätze

Spec. 420. Castra, add. Knorr. III. Theil, T. XV.** f. 2.

423. Plicaria, statt XV. fig. 1. lies XV. fig. 5. 6. add. VI. Theil, Tab. XII.**** f. 5.

430. Turbinellus, add. VI Theil, Tab. XX.**** fig. 6. XXIX.**** fig. 7.

436. Cymbium, add. VI. Theil, Tab. IV.**** fig. 5.

440. Perdix, statt VIII. lies VIII.**

444. Plicatum, statt IV.*** fig. 4. lies IV.*** f. 1. add. III. Theil, Tab. XXVIII.** fig. 1.

448. Flammeum, add. VI. Theil, Tab. XVIII.**** fig 1.

450. Decussatum, statt Tab. X.* fig. 2. 3. lies Tab. X.* fig. 3. 4.

472. Undosum, add. V. Theil, Tab. XV.**** f. 5.

480. Subulatum, add. fig. 5.

481. Crenulatum, add. III. Theil, Tab. XV.** f. 3.

484. Strigilatum, add. VI. Theil, T. XXII.**** fig. 8. 9.

476. Fusus, deleatur hinter Tab. VII. das Wort Theil.

495. Lentiginosus, add. VI. Th. T. XXIX.**** fig. 8.

498. Pugilis, statt T. XVI.*** lies Tab. XVI.**

501. Gibberulus, add. VI. Theil, Tab. XV.**** fig. 3.

503. Lucifer, add. III. Theil, Tab. V.** fig. 4. VI. Theil, Tab. XXIX.**** fig. 6.

507. Canarium, add. III. Theil, T. XIII.** fig. 3.

516. Ater, statt fig. 3. lies fig. 8.

519. Tribulus, statt Tab. XXVII.**** lies Tab. XXVII.***

523. Ramosus, add. VI. Theil, Tab. XL.**** fig. 6. 7.

525. Saxatilis, add. IV. Theil, T. XXIII.*** f. 3.

527. Rana,

Spec. 527. Rana, statt Tab. VII.*** lies VII.**
533. Lotorium, statt II. Theil, Tab. XXVI.***** lies VI. Theil, &c.
542. Neritoideus, statt VI. Theil, lies IV. Theil.
545. Hippocastanum, statt fig. 5. lies fig. 3.
546. Senticosus, add. IV. Th. Tab. XXVI.*** fig. 2.
556. Arvanus, add. I. Theil, Tab. XXX. fig. 1.
561. Puso, add. IV. Theil, Tab XXI.*** fig. 7.
564. Dolarium, statt II. Theil, Tab. VII.* lies Tab. XXIV *
add. VI. Theil, Tab. XVII ***** fig. 7.
567. Trapezium, add. VI. Theil, T. XXVI ***** fig. 5.
568. Syracusanus, add. VI. Theil, Tab. XX.***** fig 7.
579. Niloticus, statt IV. Theil, Tab. XXII.*** lies Tab. XXIII.***
580. Maculosus, statt IV. Theil, Tab. IV.** fig. 5. lies IV.*** fig. 2.
595. Labio, add. III. Theil, Tab. IV.** fig. 3.
598. Conulus, statt VI. Theil, lies IV. Theil.
606. Neritoides, add. II. Theil, Tab. XIII.* fig. 5.
612. Petholatus, statt Tab. XXVIII.** fig. 2. 5. lies fig. 2. 3. 4. 5.
613. Cochlus, statt fig. 3. lies fig. 3. 5.
617. Calcar, add. ad Tab. IV *** et fig. 2. Tab. VII *** fig. 1.
631. Clathrus, add. IV. Theil, Tab XI.*** fig. 5.
671. Cornea, add. II. Theil, Tab XIII.* fig. 4.
674. Cornu arietis, add. Tab X. fig. 2.
691. Nemoralis, add. IV. Theil, Tab XXVII.*** fig. 3.
693. Grisea, add. VI. Theil, Tab. XXVIII.***** fig. 4.
713. Haliotoida, add. VI. Th. T. XXXIX.***** f. 5.
714. Ambigua, add. Tab. VI. fig. 6. 7.
716. Glaucina, deleatur fig. 3.

Verbesserungen und Zusätze zu den Conch.

Spec. 718. Albumen, statt VI. Theil, lies IV. Theil.
724. Littoralis, add. VI. Theil, Tab. XIII.**** fig. 7.
731. Polita, add. I. Theil, Tab. XIII. fig. 5.
753. Laciniosa, add. V. Theil, Tab. XIII.**** fig. 5.
771. Testudinaria, add. III. Theil, Tab. XXX.*** fig. 2. 5.
VI. Theil, Tab. XXX.***** fig. 7. 8.
772. Compressa, add. I. Theil, Tab. XX. fig. 2.
801. Lumbricalis, statt IV. Theil, Tab. XVII.** lies XVII.***

Regi-

Register

der

Ordnungen, Geschlechter und Arten,

welche in den

beyden Bänden dieses sechsten Theils

enthalten sind.

Sechste Classe.

Von den Würmern.

Vermes.

Erster Band.

I. Ordnung. Intestina.

277. Ge-

287. Ge-

293. Ge-

B. Mit

308. Ge-

156. Hip-

212. Se-

267. Ro-

319. Ge-

315. Gra-

B. Ohne

367. Ci-

422. Vul-

F. Glatte

Seite

F. Glatte Kinkhörner.

G. Eckige Kinkhörner.

H. Piramidenförmige. Nadeln.

324. Geschl. Strombi. Flügelschnecken 474

A. Mit Fingern oder Zacken.

519. Tri-

F. Ge-

620. Sar-

645. Tere-

673. Con-

702. Am

731. Po-

B. Mit

780. Grae-

Zweyter

Zweyter Band.

IV. Ordnung. Lithophyta. Coralle.

T. XXIII.

V. Ordnung. Zoophyta. Thierpflanzen.

Erste Abtheilung. Eigentliche Thierpflanzen.

344. Ge[schl.]

 3. Rubens,

6. Cra-

Zweyte Abtheilung.

350. Ge-

354. Ge

Fig. 3.
1.
Fig. 5.

Fig. 3

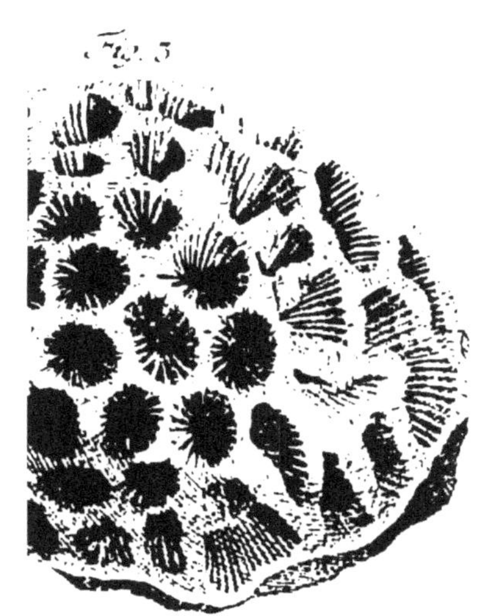

Fig. 5

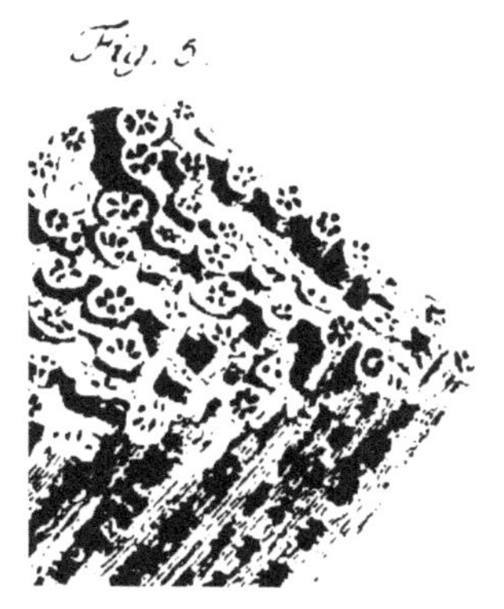

ig.
Fig. 3.

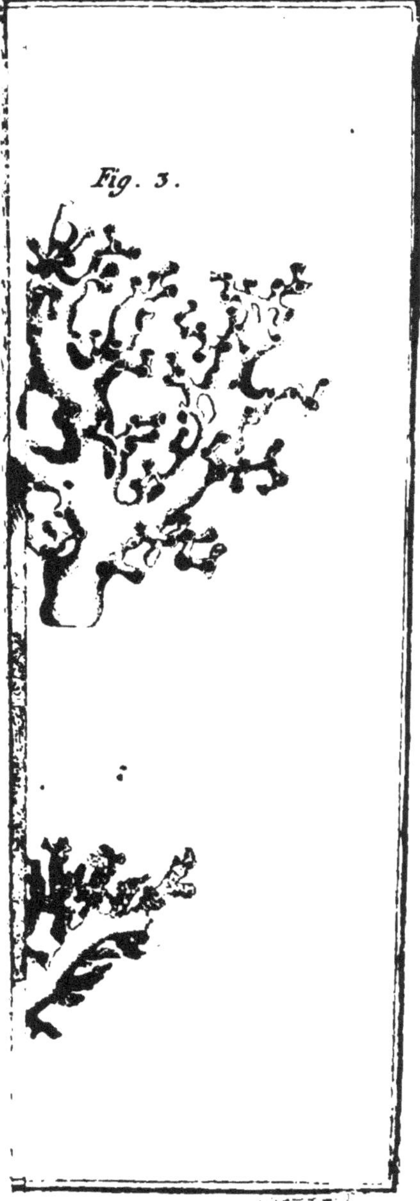
Fig. 3.

Fig. 3.
Fig. 7.

Fig. 4

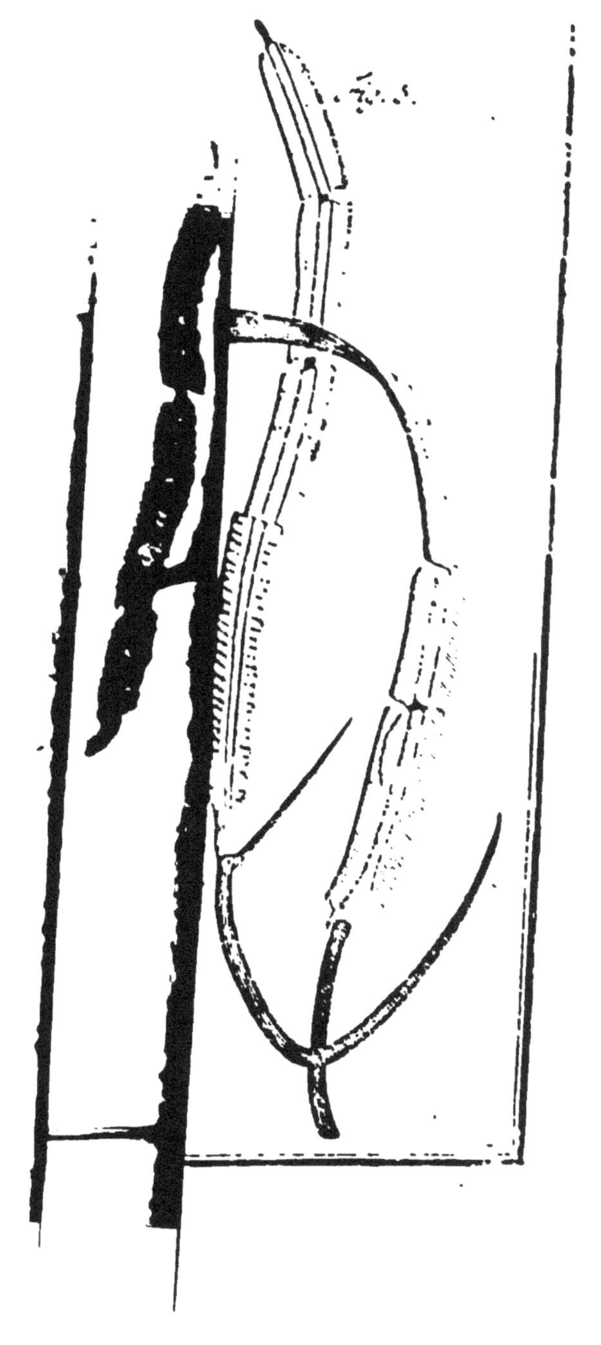

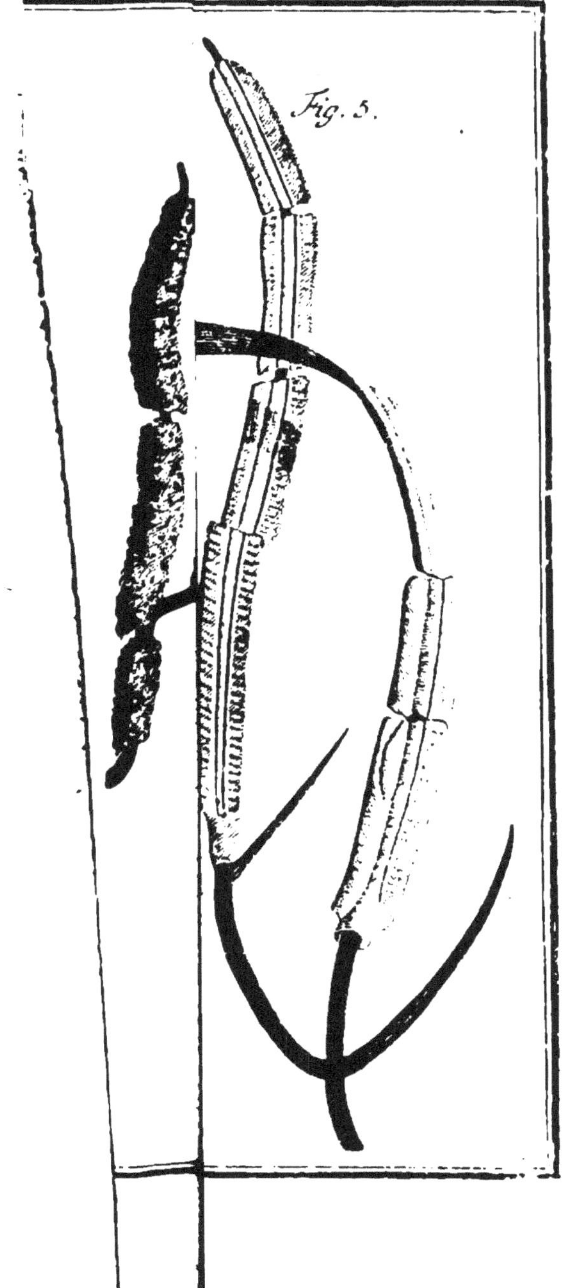
Fig. 5.

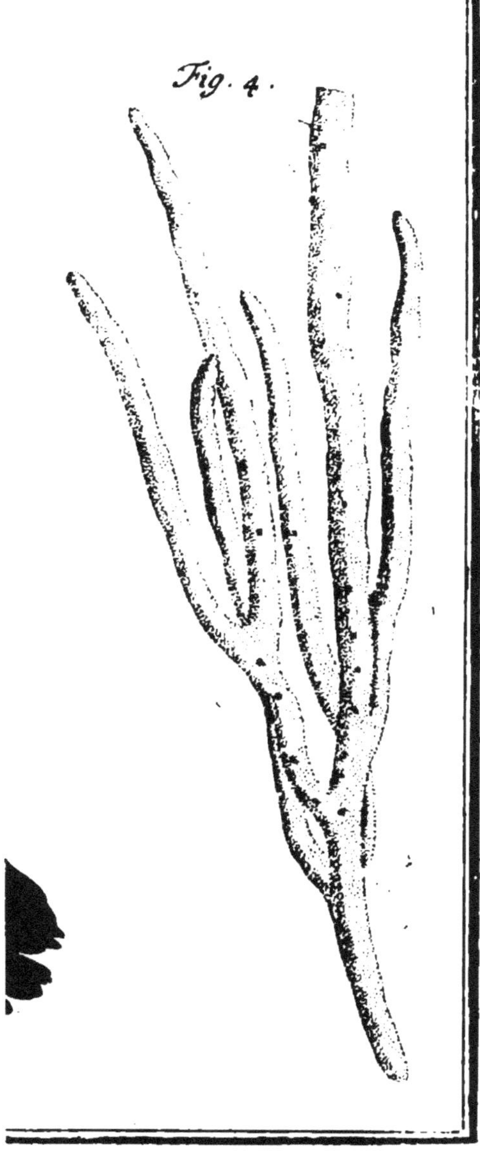
Fig. 4.

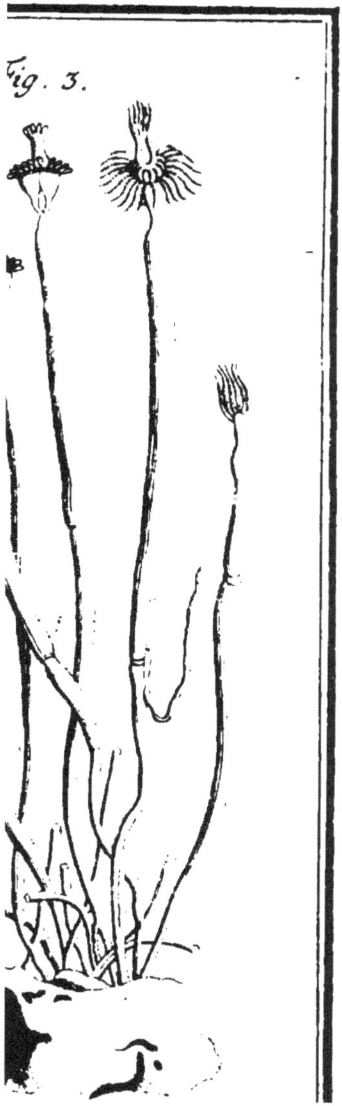

Fig. 3.

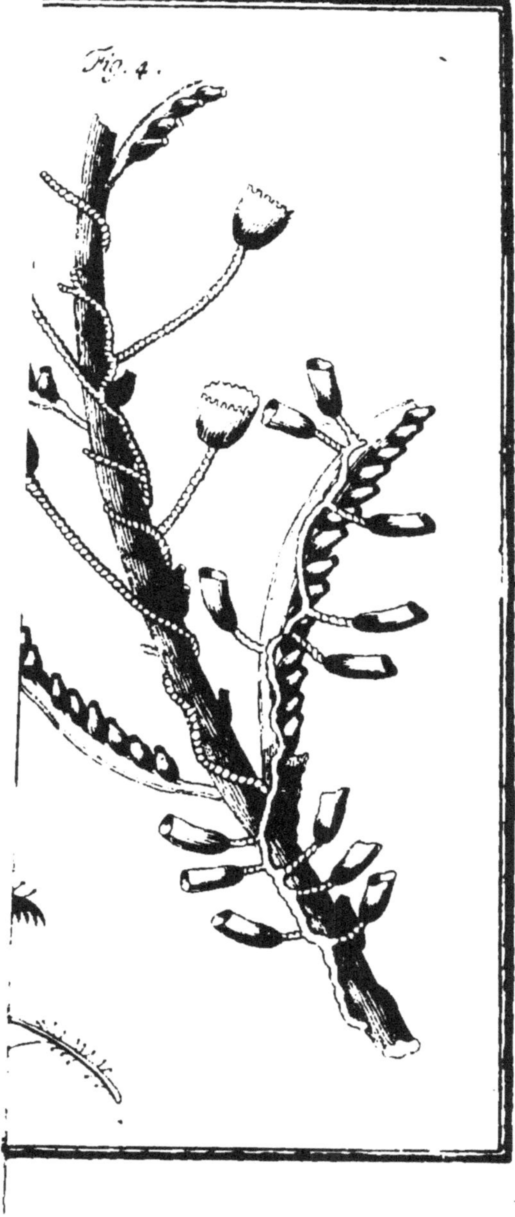
Fig. 4.

Fig. 3.

Fig. 4.

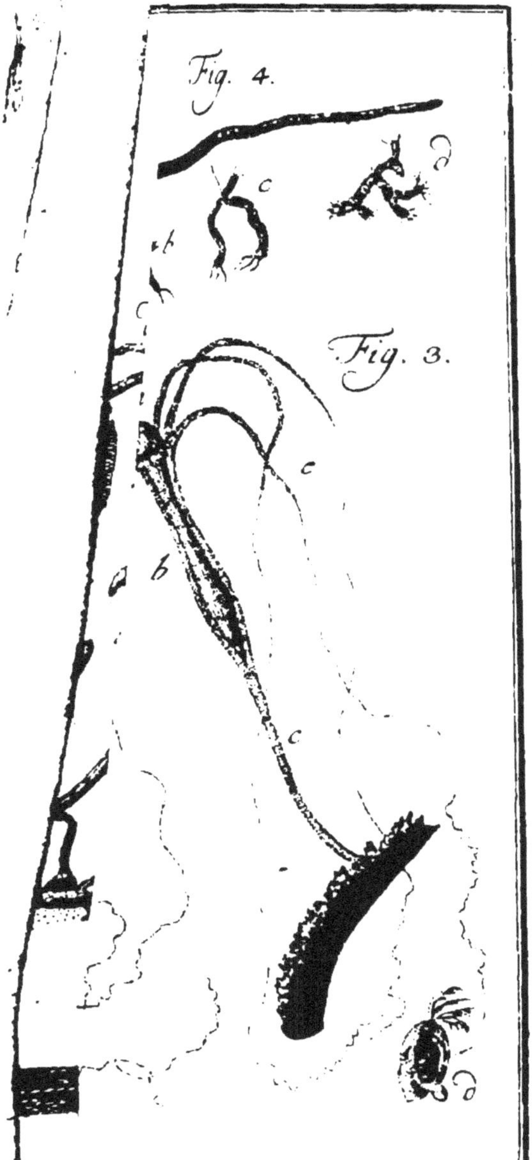

Fig. 4.

c
d
b

Fig. 3.

c
b
c
c
d

Fig. 5.

Fig. 6.

9. 7.

*

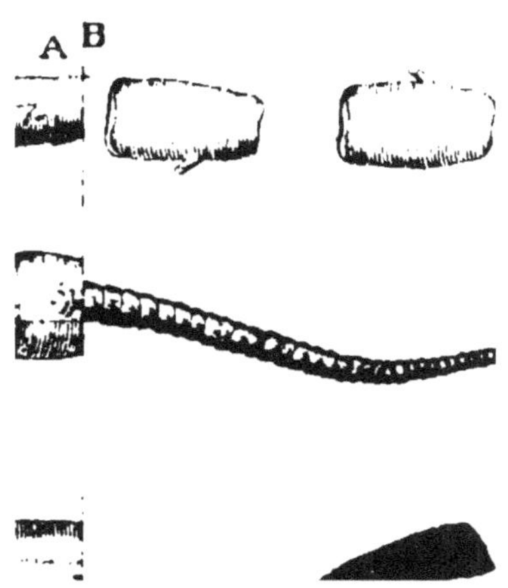
A
B

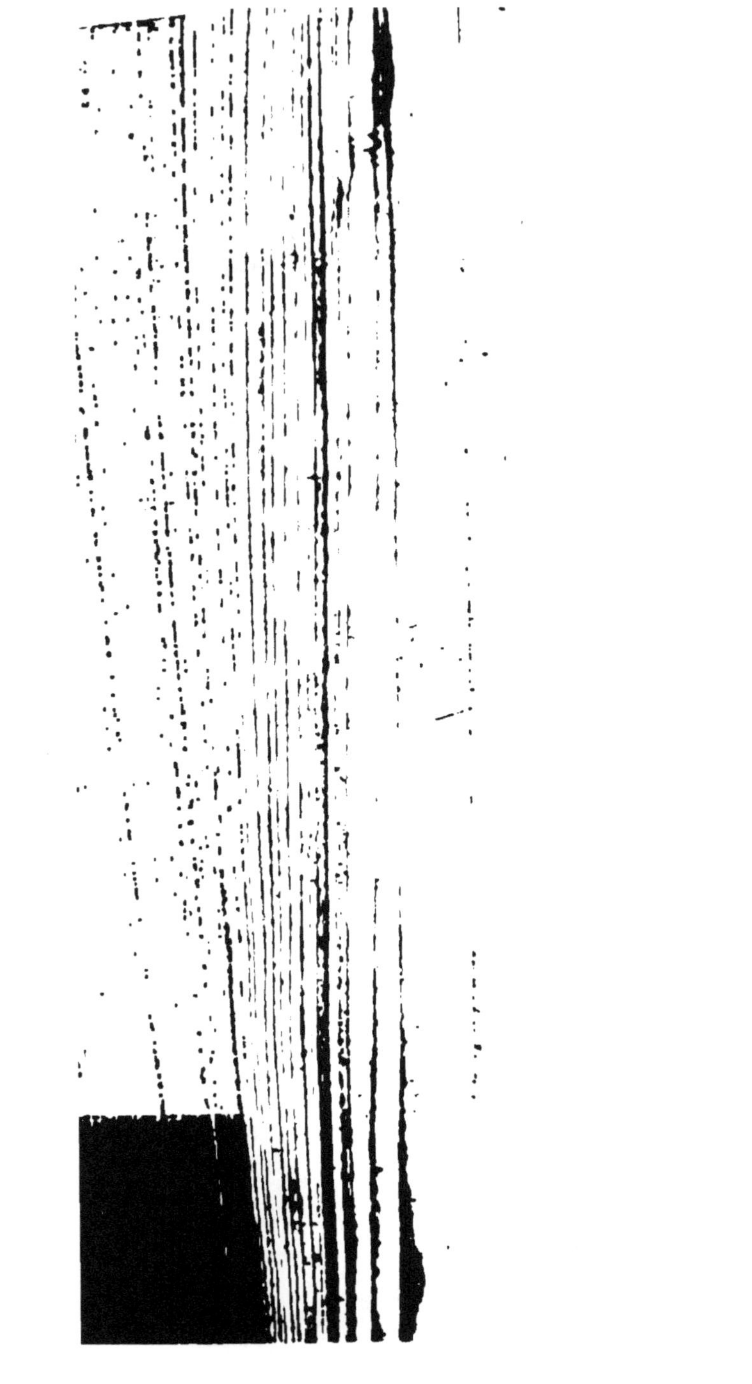

www.ingramcontent.com/pod-product-compliance
Lightning Source LLC
Chambersburg PA
CBHW031933220326
41598CB00062BA/1718

* 9 7 8 3 7 4 3 6 0 3 9 1 2 *